教科書ガイド

教育出版版●準拠

小学算数 6年

文 理

この本の使い方

はじめに

この教科書ガイドは、あなたの教科書にピッタリ合わせて、教科書の問題の解き方と答えをのせています。解き方や考え方は、問題ごとになるべく詳しくなるようにくふうしてあります。

教科書を使って勉強するとき、この教科書ガイドが、親切な家庭教師のかわりをしてくれますので、予習、復習はもちろん、宿題や学校のテスト対策に大いに活用してください。

●教科書の問題●

教科書にのっている問題です。章末問題や、教科書の図などは、スペースの関係で、省略している場合があります。問題文や教科書の図が必要なときは、もう一度、教科書に戻って確認してください。

考え方

答えをまちがえたときに、どうしてまちがってしまったかを「考え方」を読みながら確認してください。教科書にのっている問題は、どれも重要な問題ばかりなので、まちがえた問題を中心に、何度もくりかえして解くと効果的です。筆算のしかたなども、詳しくのせているので、自分が計算まちがいをしやすいところを確認しておきましょう。解くためのヒントや、豆知識をのせている部分もあるので、勉強の参考にしてください。

答え

答えは、答え合わせをするのに便利なように、太い字にしてあります。

教科書の問題を、まず、自分の力で解いてみましょう。そして、答えが合っているかどうかをこの本で確かめます。

わからない問題にぶつかったときや答えがまちがっていたときは、この本の答えをそのまま書きうつすのではなく、解説を読んで考えながら、自分の力で解きましょう。

学習指導要領が新しくなって、教科書の問題も大幅に増えていますが、教科書にのっている問題は、重要な問題ばかりなので、教科書の問題をしっかり学習することがとても重要です。教科書ガイドを使いながら、教科書のかんぺきな理解を目指してがんばってください。

もくじ

お子様へのアドバイス

イキイキ 家庭学習ガイド

お子様へのアドバイスの内容

この「お子様へのアドバイス」は、お子様の家庭での学習のしかたや6年の内容でつまずきやすい内容を、指導される方に対して解説したものです。

毎日の勉強は、こんなふうに

1　声をかけられなくても、毎日１回机に向かえるように。

4年生、5年生のときは、おうちの方がさりげなく、「きょうは宿題ないの？」などと声をかけて、お子様の関心を勉強へ向かわせてもよいのですが、6年生になったら、何も言われなくても、自ら勉強を始められるようにしましょう。

そんなときこそ「**教科書ガイド**」が役立ちます。「**教科書ガイド**」は、おうちの方といっしょでなくても、自学自習ができるように構成されています。

しかし、毎日続けることは簡単なことではありません。お子様がひとりで机に向かえるようになっても、「毎日がんばっているね」と声をかけるなど、励まし続ける気持ちをもって学習を習慣づけていきましょう。

2　勉強は、時間のやりくりが勝負！

子どもの生活時間のうち、自由になる時間は、大人が思っているほど多くありません。外で遊びたい、テレビゲームがしたい、本も読みたい、……。お子様と相談しながら、優先順位をつけていきましょう。

見たいテレビがあるときは、どうしますか？

①　番組の前に勉強を済ませてしまう。

②　テレビを見ながら勉強する。

③　テレビを見た後、がんばって勉強する。

①が望ましいのはいうまでもないでしょう。②だと、学習の集中力に欠けます。③だと、眠気に勝てず、うとうと眠ってしまうことも多いでしょう。

自分の自由になる時間をどのように使うか、お子様が自分で管理できるようにおうちの方が導いてあげてください。

3 学習意欲を奪う、こんなひと言！

ふだん、自分からはなかなか机に向かおうとしないお子様が、机に向かって何やらやっています。そんなとき、

これでは、始めていた勉強もやる気が失せてしまいます。お子様が信用されていないと思ってしまうこのひと言が要注意です。気をつけましょう。

また、仕事から帰ってきたお父さんが勉強中のお子様に向かって、次のように言ったりします。

お子様はやっと気持ちが乗ってきた矢先のことだったかもしれません。お子様といっしょにケーキを食べながら話をしたかったお父さん。お気持ちはわかります。でも、せっかく勉強中のお子様のやる気に水をさしてしまったことも否めないのです。ちょっとした気配りをしてあげてください。

4 算数が得意になるには、国語力も必要。

算数が得意になるためには、日本語の理解力も必要です。特に、文章題ではなおさらです。どんな条件が与えられていて、何を求めればいいのかを的確につかまなければ、正答にはたどりつけません。

国語の勉強の中に「説明文の読解」という項目があります。文章の要点をつかむことが主眼の教材です。ここの勉強をおろそかにしていると、算数の理解の道のりも果てしないものになりがちです。国語の勉強をしっかりやると同時に、「文章題」中心の問題集などをやってみるのもよいでしょう。そのとき、文章の内容を、絵や図などで表す練習もしておくと、視覚的にイメージする力もついていきます。

テストの後の対応は？

1　おうちの方は100点病？

95点。算数が苦手のお子様がテストでこんな点を取ってきました。一つまちがえただけ。でも、おうちの方は「あら、100点じゃないの？」とひと言。惜しいときこそ言ってしまいがちです。まず「わあ、すごいじゃない。よくがんばったね」とほめてあげてください。内容を見るときも、まずはできた問題を確認して、もう一度ほめてあげる、まちがえたところはその後、お子様と点検すればよいのです。

また、お子様が100点を取ってきたとき「えっ、クラスの半分が100点だったの？」これではおしまいです。それではお子さんの成績は伸びません。「100点なんて、すごいね！」と、まずはほめてあげてください。

お子様は何よりおうちの方にほめてほしいのです。がんばったときにほめられる、そのときの満足感が今後のやる気につながっていきます。

努力したこと、わずかでも進歩したことを認めてあげる、それがほめてあげるということです。ほめることよりしかることのほうが簡単ですが、ほめることは、しかることの数倍の効果があります。

2　まちがえたところは、しばらくたって再チェック。

算数は積み重ねの教科です。前学年で学習したことがわかっていないと、お手上げです。ですから、テストでまちがえたところの再チェックが必要なのです。

お子様の生活は忙しくて、なかなか見直す時間の余裕はないかもしれません。でも、夏休み・冬休み・春休みなどちょっとした時間をみつけて再チェックしてみましょう。

毎日の予習・復習→テスト前の勉強→テストの後のまちがいの確認と補強→しばらくたって再チェック。これで、この項目の理解は万全です。

小学校で学んだ算数は、中学校へいくと数学になり、より系統的かつ複雑になっていきます。小学校の学習内容は小学生のうちに、それが中学校へいって数学嫌いな子にしないための初めの一歩です。期待に胸をふくらませて中学校へ入学する、その期待がそのまま大きくふくらむように、そのための準備を大切な時期の小学校6年生で行ってください。

6年の算数、こんなところに気をつけて

小さなつまずきを、大きな失敗にしないために

算数は積み重ねの教科です。一か所わからなくなると、それからずっと尾を引きます。このつまずきをしっかり補強しておかないと、先に進んでますますわからなくなります。

では、どんなところでつまずくのでしょう。

つまずくところは似かよっています。そして、テストで×をもらったところを見れば、「ああ、こんなところでひっかかっているんだな」とわかります。お子様は、次のようなところでつまずいていることが多いのです。いっしょに考えてみましょう。

分数のわり算は、かけ算の形に直す！

教科書では……
5　分数のわり算

◎分数でわるとき、「わる数の分母と分子を入れかえてかけ算にして計算する」とおぼえていて、問題をみると機械的に計算してしまいます。

$$\frac{2}{5}\div\frac{4}{3}=\frac{2}{5}\times\frac{3}{4}=\frac{\overset{1}{\cancel{2}}\times3}{5\times\underset{2}{\cancel{4}}}=\frac{3}{10}$$

どうして、分母と分子を入れかえてかけ算をすればいいのでしょう。これは、次のように考えればいいのです。

計算のきまりで、○÷△＝(○×□)÷(△×□) というものがあります。これを使って考えます。

では、□はいくつにしたらよいのでしょう。□は、わる数を1にする数にするのがポイントです。

$\frac{4}{3}\times\frac{3}{4}=1$ なので、□は、$\frac{3}{4}$ にして考えます。

$$\frac{2}{5}\div\frac{4}{3}=\left(\frac{2}{5}\times\frac{3}{4}\right)\div\left(\frac{\overset{1}{\cancel{4}}}{\underset{1}{\cancel{3}}}\times\frac{\overset{1}{\cancel{3}}}{\underset{1}{\cancel{4}}}\right)=\left(\frac{2}{5}\times\frac{3}{4}\right)\times1=\frac{2}{5}\times\frac{3}{4}$$

つまり、$\frac{2}{5}\div\frac{4}{3}=\frac{2}{5}\times\frac{3}{4}$　(分母と分子を入れかえて、かけ算をする。)

◎このように、なぜ分母と分子を入れかえてかけ算をすればよいかをきちんと理解していれば、次のようなミスはなくなります。

〔まちがいの例〕　$\frac{2}{5}\div\frac{4}{3}=\frac{5}{2}\times\frac{3}{4}$

わる数だけでなく、わられる数の分母と分子も入れかえてしまっています。

指導のポイント ➡ **分数のわり算では、やり方の意味をしっかり知っておきましょう。**

1より小さい数でわると、商はわられる数より大きくなる。

教科書では……
5　分数のわり算

◎たとえば、$5 \div \frac{1}{3} = 5 \times 3 = 15$　　わる数 $\frac{1}{3}$ ⇒ 1より小さい。

商15 ⇒ わられる数の5より大きい。

わったらいつも商は小さくなると思いがちですが、小数や分数のわり算は大きくなることもあります。要注意です！

指導のポイント ➡ 1より小さい数でわった場合の、商の大きさに注意しましょう。

円の面積の公式

教科書では……
7　円の面積

◎「直径が10cmの円の面積を求めましょう。」という問題で、よくある誤答は、

$10 \times 10 \times 3.14 = 314$　　314 cm^2

です。これは、円の面積の公式

円の面積＝半径×半径×円周率

において、半径のかわりに直径を使ってしまったものです。

5年生で学習した次の関係もあり、半径と直径は混同しがちです。

円周＝直径×円周率

きちんと覚えることももちろん大切ですが、右の図で、

円の面積は、半径×半径 の4倍よりやや小さい

と理解できれば、迷った場合でも自分で確認できます。

半径
半径

はじめの問題の答えは、$10 \div 2 = 5$　$5 \times 5 \times 3.14 = 78.5$　78.5 cm^2　となります。

指導のポイント ➡ 円の面積の公式は、量感も使って理解しておきましょう。

比例のグラフと折れ線グラフ

教科書では……
8　比例と反比例

◎4年生のとき学習した折れ線グラフと比例のグラフでは、どんなところがちがうのでしょう。ポイントをおさえておきましょう。

比例の関係にある2つの量を表した下の表の値をグラフにとっていくと、とびとびの点になって表されます。

動いた時間と進んだ長さ

時間　x(分)	1	2	3	4	5
長さ　y(m)	2	4	6	8	10

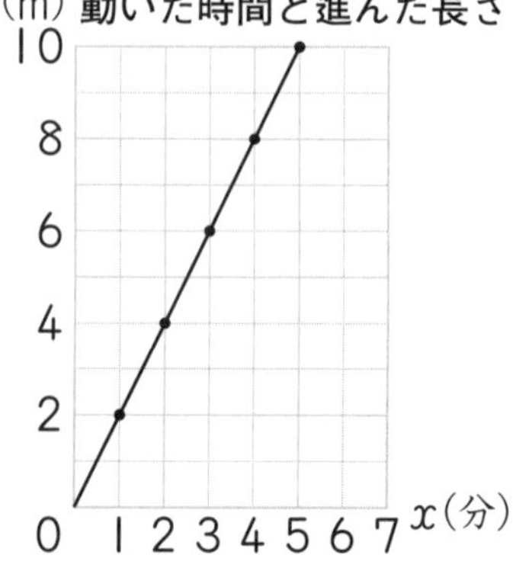

この点を結んだ線はまっすぐな直線になります。グラフにとらなかった点(・)である、2.5分のと

きの長さも、グラフから5mであることがわかります。

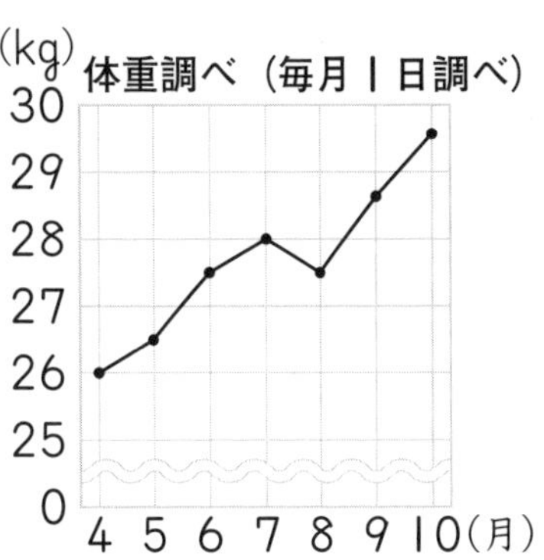

◎折れ線グラフではどうでしょうか。折れ線グラフでは、グラフにとった点(・)だけが正確な意味を持ち、点を結んだ直線上の点は正確な意味をもちません。たとえば、5月1日が26.5kg、6月1日が27.5kgは正確な値ですが、その中間の27kgが5月15日とは正確にはいえません。

指導のポイント ➡比例のグラフと折れ線グラフのちがいを理解しましょう。

比は前後の数を入れかえてはいけない。

教科書では……
10　比

◎たし算やかけ算で、

　　2+3=3+2、2×3=3×2

と、それぞれ数を入れかえても、結果は同じでしたが、比はどうでしょうか？

　　2：3　と　3：2　は同じ？

これは同じではありません。比では、2つ以上のものを比較して、その割合を表すので、前後の数を入れかえることはできません。ただし、両方の数に同じ数をかけたり、両方の数を同じ数でわったりすることはできます。

つまり、2：3=(2×5)：(3×5)=10：15

　　　　2：3=(2÷5)：(3÷5)=0.4：0.6

指導のポイント ➡比の意味や性質は正しくおぼえましょう。

並べ方は何通り？

教科書では……
12　並べ方と組み合わせ

◎「A、B、C、Dの4枚のカードから2枚を使って並べるとき、並べ方は全部で何通りあるでしょう。」という問題では、思いつくままに書き並べていくと、落ちや重なりが出やすくなります。次のような図(樹形図)をかいて順序よく調べるのがポイントです。

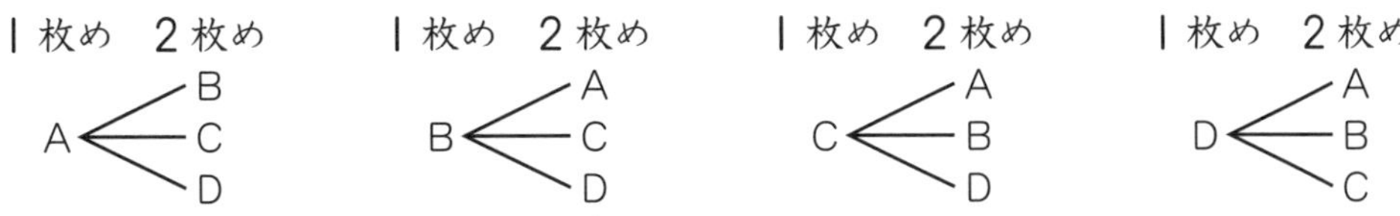

答えは12通りとなります。

指導のポイント ➡順序よく調べて、落ちや重なりがないように数えましょう。

算数が好きになる　はじめの一歩

教科書7～9ページ

不思議なパスカルの三角形

考え方　1 右の図のように、となり合った2つの数の和をその下に書きます。

1 4 6
1 5 10 1
1 6 15
1 7 21

1、2、3 パスカルの三角形をななめに見たり、横に並ぶ数を見たりします。並んでいる数にどのようなきまりがあるのか、また、和や差、倍数などを調べてみましょう。

4 3の倍数のところに色をぬると図1、5の倍数のところに色をぬると図2、7の倍数のところに色をぬると図3になります。

3つとも、色をぬったところは三角形のようになっています。

3の倍数のときは上から4段めから2個、1個、
5の倍数のときは上から6段めから4個、3個、2個、1個、
7の倍数のときは上から8段めから6個、5個、4個、3個、2個、1個となっています。

また、偶数のところに色をぬると図4、奇数のところに色をぬると図5のようになります。

また、2 3 で見つけた数のきまりは、4 でも同じように成り立ちます。

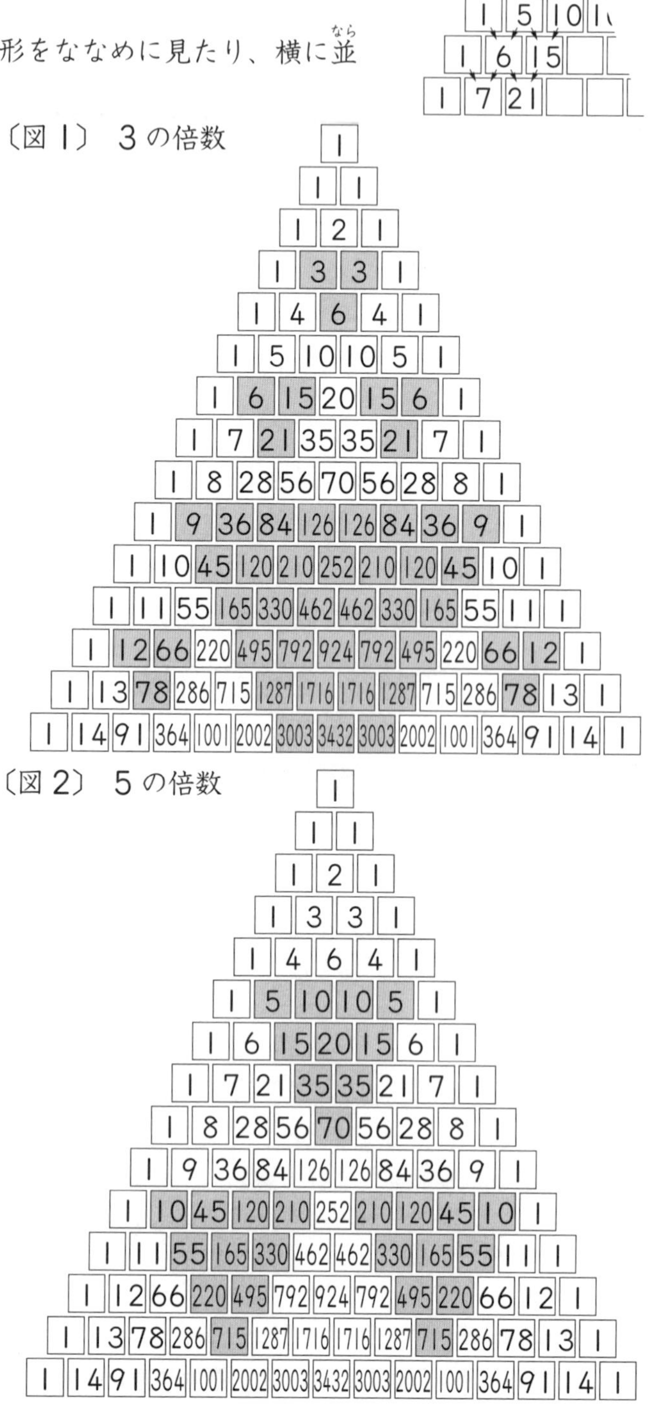

答え　1〔上から順に〕　6、15、20、15、6
7、21、35、35、21、7

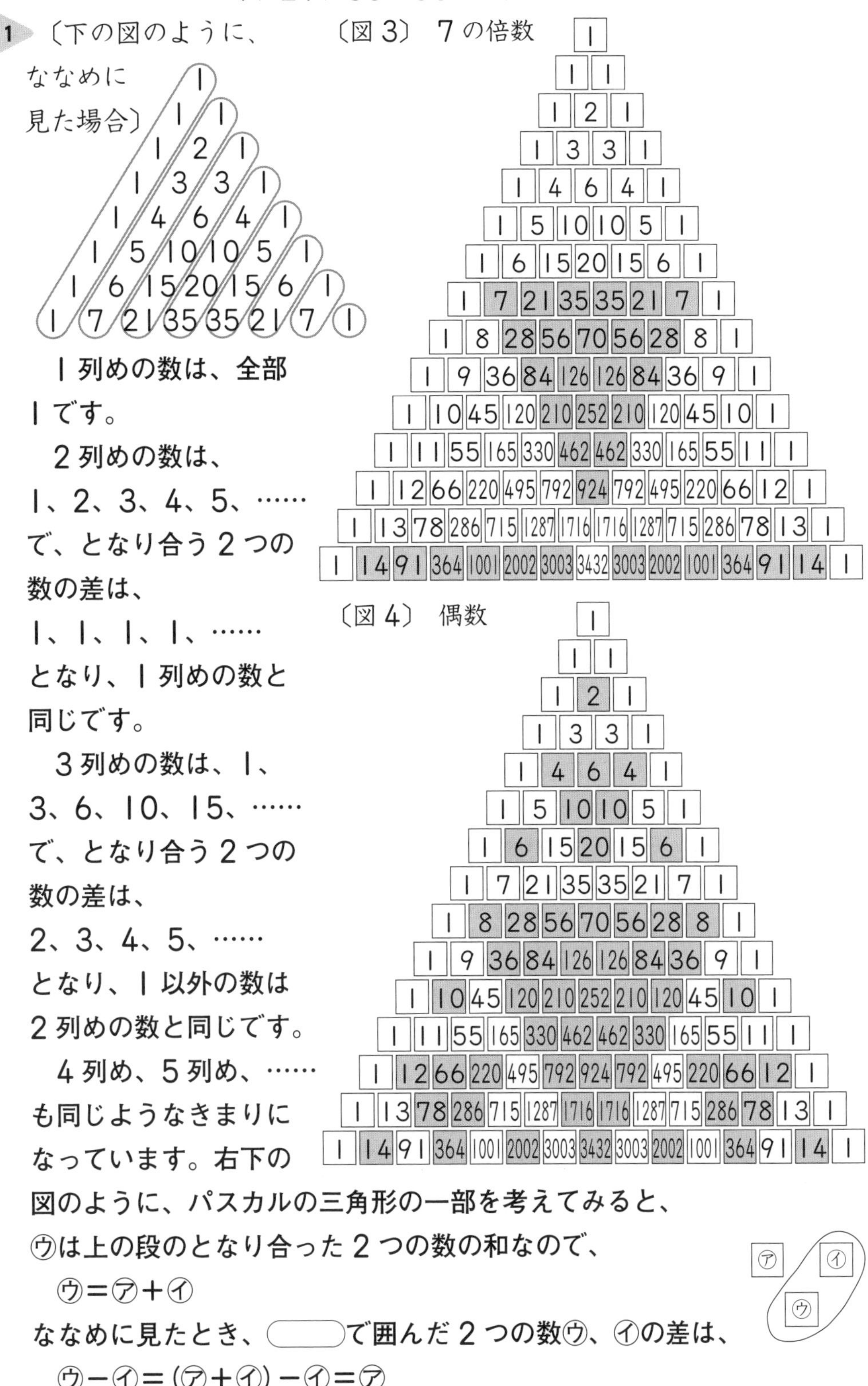

1　〔下の図のように、ななめに見た場合〕

1列めの数は、全部1です。

2列めの数は、1、2、3、4、5、……で、となり合う2つの数の差は、1、1、1、1、……となり、1列めの数と同じです。

3列めの数は、1、3、6、10、15、……で、となり合う2つの数の差は、2、3、4、5、……となり、1以外の数は2列めの数と同じです。

4列め、5列め、……も同じようなきまりになっています。右下の図のように、パスカルの三角形の一部を考えてみると、㋒は上の段のとなり合った2つの数の和なので、

㋒＝㋐＋㋑

ななめに見たとき、（　　）で囲んだ2つの数㋒、㋑の差は、

㋒－㋑＝(㋐＋㋑)－㋑＝㋐

となり、㋐の数になるから、このようなきまりになっています。

2 〔下の図のように、横に見た場合〕

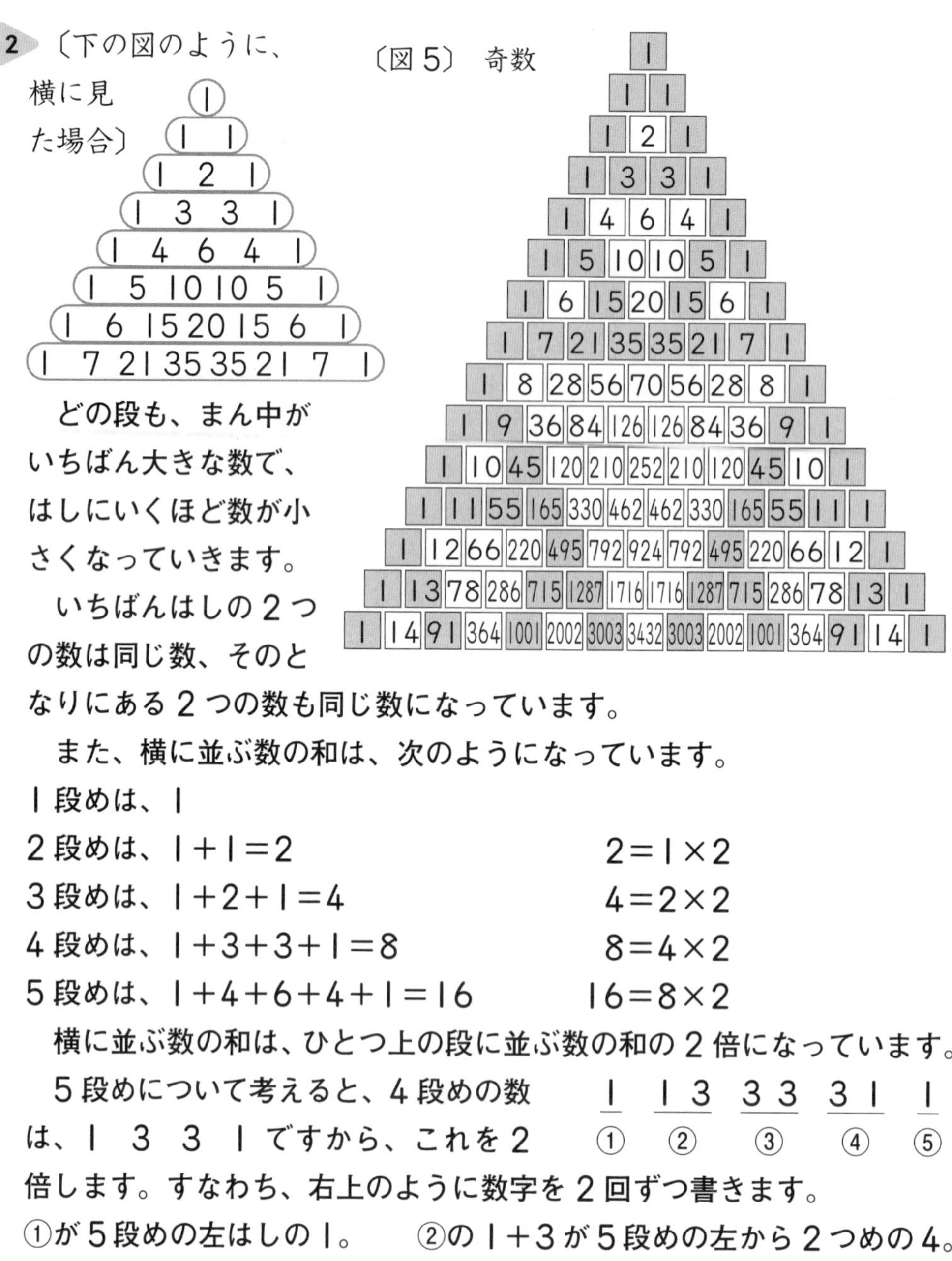

どの段も、まん中がいちばん大きな数で、はしにいくほど数が小さくなっていきます。

いちばんはしの2つの数は同じ数、そのとなりにある2つの数も同じ数になっています。

また、横に並ぶ数の和は、次のようになっています。

1段めは、1

2段めは、1＋1＝2　　　2＝1×2

3段めは、1＋2＋1＝4　　　4＝2×2

4段めは、1＋3＋3＋1＝8　　　8＝4×2

5段めは、1＋4＋6＋4＋1＝16　　　16＝8×2

横に並ぶ数の和は、ひとつ上の段に並ぶ数の和の2倍になっています。

5段めについて考えると、4段めの数は、1　3　3　1 ですから、これを2倍します。すなわち、右上のように数字を2回ずつ書きます。

1　13　33　31　1
①　②　③　④　⑤

①が5段めの左はしの1。　②の1＋3が5段めの左から2つめの4。

③の3＋3が5段めの左から3つめの6。

④の3＋1が5段めの左から4つめの4。⑤が5段めの右はしの1。

このように、4段めの数の和を2倍したものと5段めの数の和が同じになります。同じようにして、4段めと5段め以外の他の段も、同じようなきまりになっているから、横に並ぶ数の和は、ひとつ上の段に並ぶ数の和の2倍になります。

3 〔例〕 ななめや横に見て、数の並び方、和や差、倍数などを調べると、きまりが見つかりました。

4 考え方 の図2

1 文字を使った式

教科書11～12ページ

自分の誕生日(たんじょうび)の数をあてはめて、上の①から④を計算してみましょう。

不思議な計算

① 自分の生まれた月に 5 をたす。
② ①の答えに 100 をかける。
③ ②の答えに自分の生まれた日をたす。
④ ③の答えから 500 をひくと…。

答え (例) **例えば誕生日が 7 月 23 日のときは、① 7＋5＝12、② 12×100＝[1200]、③ [1200]＋23＝[1223]、④ [1223]－500＝[723] となります。**

このとき、723 の 7 が生まれた月、723 の 23 が生まれた日を表しています。

誕生日が 10 月 7 日のときは、① 10＋5＝15、② 15×100＝[1500]、③ [1500]＋7＝[1507]、④ [1507]－500＝[1007] となります。このとき、1007 の 10 が生まれた月、1007 の 07 が生まれた日を表しています。

教科書13～15ページ

1 不思議な計算のしくみを考えましょう。

1 あおいさんは 12 月 16 日の場合の計算を上のように考えて、1 つの式に表しました。

同じようにして、7 月 23 日と 10 月 7 日の場合の計算を 1 つの式に表しましょう。

2 12 月 16 日の場合の計算を例に、答えと誕生日の数字の並(なら)び方が同じになる理由を考えましょう。

3 誕生日(たんじょうび)を□月○日として、不思議な計算のしくみを□と○を使った式に表しましょう。

4 誕生日を a(エー) 月 b(ビー) 日として、不思議な計算のしくみを a、b を使って式に表しましょう。

考え方 1 7月23日の場合の計算は、順に次のようになります。

① $7+5$　② $(7+5)\times100$

③ $(7+5)\times100+23$　④ $(7+5)\times100+23-500$

10月7日の場合の計算は、順に次のようになります。

① $10+5$　② $(10+5)\times100$

③ $(10+5)\times100+7$　④ $(10+5)\times100+7-500$

2 $(\underset{月}{12}+5)\times100+\underset{日}{16}-500=12\times100\underline{+5\times100}+16\underline{-500}$

$=12\times100+16$

$=1216$

3 2の12に□を、16に○をあてはめます。

4 3の□にaを、○にbをあてはめます。

答え 1 〔上から順に〕 1216、$(7+5)\times100+23-500$、723

$(10+5)\times100+7-500$、1007

2 (理由)

$(12+5)\times100+16-500=12\times100+500+16-500$

$=1200+16$

$=1216$

この式と答えにより、答えと誕生日の数字の並びが同じになることがわかります。

〈注〉 千の位と百の位で月、十の位と一の位で日を表しています。

(1月〜9月のときは、百の位で月を表しています。)

3 $(□+5)\times100+○-500$

4 $(a+5)\times100+b-500$

教科書15ページ

 「不思議な計算」をアレンジしてみよう

考え方 12月16日の場合を例に考えてみます。④でひく数を800に変えます。

$(12+8)\times100+16-800=12\times100\underline{+8\times100}+16\underline{-800}$

$=12\times100+16$

$=1216$

答え ④でひく数を800に変えます。

教科書16ページ

2 6年生になるまでに、835字の漢字を学習してきました。小学校6年間で学習する漢字の数は、全部で1026字です。

6年生で学習する漢字は、何字あるでしょうか。

1 6年生で学習する漢字の数を□字として、式に表しましょう。

2 6年生で学習する漢字の数を x（エックス）字として、x にあてはまる数を求めましょう。

考え方 1 6年生になるまでに学習した漢字の数と、6年生で学習する漢字の数をたすと、1026字になるので、式は、835＋□＝1026 です。

2 まだわかっていない数を□のかわりに x という文字を使って図に表すと、

$835+x=1026$

$x=1026-835$

$=191$

1026字

835字

x 字

答え 1 〔左から順に〕 835、1026

2 〔上から順に〕 835、1026、1026－835、191

〔答え〕 191字

教科書16ページ

1 30円のえんぴつを4本と消しゴムを1個買ったら、代金は180円でした。

消しゴム1個の値段（ねだん）は何円でしょうか。

消しゴム1個の値段を x 円として式に表し、答えを求めましょう。

考え方 30円のえんぴつ4本の代金と、消しゴム1個の代金をたすと、180円になります。

$30\times4+x=180$

$120+x=180$

$x=180-120$

$=60$

答え 〔式〕 $30\times4+x=180$ 〔答え〕 60円

教科書17ページ

3 高さが4cmの平行四辺形があります。
この平行四辺形の底辺の長さと面積の関係を式に表しましょう。

1 底辺の長さが1cm、2cm、3cm、……と変わるときの平行四辺形の面積を、それぞれ式に表しましょう。

2 底辺の長さを○cm、面積を△cm²として、底辺の長さと面積の関係を式に表しましょう。

3 底辺の長さ○cmを$x$cm、面積△cm²をy(ワイ)cm²とします。
底辺の長さと面積の関係を、文字x、yを使って式に表しましょう。

4 底辺の長さが5cmのときの面積を求めましょう。
また、面積が120cm²のときの底辺の長さを求めましょう。

考え方 「平行四辺形の面積＝底辺×高さ」で求められます。

1 高さは4cmで、底辺の長さが順に、1cm、2cm、3cm、……と変わっていきます。これを面積の公式にあてはめていきます。

底辺の長さが1cmのとき、平行四辺形の面積は、1×4＝4
底辺の長さが2cmのとき、平行四辺形の面積は、2×4＝8
底辺の長さが3cmのとき、平行四辺形の面積は、3×4＝12

2 底辺の長さを○cm、面積を△cm²として、面積の公式にあてはめます。高さは4cmです。

底辺の長さが○cmのとき、平行四辺形の面積は、○×4＝△

3 ○cmのかわりに$x$cm、△cm²のかわりに$y$cm²とします。

○×4＝△
↓　　↓
$x \times 4 = y$

底辺の長さが$x$cmのとき、平行四辺形の面積は、$x \times 4 = y$

4 底辺の長さ$x$cmが5cmのとき、**3**の式のxに5をあてはめて、5×4＝20
面積$y$cm²が120cm²のとき、**3**の式のyに120をあてはめて、

$x \times 4 = 120$
$x = 120 \div 4$
$= 30$

4でわって、xを求めるんだね。
むずかしかったけれど、できたよ。

答え

1 1×4＝4、2×4＝8、3×4＝12、……

2 ○×4＝△

3 $x \times 4 = y$

4 〔底辺の長さが5cmのときの面積〕 20cm²
〔面積が120cm²のときの底辺の長さ〕 30cm

教科書17ページ

2 周りの長さが 26cm の長方形を作ります。
縦（たて）の長さを $a$cm、横の長さを $b$cm として、a と b の関係を式に表しましょう。
また、横の長さが 5cm のときの縦の長さを求めましょう。

考え方 周りの長さは、「縦の長さ＋横の長さ」の 2 倍です。
よって、長方形の縦の長さと横の長さの和は、$26 \div 2 = 13$ より、13cm です。
式は、$a+b=13$ となります。
$a+b=13$ の式の b に 5 をあてはめて、a にあてはまる数を求めます。

$$a+5=13$$
$$a=13-5$$
$$=8$$

答え 〔式〕 $a+b=13$
〔横の長さが 5cm のときの縦の長さ〕 8cm

教科書18ページ

4 これまでに学習した計算のきまりを、文字 a、b、c（シー）を使って表しましょう。

1 □にあてはまる文字を書きましょう。
① $a \times b = \square \times \square$　② $(a \times b) \times c = \square \times (\square \times \square)$
③ $(a+b) \times c = \square \times \square + \square \times \square$　④ $(\square - \square) \times \square = a \times c - b \times c$

2 下のあからえの図を使って、①から④の計算のきまりがいつでも成り立つことを説明しましょう。

考え方 1 これまでは、□や○、△で表してきた式を、文字を使って表します。文字の式になっても、計算のきまりは変わりません。
例えば $a=4.5$、$b=2$、$c=4$ として、計算のきまりが成り立つことを確かめます。

① $4.5 \times 2 = 9$、$2 \times 4.5 = 9$ から、$4.5 \times 2 = 2 \times 4.5$ となり、a が小数、b が整数の場合でも、$a \times b = b \times a$ の計算のきまりは成り立ちます。

② $(4.5 \times 2) \times 4 = 9 \times 4 = 36$、$4.5 \times (2 \times 4) = 4.5 \times 8 = 36$ から、$(4.5 \times 2) \times 4 = 4.5 \times (2 \times 4)$ となり、a が小数、b と c が整数の場合でも、$(a \times b) \times c = a \times (b \times c)$ の計算のきまりは成り立ちます。

③ $(4.5+2) \times 4 = 6.5 \times 4 = 26$、$4.5 \times 4 + 2 \times 4 = 18 + 8 = 26$ となり、a が小数、b と c が整数の場合でも、$(a+b) \times c = a \times c + b \times c$ の計算のきまりは成り立ちます。

④　$(4.5-2)\times 4=2.5\times 4=10$、$4.5\times 4-2\times 4=18-8=10$ となり、a が小数、b と c が整数の場合でも、$(a-b)\times c=a\times c-b\times c$ の計算のきまりは成り立ちます。

2 $a\times b$、$(a\times b)\times c$、$(a+b)\times c$、$(a-b)\times c$ は、㋐から㋓の図形の面積や体積を表しています。

答え **1** ①〔左から順に〕b、a　②〔左から順に〕a、b、c
③〔左から順に〕a、c、b、c　④〔左から順に〕a、b、c

①～④　例えば $a=4.5$、$b=2$、$c=4$ の場合にもこの計算のきまりは成り立ちます。

2 **①　$a\times b$ は、㋐の長方形の面積を求める式になっています。**

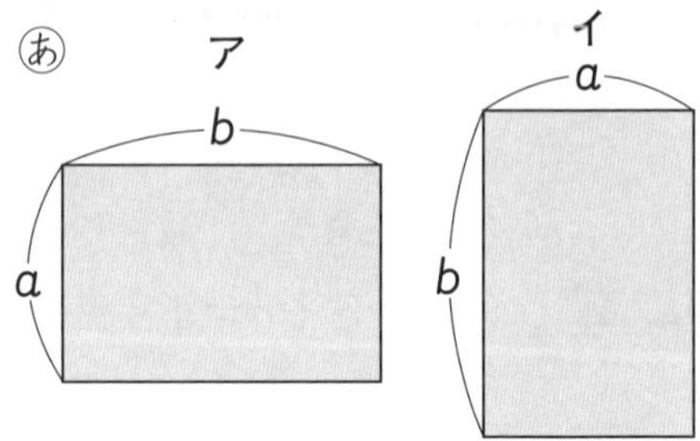

右の図のアの面積は、$a\times b$
右の図のイの面積は、$b\times a$
イの図形はアの図形をたてただけだから、どちらも面積は等しいので、$a\times b=b\times a$

②　$(a\times b)\times c$ は、㋑の直方体の体積を求める式になっています。
右の図のウの体積は、
$(a\times b)\times c$

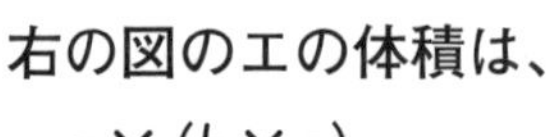

右の図のエの体積は、
$a\times(b\times c)$
どちらも体積は等しいので、$(a\times b)\times c=a\times(b\times c)$

③　$(a+b)\times c$ は、縦 $(a+b)$、横 c の長方形の面積を表しています。
右の図のオの面積は、
$(a+b)\times c$

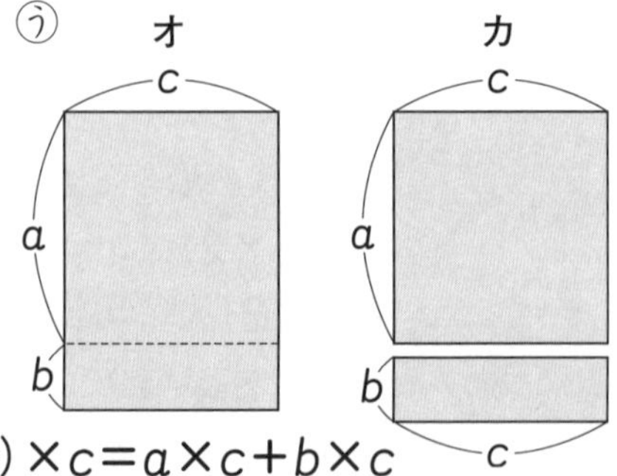

右の図のカの面積は、縦 a、横 c の長方形の面積と縦 b、横 c の長方形の面積の和だから、
$a\times c+b\times c$
どちらも面積は等しいので、$(a+b)\times c=a\times c+b\times c$

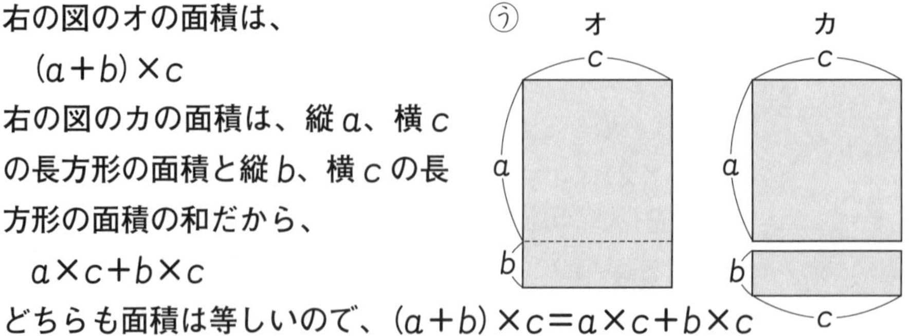

④　$(a-b)\times c$ は、縦 $(a-b)$、横 c の長方形の面積を表しています。

右の図のキの面積は、

$(a-b)\times c$

右の図のクの面積は、縦 a、横 c の長方形の面積と縦 b、横 c の長方形の面積との差だから、

$a\times c-b\times c$

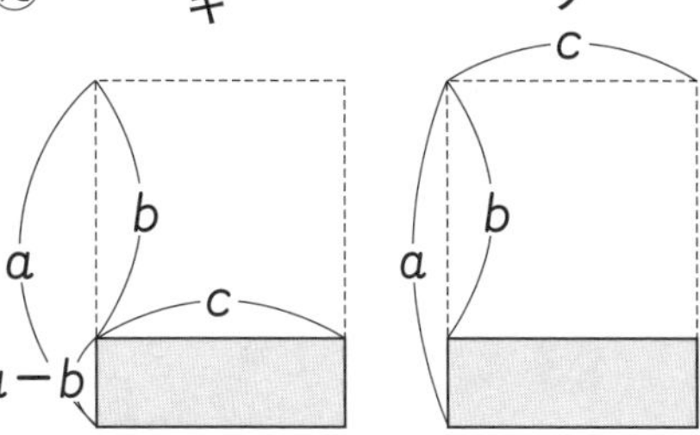

どちらも面積は等しいので、$(a-b)\times c=a\times c-b\times c$

教科書18ページ

3　下の式の文字 a に、0 でない いろいろな数をあてはめて、わり算のきまりがいつでも成り立つことを確かめましょう。

$12\div 4=(12\times a)\div(4\times a)$

考え方　「わられる数とわる数に同じ数をかけても、商は変わらない」という計算のきまりが成り立つことを、a に整数、小数を入れて確かめます。

答え　(ア)　a が整数のとき、

$a=2$ のとき、$12\div 4=3$　　$(12\times 2)\div(4\times 2)=24\div 8=3$

$a=3$ のとき、$12\div 4=3$　　$(12\times 3)\div(4\times 3)=36\div 12=3$

⋮

$a=10$ のとき、$12\div 4=3$

$(12\times 10)\div(4\times 10)=120\div 40=3$

$a=100$ のとき、$12\div 4=3$

$(12\times 100)\div(4\times 100)=1200\div 400=3$

⋮

(イ)　a が小数のとき、

$a=0.3$ のとき、$12\div 4=3$

$(12\times 0.3)\div(4\times 0.3)=3.6\div 1.2=3$

$a=2.6$ のとき、$12\div 4=3$

$(12\times 2.6)\div(4\times 2.6)=31.2\div 10.4=3$

⋮

このように、左側の式の答えと右側の式の答えはいつでも 3 となるので、わり算のきまりが成り立つことがわかります。

教科書19ページ

文字を使って考えよう！

考え方　❶ 買うことのできるおにぎりの個数がわからないので、x 個とします。

❷ $300\times1+120\times x$ の式で $x=2$ のときだから、
$300\times1+120\times2=300+240=540$

❸ $x=1$ のとき　$300\times1+120\times1=420$　買える
$x=2$ のとき　$300\times1+120\times2=\boxed{540}$　買える
$x=3$ のとき　$300\times1+120\times3=660$　買える
$x=4$ のとき　$300\times1+120\times4=780$　買える
$x=5$ のとき　$300\times1+120\times5=900$　買える
$x=6$ のとき　$300\times1+120\times6=1020$　買えない

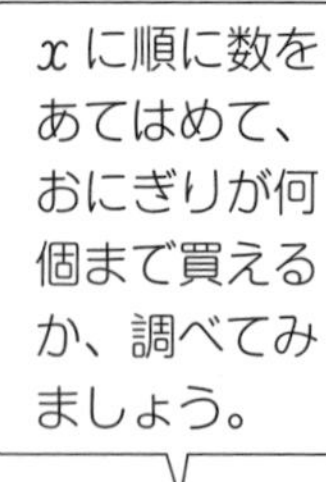
x に順に数を
あてはめて、
おにぎりが何
個まで買える
か、調べてみ
ましょう。

答え　❶ **おにぎりの個数**

❷ **540 円**

❸ **5 個まで買うことができる。**　〔$x=2$ のとき〕 **540**

まとめ

教科書20ページ

1 同じケーキを 3 個買ったら、代金は 810 円でした。
ケーキ 1 個の値段（ねだん）は何円でしょうか。
ケーキ 1 個の値段を x 円として式に表し、答えを求めましょう。

考え方　場面や数量の関係を式に表すときに、これまでの学習では□や○、△の記号を使いましたが、今後このかわりに x や a、b などの文字を使うことがあります。

$\square\times\boxed{3}=\boxed{810}$
↓
$x\times\boxed{3}=\boxed{810}$
$x=\boxed{810\div3}$
$=\boxed{270}$

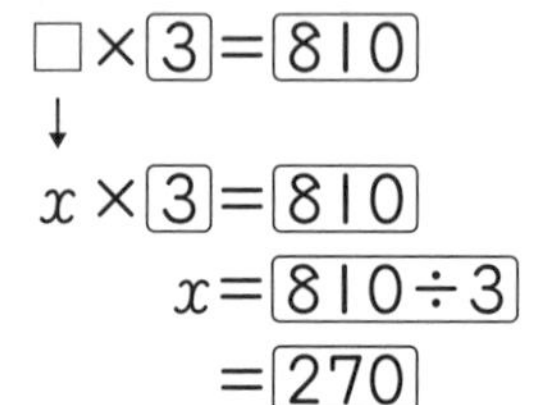

答え　**〔式〕 $x\times3=810$　〔答え〕 270 円**

〔左から順に〕 x、a、b、3
3、810、3、810、810÷3、270

教科書21ページ

1 次の①から③を文字を使った式に表し、答えを求めましょう。

① 1組が x 人、2組が32人の学年の合計は65人です。
1組の人数は何人でしょうか。

② a 個のあめを5人で等分したら、1人分は4個でした。
あめは全部で何個でしょうか。

③ 直径の長さが x cm、円周の長さが31.4cmの円があります。
この円の直径は何cmでしょうか。

考え方 ① 「1組の人数＋2組の人数＝学年の合計」です。
1組は x 人、2組は32人、学年の合計は65人だから、それぞれを上のことばの式にあてはめ、式をつくると、

$$x+32=65$$
$$x=65-32$$
$$=33$$

② a 個のあめの5等分は、$a \div 5$ と表せます。1人分が4個だから、式をつくると、

$$a \div 5=4$$
$$a=4 \times 5$$
$$=20$$

③ 直径の長さを x cmとすると、円周の長さが31.4cm、円周率は3.14だから、「円周＝直径×円周率」にあてはめて直径を求めます。

$$x \times 3.14=31.4$$
$$x=31.4 \div 3.14$$
$$=10$$

答え ① 〔式〕 $x+32=65$ 〔答え〕 33人

② 〔式〕 $a \div 5=4$ 〔答え〕 20個

③ 〔式〕 $x \times 3.14=31.4$ 〔答え〕 10cm

教科書21ページ

2 正三角形の１辺の長さが１cm、２cm、……と増えるときの、周りの長さを調べましょう。

① １辺の長さを a cm、周りの長さを b cm として、a と b の関係を式に表しましょう。

② １辺の長さが５cm のとき、周りの長さは何 cm でしょうか。

③ 周りの長さが 24cm のとき、１辺の長さは何 cm でしょうか。

考え方 ① 正三角形の３つの辺の長さはどれも等しいので、周りの長さ b は１辺の長さ a の３倍です。これを式に表すと、$a \times 3 = b$ となります。

② $a \times 3 = b$ の式の a に５をあてはめて、$5 \times 3 = 15$

③ $a \times 3 = b$ の式の b に 24 をあてはめて、a にあてはまる数を求めます。

$a \times 3 = 24$

$a = 24 \div 3$

$= 8$

答え **三角形は３辺からできていて、正三角形の周りの長さは１辺の長さの３倍です。１辺の長さが１cm、２cm、３cm、……と増えると、周りの長さは３cm、６cm、９cm、……と増えていきます。**

① $a \times 3 = b$　② 15cm　③ ８cm

教科書21ページ

3 下のあからえの式の文字 a は、０でない同じ数を表しています。
答えが a より小さくなる式はどれでしょうか。
また、答えが a より大きくなる式はどれでしょうか。

あ $a \times 1.5$　い $a \times 0.5$　う $a \div 1.5$　え $a \div 0.5$

考え方 かけ算では、１より小さい数をかけると積はかけられる数より小さくなり、１より大きい数をかけると積はかけられる数より大きくなります。

また、わり算では、１より小さい数でわると商はわられる数より大きくなり、１より大きい数でわると商はわられる数より小さくなります。

例えば a に 10 をあてはめた場合、次のようになります。

あ $10 \times 1.5 = 15$（10より大きい）　い $10 \times 0.5 = 5$（10より小さい）

う $10 \div 1.5 = 6.66\cdots\cdots$（10より小さい）　え $10 \div 0.5 = 20$（10より大きい）

答え 〔答えがaより小さくなる式〕 ㋑、㋒
〔答えがaより大きくなる式〕 ㋐、㋓
〔考えるヒントの答え〕〔答えが10より小さくなる式〕 ㋑、㋒
〔答えが10より大きくなる式〕 ㋐、㋓

教科書22～23ページ

復習 ①

考え方 **1** ㋐、㋑ 160000－150000＝10000
10000を10等分した1000が1めもりの大きさです。

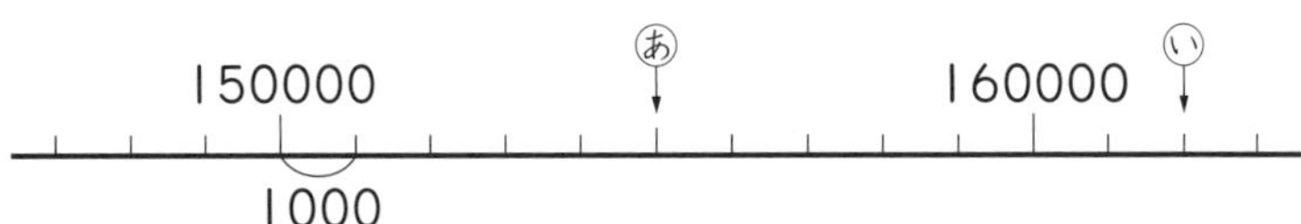

㋐ 150000＋1000×5＝155000
㋑ 160000＋1000×2＝162000
㋒、㋓ 5.5－5.4＝0.1
0.1を10等分すると0.01、さらに10等分すると0.001なので、次のようになります。

㋒ 5.4＋0.01×3＋0.001×3＝5.433
㋓ 5.4＋0.01×8＝5.48
㋔、㋕ 1を3等分した$\frac{1}{3}$が1めもりの大きさです。

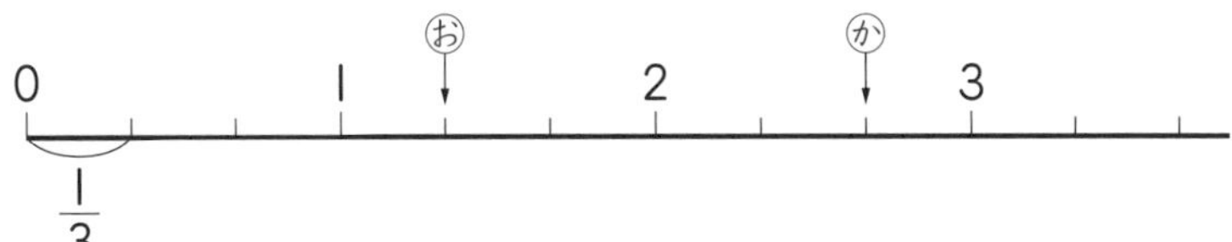

㋔ 仮分数…$\frac{1}{3}$の4個分で、$\frac{4}{3}$ 帯分数…1と$\frac{1}{3}$で、$1\frac{1}{3}$
㋕ 仮分数…$\frac{1}{3}$の8個分で、$\frac{8}{3}$ 帯分数…2と$\frac{2}{3}$で、$2\frac{2}{3}$

2 四捨五入(ししゃごにゅう)して千の位までの概数(がいすう)にする場合、1つ下の百の位の数字に着目します。
㋐ 7450 → 7000（4：切り捨(す)てる） ㋑ 7500 → 8000（5：切り上げる）
㋒ 8499 → 8000（4：切り捨てる） ㋓ 8500 → 9000（5：切り上げる）

❸ かけ算では、1より小さい数をかけると、積はかけられる数より小さくなります。
❹ わり算では、1より小さい数でわると、商はわられる数より大きくなります。
❺ 計算の順序は、次のようになります。

・ふつうは、左から順に計算する。

・( )があるときは、( )の中を先に計算する。

・＋、－、×、÷ がまじっているときは、×、÷ を先に計算する。

① 5×9－6÷3＝45－6÷3
〔1〕〔2〕〔3〕
＝45－2
＝43

② 5×(9－6)÷3＝5×3÷3
〔1〕〔2〕〔3〕
＝15÷3
＝5

③ 5×(9－6÷3)＝5×(9－2)
〔1〕〔2〕〔3〕
＝5×7
＝35

❻ ひもや針金（はりがね）の長さが整数のときと同じように式がつくれます。

㋐ 1mの重さが3.5gのひもの次の重さを求めます。

2mの重さだったら、3.5×2＝7

0.4mの重さだったら、3.5×0.4＝1.4

㋑ 針金1mの重さを求めます。

2mの重さが3.5gだったら、3.5÷2＝1.75

0.4mの重さが3.5gだったら、3.5÷0.4＝8.75

答え

❶ ㋐ 155000　㋑ 162000　㋒ 5.433　㋓ 5.48

㋔ 仮分数$\frac{4}{3}$、帯分数$1\frac{1}{3}$　㋕ 仮分数$\frac{8}{3}$、帯分数$2\frac{2}{3}$

❷ ㋑、㋒
❸ ㋑、㋓
❹ ㋒、㋓
❺ ① 43　② 5　③ 35
❻ 〔3.5÷0.4の式になるもの〕㋑

〔答え〕㋐ 1.4g　㋑ 8.75g

❼ ① 直角　② 辺　③ 3　④ 平行　⑤ 2　⑥ 長さ

⑦ 辺の長さ

⑧ ㋐ 円周　㋑ 中心　㋒ 直径　㋓ 半径

⑨ ㋐ 側面　㋑ 底面　㋒ 高さ　㋓ 頂点（ちょうてん）

⑩ ㋐ 高さ　㋑ 底面　㋒ 側面

⑪ 高さ　⑫ 底辺、高さ

⑬ 上底、下底　⑭ 対角線、対角線

⑮ 横、高さ　⑯ 1辺、1辺

2 分数と整数のかけ算、わり算

教科書25～27ページ

1 ケーキを1個作るのに$\frac{2}{7}$Lの牛乳(ぎゅうにゅう)を使います。

このケーキを3個作るには、何Lの牛乳が必要でしょうか。

1 計算のしかたを考えましょう。

2 (教科書)25ページ **1** の牛乳(ぎゅうにゅう)の量とケーキの数を変えました。

$\frac{2}{5}\times4$が$\frac{2\times4}{5}$で求められることを説明しましょう。

3 学習をふり返りましょう。

考え方 1個で$\frac{2}{7}$Lを使うとき、3個ではその3倍使うので、式は$\boxed{\frac{2}{7}\times3}$となります。

1 $\frac{2}{7}$は$\frac{1}{7}$が$\boxed{2}$個分なので、$\frac{2}{7}\times3$は$\frac{1}{7}$の$(\boxed{2}\times\boxed{3})$個分と考えられます。

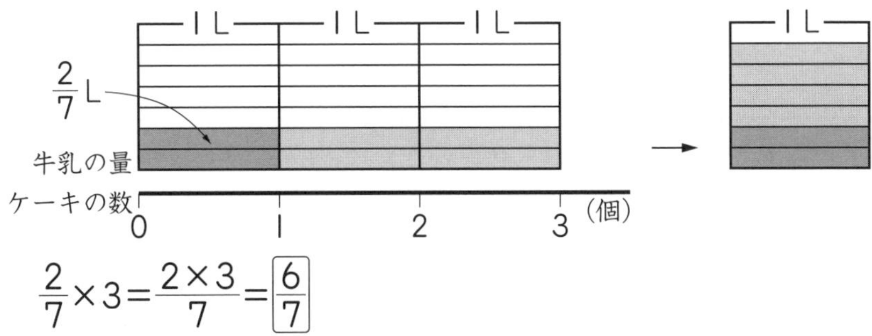

$\frac{2}{7}\times3=\frac{2\times3}{7}=\boxed{\frac{6}{7}}$

2 $\frac{2}{5}$は$\frac{1}{5}$が2個分なので、$\frac{2}{5}\times4$は$\frac{1}{5}$の$(\boxed{2}\times\boxed{4})$個分と考えられます。

$\frac{2}{5}\times4=\frac{\boxed{2}\times\boxed{4}}{5}=\boxed{\frac{8}{5}}$

答え 〔式〕$\frac{2}{7}\times3$

1 〔上から順に〕 2、2、3、$\frac{6}{7}$　〔答え〕$\frac{6}{7}$L

2 〔説明〕 **考え方** の **2**

〔上から順に〕 2、4、2、4、$\frac{8}{5}$

〔答え〕 $\frac{8}{5}$L$\left(1\frac{3}{5}\text{L}\right)$

3 （例） 分数に整数をかける計算は、分子が 1 の分数をもとにすると、整数のかけ算を使って考えられます。

分数に整数をかける計算では、分母はそのままにして、分子に整数をかけます。

教科書27ページ

1 $\frac{2}{9}\times4$ の答えは、$\frac{1}{9}$ の何個分でしょうか。

また、答えを求めましょう。

考え方 $\frac{2}{9}$ は $\frac{1}{9}$ の 2 個分なので、$\frac{2}{9}\times4$ は $\frac{1}{9}$ の（2×4）個分です。

次のように計算できます。$\frac{2}{9}\times4=\frac{2\times4}{9}=\frac{8}{9}$

答え 8 個分、$\frac{8}{9}$

教科書30ページ

2 $\frac{7}{12}\times4$ の計算のしかたを考えましょう。

考え方 積を求めたあとに約分しても、計算の途中（とちゅう）で約分しても、答えは変わりません。

計算の途中で約分すると、計算が簡単（かんたん）です。

$\frac{7}{12}\times4=\frac{7\times4}{12}=\frac{\overset{7}{\cancel{28}}}{\underset{3}{\cancel{12}}}=\frac{7}{3}\left(2\frac{1}{3}\right)$　　$\frac{7}{12}\times4=\frac{7\times\overset{1}{\cancel{4}}}{\underset{3}{\cancel{12}}}=\frac{7}{3}\left(2\frac{1}{3}\right)$

答え 〔計算のしかた〕 考え方　〔答え〕 $\frac{7}{3}\left(2\frac{1}{3}\right)$

教科書30ページ

3 $1\frac{2}{3}\times4$ の計算のしかたを考えましょう。

考え方 〔はるさんの考え〕

$(a+b)\times c=a\times c+b\times c$ を利用して、

$1\frac{2}{3}\times4=\left(1+\frac{2}{3}\right)\times4=1\times4+\frac{2}{3}\times4=4+\frac{8}{3}=4+2\frac{2}{3}=6\frac{2}{3}$

〔つばささんの考え〕

$1\frac{2}{3}\times4=\frac{5}{3}\times4=\frac{5\times4}{3}=\frac{20}{3}\left(6\frac{2}{3}\right)$

答え 〔計算のしかた〕 考え方 〔答え〕 $\frac{20}{3}\left(6\frac{2}{3}\right)$

教科書30ページ

2 計算のしかたを説明しましょう。 ① $\frac{5}{8}\times4$ ② $1\frac{5}{6}\times9$

考え方 ① 分母はそのままにして、分子に4をかけます。計算の途中で約分できるときは、約分してから計算すると簡単です。

$$\frac{5}{8}\times4=\frac{5\times\overset{1}{\cancel{4}}}{\underset{2}{\cancel{8}}}=\frac{5}{2}\left(2\frac{1}{2}\right)$$

② 帯分数を仮分数になおしてから計算します。または、$1\frac{5}{6}$ を $\left(1+\frac{5}{6}\right)$ になおしてから計算します。ふつうは、仮分数になおしたほうが簡単です。

$$1\frac{5}{6}\times9=\frac{11}{6}\times9=\frac{11\times\overset{3}{\cancel{9}}}{\underset{2}{\cancel{6}}}=\frac{33}{2}\left(16\frac{1}{2}\right)$$

または、

$$1\frac{5}{6}\times9=\left(1+\frac{5}{6}\right)\times9=1\times9+\frac{5}{6}\times9=9+\frac{5\times\overset{3}{\cancel{9}}}{\underset{2}{\cancel{6}}}=9+\frac{15}{2}$$

$$=9+7\frac{1}{2}=16\frac{1}{2}$$

答え 〔計算のしかた〕 考え方 〔答え〕 ① $\frac{5}{2}\left(2\frac{1}{2}\right)$ ② $\frac{33}{2}\left(16\frac{1}{2}\right)$

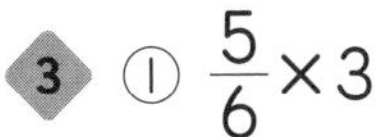

3 ① $\frac{5}{6}\times3$ ② $\frac{4}{15}\times3$ ③ $\frac{11}{12}\times18$ ④ $\frac{3}{8}\times20$

⑤ $\frac{13}{6}\times12$ ⑥ $\frac{7}{5}\times45$ ⑦ $1\frac{5}{8}\times6$ ⑧ $2\frac{4}{5}\times15$

考え方 ① $\frac{5}{6}\times3=\frac{5\times\overset{1}{\cancel{3}}}{\underset{2}{\cancel{6}}}=\frac{5}{2}\left(2\frac{1}{2}\right)$ ② $\frac{4}{15}\times3=\frac{4\times\overset{1}{\cancel{3}}}{\underset{5}{\cancel{15}}}=\frac{4}{5}$

③ $\frac{11}{12}\times18=\frac{11\times\overset{3}{\cancel{18}}}{\underset{2}{\cancel{12}}}=\frac{33}{2}\left(16\frac{1}{2}\right)$ ④ $\frac{3}{8}\times20=\frac{3\times\overset{5}{\cancel{20}}}{\underset{2}{\cancel{8}}}=\frac{15}{2}\left(7\frac{1}{2}\right)$

⑤ $\frac{13}{6}\times12=\frac{13\times\overset{2}{\cancel{12}}}{\underset{1}{\cancel{6}}}=26$ ⑥ $\frac{7}{5}\times45=\frac{7\times\overset{9}{\cancel{45}}}{\underset{1}{\cancel{5}}}=63$

⑦ $1\frac{5}{8}\times6=\frac{13}{8}\times6=\frac{13\times\overset{3}{\cancel{6}}}{\underset{4}{\cancel{8}}}=\frac{39}{4}\left(9\frac{3}{4}\right)$

または、

$1\frac{5}{8}\times6=\left(1+\frac{5}{8}\right)\times6=1\times6+\frac{5\times\overset{3}{\cancel{6}}}{\underset{4}{\cancel{8}}}=6+\frac{15}{4}=6+3\frac{3}{4}=9\frac{3}{4}$

⑧ $2\frac{4}{5}\times15=\frac{14}{5}\times15=\frac{14\times\overset{3}{\cancel{15}}}{\underset{1}{\cancel{5}}}=42$

帯分数は、仮分数になおすと、かけ算がしやすいね。

または、

$2\frac{4}{5}\times15=\left(2+\frac{4}{5}\right)\times15=2\times15+\frac{4\times\overset{3}{\cancel{15}}}{\underset{1}{\cancel{5}}}=30+12=42$

答え ① $\frac{5}{2}\left(2\frac{1}{2}\right)$　② $\frac{4}{5}$　③ $\frac{33}{2}\left(16\frac{1}{2}\right)$　④ $\frac{15}{2}\left(7\frac{1}{2}\right)$

⑤ 26　⑥ 63　⑦ $\frac{39}{4}\left(9\frac{3}{4}\right)$　⑧ 42

教科書31ページ

4 $\frac{4}{5}$kgのねん土を2人で等分します。1人分は何kgになるでしょうか。

1 計算のしかたを考えましょう。

考え方 $\frac{4}{5}$kgのねん土を2人で等分するので、2をわる数にしたわり算になります。

1 $\frac{4}{5}$は$\frac{1}{5}$が[4]個分なので、

$\frac{4}{5}\div2$は$\frac{1}{5}$が([4]÷[2])個分と考えることができます。

1人分の重さは、$\frac{1}{5}$kgが[2]個分になります。

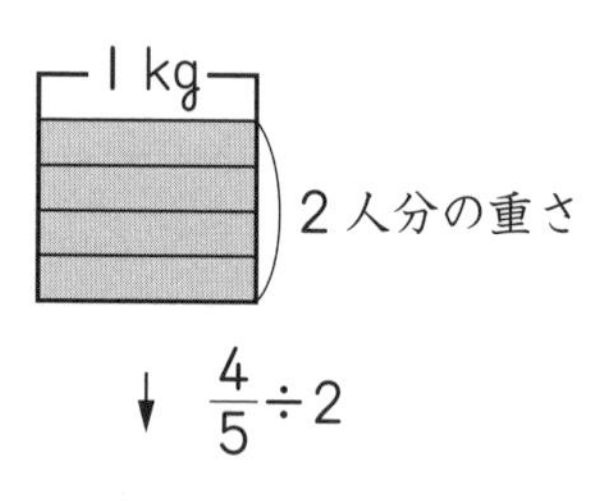

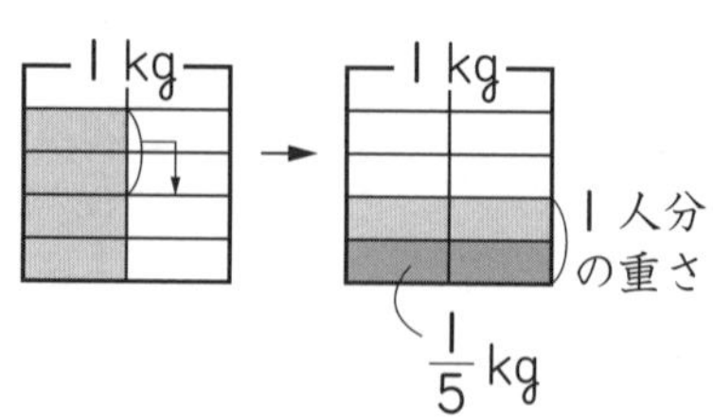

答え 〔式〕 $\boxed{\frac{4}{5}\div2}$

1 〔はるさん〕 2

〔上から順に〕 4、4、2、$\frac{2}{5}$

〔答え〕 $\frac{2}{5}$kg

教科書32ページ

◆4 $\frac{9}{4}\div3$ の計算をしましょう。

考え方 $\frac{9}{4}\div3=\frac{9\div3}{4}=\frac{3}{4}$

答え $\frac{3}{4}$

教科書32～33ページ

5 $\frac{4}{5}$kg のねん土を 3 人で等分します。1 人分は何 kg になるでしょうか。

1 計算のしかたを考えましょう。

2 $\frac{4}{5}\div2$ も、$\frac{4}{5\times2}$ として計算できることを説明しましょう。

考え方 $\frac{4}{5}$kg のねん土を 3 人で等分するので、3 をわる数にしたわり算になります。

1 右の図のように 3 人分の重さを 3 等分します。

1 人分の重さは、$\frac{1}{15}$kg が 4 個分です。

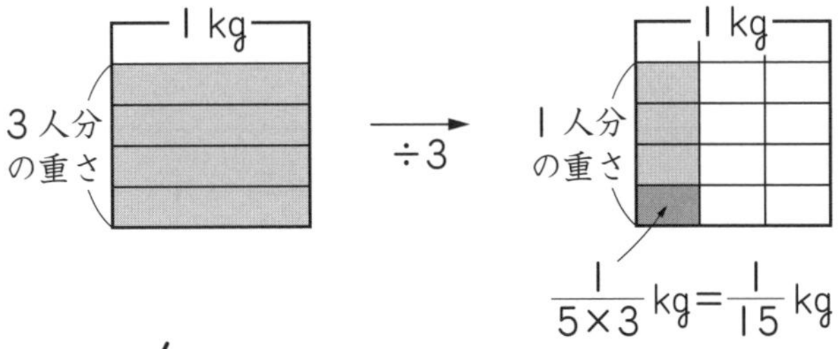

1 kg

3 人分の重さ

÷3

1 kg

1 人分の重さ

$\frac{1}{5\times3}$kg$=\frac{1}{15}$kg

答え 1 〔計算のしかた〕 考え方 $\frac{4}{15}$

〔答え〕 $\frac{4}{15}$kg

2 $\frac{4}{5}\div2=\frac{4\times2}{5\times2}\div2=\frac{4\times2\div2}{5\times2}=\frac{4}{5\times2}$ と計算できます。

教科書34ページ

◆5 $\frac{6}{7}\div4$ の計算をしましょう。

考え方 分数を整数でわる計算では、分子はそのままにして、分母に整数をかけます。

計算の途中で約分できるときは、約分してから計算すると簡単です。

$$\frac{b}{a}\div c=\frac{b}{a\times c}$$

$$\frac{6}{7} \div 4 = \frac{\overset{3}{\cancel{6}}}{7 \times \underset{2}{\cancel{4}}} = \frac{3}{14}$$

答え $\frac{3}{14}$

教科書34ページ

6 $1\frac{4}{5} \div 2$ の計算のしかたを考えましょう。

考え方 帯分数を仮分数になおしてから計算します。

$$1\frac{4}{5} \div 2 = \frac{9}{5} \div 2 = \frac{9}{5 \times 2} = \frac{9}{10}$$

答え 〔計算のしかた〕 **考え方** 〔答え〕 $\frac{9}{10}$

教科書34ページ

6 $1\frac{2}{3} \div 5$ の計算をしましょう。

考え方 $1\frac{2}{3} \div 5 = \frac{5}{3} \div 5 = \frac{\overset{1}{\cancel{5}}}{3 \times \underset{1}{\cancel{5}}} = \frac{1}{3}$

答え $\frac{1}{3}$

教科書34ページ

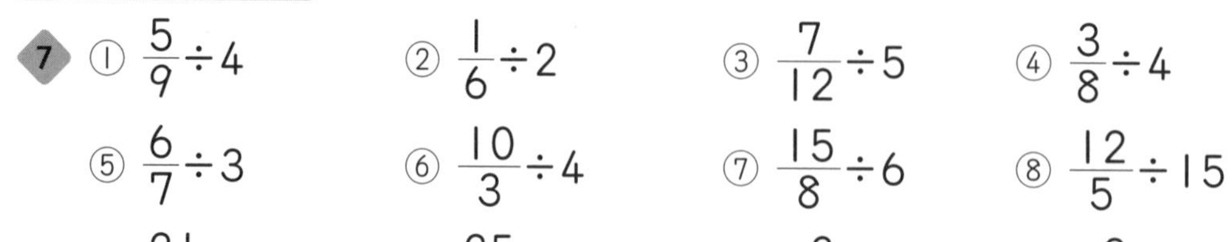

7 ① $\frac{5}{9} \div 4$　② $\frac{1}{6} \div 2$　③ $\frac{7}{12} \div 5$　④ $\frac{3}{8} \div 4$

⑤ $\frac{6}{7} \div 3$　⑥ $\frac{10}{3} \div 4$　⑦ $\frac{15}{8} \div 6$　⑧ $\frac{12}{5} \div 15$

⑨ $\frac{21}{4} \div 28$　⑩ $\frac{25}{12} \div 10$　⑪ $1\frac{3}{7} \div 5$　⑫ $2\frac{2}{9} \div 8$

考え方

① $\frac{5}{9}\div4=\frac{5}{9\times4}=\frac{5}{36}$　② $\frac{1}{6}\div2=\frac{1}{6\times2}=\frac{1}{12}$

③ $\frac{7}{12}\div5=\frac{7}{12\times5}=\frac{7}{60}$　④ $\frac{3}{8}\div4=\frac{3}{8\times4}=\frac{3}{32}$

⑤ $\frac{6}{7}\div3=\frac{\overset{2}{\cancel{6}}}{7\times\underset{1}{\cancel{3}}}=\frac{2}{7}$　⑥ $\frac{10}{3}\div4=\frac{\overset{5}{\cancel{10}}}{3\times\underset{2}{\cancel{4}}}=\frac{5}{6}$

⑦ $\frac{15}{8}\div6=\frac{\overset{5}{\cancel{15}}}{8\times\underset{2}{\cancel{6}}}=\frac{5}{16}$　⑧ $\frac{12}{5}\div15=\frac{\overset{4}{\cancel{12}}}{5\times\underset{5}{\cancel{15}}}=\frac{4}{25}$

⑨ $\frac{21}{4}\div28=\frac{\overset{3}{\cancel{21}}}{4\times\underset{4}{\cancel{28}}}=\frac{3}{16}$　⑩ $\frac{25}{12}\div10=\frac{\overset{5}{\cancel{25}}}{12\times\underset{2}{\cancel{10}}}=\frac{5}{24}$

⑪ $1\frac{3}{7}\div5=\frac{10}{7}\div5=\frac{\overset{2}{\cancel{10}}}{7\times\underset{1}{\cancel{5}}}=\frac{2}{7}$　⑫ $2\frac{2}{9}\div8=\frac{20}{9}\div8=\frac{\overset{5}{\cancel{20}}}{9\times\underset{2}{\cancel{8}}}=\frac{5}{18}$

答え

① $\frac{5}{36}$　② $\frac{1}{12}$　③ $\frac{7}{60}$　④ $\frac{3}{32}$　⑤ $\frac{2}{7}$　⑥ $\frac{5}{6}$

⑦ $\frac{5}{16}$　⑧ $\frac{4}{25}$　⑨ $\frac{3}{16}$　⑩ $\frac{5}{24}$　⑪ $\frac{2}{7}$　⑫ $\frac{5}{18}$

まとめ

教科書35ページ

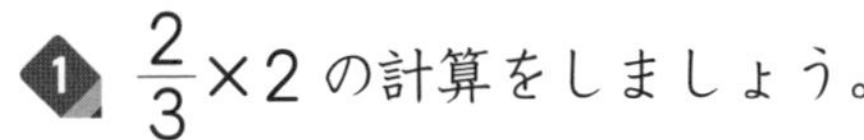

1 $\frac{2}{3}\times2$ の計算をしましょう。

考え方 分子が 1 の分数をもとにすると、整数のかけ算を使って考えられます。

答え 〔上から順に〕 **分母、分子、2、2、2**

$\frac{2}{3}\times2=\frac{\boxed{2}\times\boxed{2}}{3}=\boxed{\frac{4}{3}}$

$\frac{b}{a}\times c=\frac{\boxed{b}\times\boxed{c}}{\boxed{a}}$

教科書35ページ

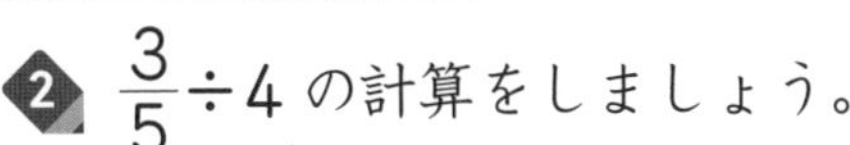

2 $\frac{3}{5}\div4$ の計算をしましょう。

考え方 1 を (5×4) 等分したものが 3 個分と考えます。

答え 〔上から順に〕 **分子、分母、3、4、3**

$\frac{3}{5}\div4=\frac{3}{\boxed{5}\times\boxed{4}}=\boxed{\frac{3}{20}}$

$\frac{b}{a}\div c=\frac{\boxed{b}}{\boxed{a}\times\boxed{c}}$

教科書36ページ

1 計算をしましょう。

① $\frac{1}{5}\times4$　② $\frac{2}{9}\times3$　③ $\frac{7}{12}\times9$　④ $\frac{5}{4}\times8$

⑤ $1\frac{3}{4}\times3$　⑥ $2\frac{5}{6}\times4$　⑦ $\frac{3}{4}\div4$　⑧ $\frac{6}{5}\div2$

⑨ $\frac{3}{4}\div15$　⑩ $\frac{9}{2}\div12$　⑪ $2\frac{1}{8}\div2$　⑫ $2\frac{1}{7}\div5$

考え方

① $\frac{1}{5}\times4=\frac{1\times4}{5}=\frac{4}{5}$

② $\frac{2}{9}\times3=\frac{2\times\overset{1}{\cancel{3}}}{\underset{3}{\cancel{9}}}=\frac{2}{3}$

③ $\frac{7}{12}\times9=\frac{7\times\overset{3}{\cancel{9}}}{\underset{4}{\cancel{12}}}=\frac{21}{4}\left(5\frac{1}{4}\right)$

④ $\frac{5}{4}\times8=\frac{5\times\overset{2}{\cancel{8}}}{\underset{1}{\cancel{4}}}=10$

⑤ $1\frac{3}{4}\times3=\frac{7}{4}\times3=\frac{7\times3}{4}=\frac{21}{4}\left(5\frac{1}{4}\right)$

⑥ $2\frac{5}{6}\times4=\frac{17}{6}\times4=\frac{17\times\overset{2}{\cancel{4}}}{\underset{3}{\cancel{6}}}=\frac{34}{3}\left(11\frac{1}{3}\right)$

⑦ $\frac{3}{4}\div4=\frac{3}{4\times4}=\frac{3}{16}$

⑧ $\frac{6}{5}\div2=\frac{\overset{3}{\cancel{6}}}{5\times\underset{1}{\cancel{2}}}=\frac{3}{5}$

⑨ $\frac{3}{4}\div15=\frac{\overset{1}{\cancel{3}}}{4\times\underset{5}{\cancel{15}}}=\frac{1}{20}$

⑩ $\frac{9}{2}\div12=\frac{\overset{3}{\cancel{9}}}{2\times\underset{4}{\cancel{12}}}=\frac{3}{8}$

⑪ $2\frac{1}{8}\div2=\frac{17}{8}\div2=\frac{17}{8\times2}=\frac{17}{16}\left(1\frac{1}{16}\right)$

⑫ $2\frac{1}{7}\div5=\frac{15}{7}\div5=\frac{\overset{3}{\cancel{15}}}{7\times\underset{1}{\cancel{5}}}=\frac{3}{7}$

答え

① $\frac{4}{5}$　② $\frac{2}{3}$　③ $\frac{21}{4}\left(5\frac{1}{4}\right)$　④ 10

⑤ $\frac{21}{4}\left(5\frac{1}{4}\right)$　⑥ $\frac{34}{3}\left(11\frac{1}{3}\right)$　⑦ $\frac{3}{16}$　⑧ $\frac{3}{5}$

⑨ $\frac{1}{20}$　⑩ $\frac{3}{8}$　⑪ $\frac{17}{16}\left(1\frac{1}{16}\right)$　⑫ $\frac{3}{7}$

教科書36ページ

❷ xにあてはまる数を求めましょう。

① $x \times 3 = \frac{4}{5}$　　② $x \div 4 = \frac{2}{5}$

考え方 整数に置きかえてみると、わかりやすくなります。

① $x \times 3 = 6$ のときは、$x = \boxed{6 \div 3} = 2$

$x \times 3 = \frac{4}{5}$ のときは、$x = \frac{4}{5} \div 3 = \frac{4}{5 \times 3} = \frac{4}{15}$

② $x \div 4 = 2$ のときは、$x = 2 \times 4 = 8$

$x \div 4 = \frac{2}{5}$ のときは、$x = \frac{2}{5} \times 4 = \frac{2 \times 4}{5} = \frac{8}{5}\left(1\frac{3}{5}\right)$

答え ① $\frac{4}{15}$　② $\frac{8}{5}\left(1\frac{3}{5}\right)$

〔考えるヒントの答え〕 $6 \div 3$

教科書36ページ

麦茶が$\frac{9}{10}$L入ったペットボトルが6本あります。

全部で何Lあるでしょうか。

考え方 6本のペットボトルに入っている麦茶の量は、1本のペットボトルに入っている麦茶の量の6倍なので、$\frac{9}{10} \times 6 = \frac{9 \times \overset{3}{\cancel{6}}}{\underset{5}{\cancel{10}}} = \frac{27}{5}\left(5\frac{2}{5}\right)$

答え 〔式〕 $\frac{9}{10} \times 6 = \frac{27}{5}\left(5\frac{2}{5}\right)$　〔答え〕 $\frac{27}{5}$L$\left(5\frac{2}{5}\text{L}\right)$

教科書36ページ

$\frac{9}{10}$Lの麦茶を6人で等分します。

1人分は何Lになるでしょうか。

考え方 $\frac{9}{10}$Lの麦茶を6人で等分するので、$\frac{9}{10} \div 6 = \frac{\overset{3}{\cancel{9}}}{10 \times \underset{2}{\cancel{6}}} = \frac{3}{20}$

答え 〔式〕 $\frac{9}{10} \div 6 = \frac{3}{20}$　〔答え〕 $\frac{3}{20}$L

教科書36ページ

5 次の計算のまちがいを説明しましょう。また、正しく計算しましょう。

① $\frac{3}{7}\times4=\frac{3}{7\times4}$
$=\frac{3}{28}$

② $\frac{7}{8}\div2=\frac{7}{8\div2}$
$=\frac{7}{4}$

考え方 ① 分数に整数をかける計算では、分母はそのままにして、分子に整数をかけます。

② 分数を整数でわる計算では、分子はそのままにして、分母に整数をかけます。

答え ① **4は分子にかけるのに、分母にかけています。**

正しく計算すると、$\frac{3}{7}\times4=\frac{3\times4}{7}=\frac{12}{7}\left(1\frac{5}{7}\right)$ となります。

② **分母は8×2とするのに、8÷2になっています。**

正しく計算すると、$\frac{7}{8}\div2=\frac{7}{8\times2}=\frac{7}{16}$ となります。

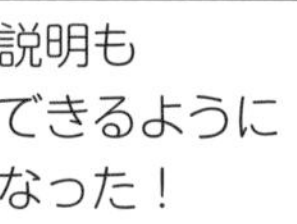

教科書37ページ

復習 ②

考え方 **1** ① 三角形の面積の公式にあてはめます。

② ①の式の a に8をあてはめます。

2 合同な図形の対応する辺の長さや角の大きさは等しくなっています。

① 辺EHと対応するのは辺DCです。

② 角Dと対応するのは角Eです。

③ 四角形の4つの角の大きさの和は360°です。

360−(90＋70＋85)＝115

3 ㋐3つの辺の長さ、㋑2つの辺の長さとその間の角の大きさ、㋒1つの辺の長さとその両はしの角の大きさ　のどれかがわかればかくことができます。

答え **1** ① $a\times6\div2=b$　② 24cm^2

2 ① 3.5cm　② 85°　③ 115°

3 **省略**

3 対称な図形

教科書39〜41ページ

1 下のお、かの形は、それぞれ1、2のどちらのなかまに入るでしょうか。

1 1のなかまに入る図形に共通する特ちょうを調べましょう。

2 おは、どのように折るとぴったり重なるでしょうか。

3 2のなかまに入る図形に共通する特ちょうを調べましょう。

4 う、え、かの図形をうす紙に写し取って、もとの図形の上に重ねます。点Oを中心にして回転させると、どうなるでしょうか。

考え方 1 右の図のように、2つに折るとぴったり重なります。

3 う、えの図形は、教科書の上下をさかさまにして見ても、もとと同じ形に見えます。つまり180°回転させると、もとの形とぴったり重なります。

答え お 1　か 2

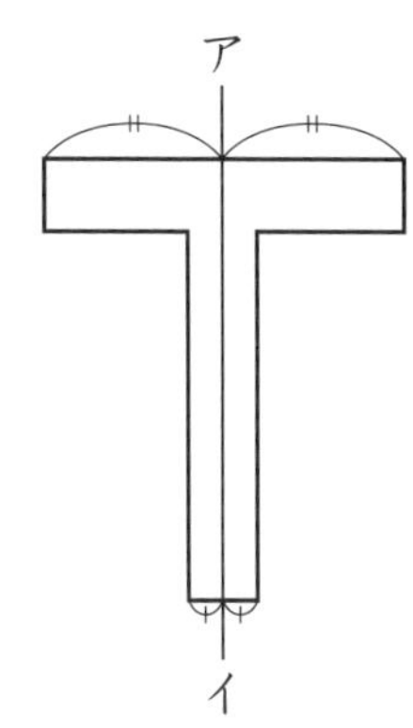

1 1本の直線を折りめとして2つに折ったとき、折りめの両側の部分がぴったりと重なります。

2 右の図の直線アイで折ります。

3 1つの点を中心にして180°回転させたとき、もとの形とぴったり重なります。

4 180°回転させると、もとの図形とうす紙の図形はぴったり重なります。

教科書43ページ

1 下のような2つの合同な図形を写し取って組み合わせて、線対称(せんたいしょう)な図形や点対称な図形を作りましょう。

考え方 写し取った図形を、切りぬいてみましょう。

説明 ① **一方を裏返(うらがえ)してそのまま辺と辺を合わせると線対称な図形になっています。このとき、はり合わせた線が対称の軸(じく)となります。**

② **一方を180°回転させ辺と辺をはり合わせることで、180°回転させるともとの形とぴったり重なる点対称な図形になっています。このとき、はり合わせた辺のまん中の点が対称の中心となります。**

教科書44ページ

2 対称(たいしょう)な図形の頂点(ちょうてん)、辺、角について調べましょう。

1 (教科書)39 ページの線対称な図形㋐を対称の軸(じく)アイで 2 つに折ったとき、ぴったり重なる頂点、辺、角はどれとどれでしょうか。

2 (教科書)39 ページの点対称な図形㋒を対称の中心 O で 180° 回転させたとき、もとの図形とぴったり重なる頂点、辺、角はどれとどれでしょうか。

考え方 **1** 対称の軸アイで 2 つに折ると、右の図 1 のようにぴったり重なります。これは図 2 のように、もとの図形を合同な 2 つの図形に分けてもわかります。

2 対称の中心 O で 180° 回転させると、右の図 3 のようにぴったり重なります。これは図 4 のように、もとの図形を合同な 2 つの図形に分けてもわかります。

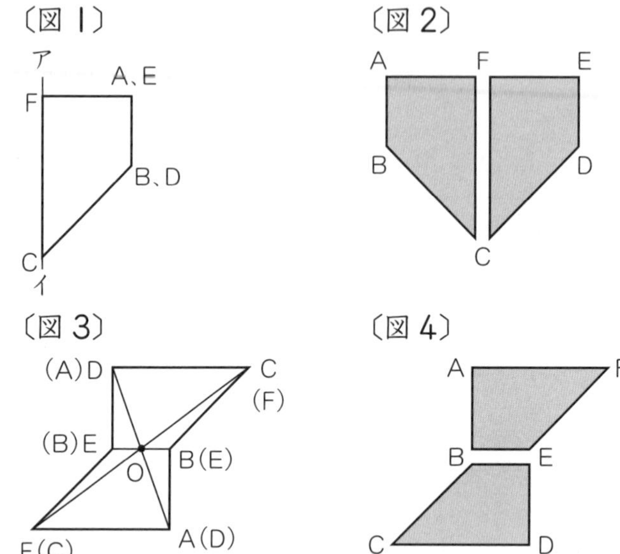

答え **1** 〔ぴったり重なる頂点〕 頂点 A と頂点 E、頂点 B と頂点 D

〔ぴったり重なる辺〕 辺 AF と辺 EF、辺 AB と辺 ED、
辺 BC と辺 DC

〔ぴったり重なる角〕 角 A と角 E、角 B と角 D

2 〔ぴったり重なる頂点〕 頂点 A と頂点 D、頂点 B と頂点 E、
頂点 C と頂点 F

〔ぴったり重なる辺〕 辺 AB と辺 DE、辺 BC と辺 EF、
辺 CD と辺 FA

〔ぴったり重なる角〕 角 A と角 D、角 B と角 E、角 C と角 F

線対称な図形、点対称な図形、
それぞれでぴったり重なる
様子がわかったね。

教科書45ページ

2 右の図は、直線アイを対称の軸とした線対称な図形です。
次の①から③にあてはまるものを答えましょう。

① 頂点Bと対応する頂点

② 辺BCと対応する辺

③ 角Cと対応する角

考え方 直線アイを対称の軸とした線対称な図形なので、直線アイの左右にある2つの図形は折ると、右の図のようにぴったり重なります。

・頂点Bと頂点F、頂点Cと頂点E

・辺ABと辺AF、辺BCと辺FE、辺CDと辺ED

・角Bと角F、角Cと角E

が対応しています。

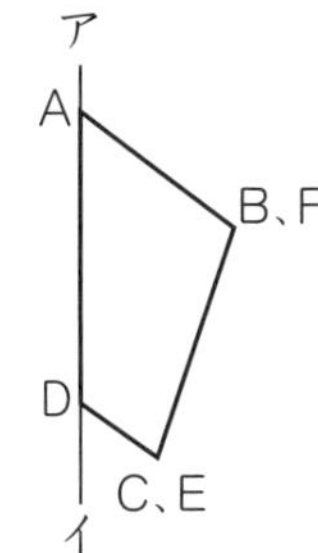

答え ① **頂点F** ② **辺FE** ③ **角E**

教科書45ページ

3 右の図は、点Oを対称の中心とした点対称な図形です。
次の①から③にあてはまるものを答えましょう。

① 頂点Bと対応する頂点

② 辺BCと対応する辺

③ 角Aと対応する角

考え方 問題文の図を、点Oを中心にして180°回転させると、頂点Aは頂点Eに、頂点Bは頂点Fに、頂点Cは頂点Gに、頂点Dは頂点Hに、辺ABは辺EFに、辺BCは辺FGに、辺CDは辺GHに、辺DEは辺HAに、角Aは角Eに、角Bは角Fに、角Cは角Gに、角Dは角Hに、ぴったり重なります。

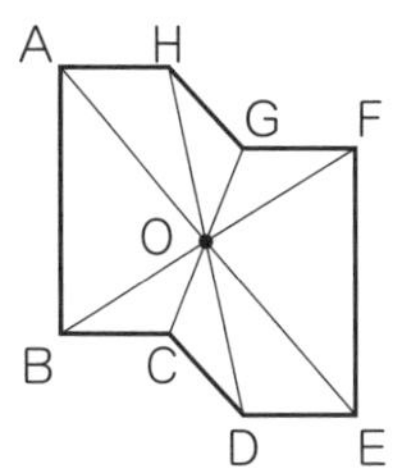

答え ① **頂点F** ② **辺FG** ③ **角E**

教科書45ページ

線対称？　点対称？

考え方 アルファベットの中にはA、D、Eのように線対称なものと、N、S、Zのように点対称なものがあります。その中でも、H、I、O、Xは線対称でもあり、点対称でもある形です。

答え **H、I、O、Xなど**

教科書46ページ

3 線対称な図形の性質をくわしく調べましょう。

1 対応する２つの頂点を直線で結ぶと、対称の軸アイとどのように交わるでしょうか。

考え方、**答え**の図において、直線BFと直線アイが交わる点をG、直線CEと直線アイが交わる点をHとします。

1 対応する２つの頂点を結ぶ直線は、対称の軸と垂直に交わります。

対称の軸を折りめとして２つに折ると、折りめの両側の図形はぴったり重なるので、BGの長さとFGの長さは等しくなっています。また、CHの長さとEHの長さも等しくなっています。

答え
- **対応する２つの頂点を結ぶ直線と対称の軸は、垂直に交わります。**
- **対称の軸と交わる点から、対応する２つの点までの長さは等しくなっています。**
- **頂点以外の対応する点どうしを結んでも対称の軸と垂直に交わり、対応する点から対称の軸までの２つの長さは等しくなっています。**

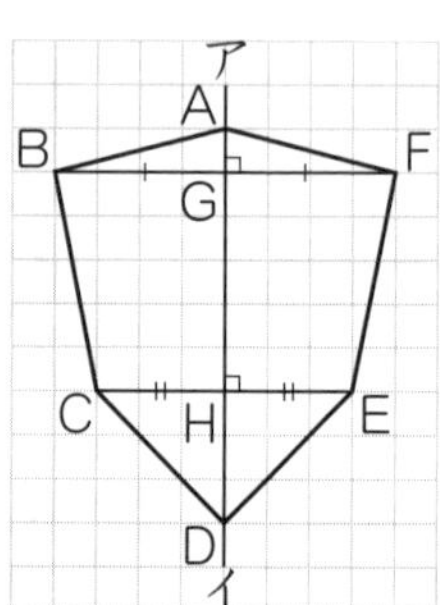

教科書46ページ

4 右の図は、直線アイを対称の軸とした線対称な図形です。

① 直線AGの長さは何cmでしょうか。

② 直線アイのほかに、対称の軸があればかき入れましょう。

考え方 ① 頂点Aと頂点Fは対応する頂点ですから、点Gから頂点A、頂点Fまでの長さは等しくなっています。

このことから、直線AGは辺AFの半分で、3÷2＝1.5

② 長さが等しい辺や、大きさが等しい角を手がかりに、２つの合同な図形をほかにつくれないか探します。

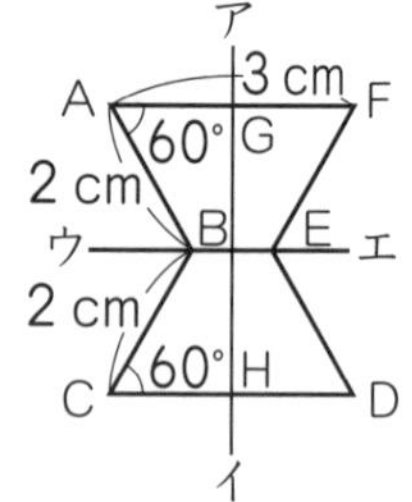

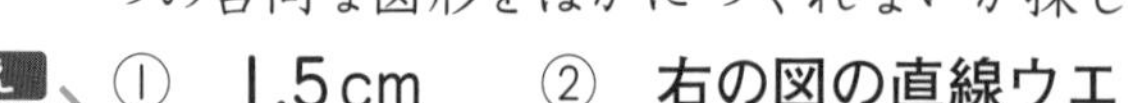
答え ① **1.5cm**　② **右の図の直線ウエ**

教科書47ページ

4 下の①、②は、直線アイを対称の軸とした線対称な図形の半分です。残りの半分をかきましょう。

考え方 対応する頂点がどこにあるかを考えるとき、次の２つを利用します。

・対応する２つの点を結ぶ直線が対称の軸と垂直に交わること

・対称の軸と交わる点から対応する２つの点までの長さが等しくなっていること

① 答え の図で、頂点Ｂは対称の軸から左に３マス移動した点なので、頂点Ｂに対応する頂点は、右に３マス進んだ頂点Ｌの位置になります。

同じようにして、頂点Ｃに対応する頂点はＫの位置、頂点Ｄに対応する頂点はＪの位置、頂点Ｅに対応する頂点はＩの位置、頂点Ｆに対応する頂点はＨの位置というように頂点の位置を決めていき、それらを直線で結んだものが 答え となります。

② 対応する点の位置の決め方は、三角定規を使って対称の軸に垂直な直線をかき、その直線上に同じ長さをとって、対応する点の位置を決めます。

答え の図のように、頂点Ｏに対応する点は、Ｏから対称の軸に垂直な直線をかき、その交わる点から頂点Ｏまでの長さと同じ長さだけ、交わる点からＯと反対側の位置（答え の図の点Ｓ）にあります。頂点Ｎに対応する点は、Ｎから対称の軸に垂直な直線をかき、その交わる点から頂点Ｎまでの長さと同じ長さだけ、交わる点からＮと反対側の位置（答え の図の点Ｔ）にあります。

このようにして、対応する頂点の位置を決めていき、それらの頂点を直線で結びます。

答え ①

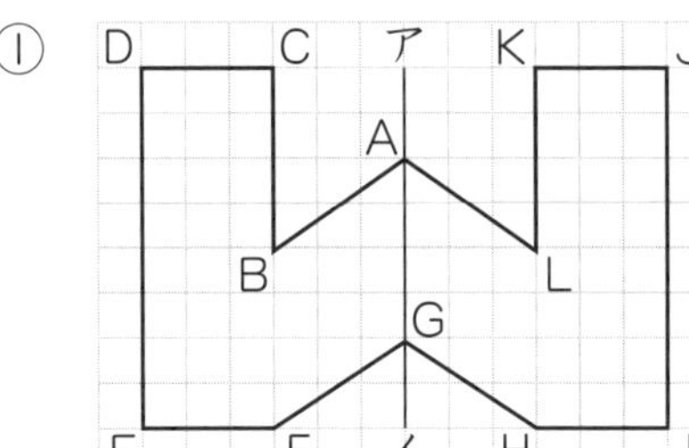

②

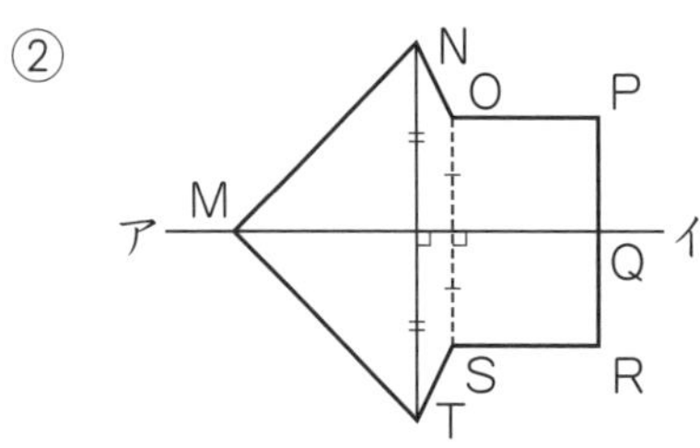

教科書47ページ

5 対称の軸を決めて、いろいろな線対称な図形をかきましょう。

考え方 まず、対称の軸アイの一方の側に図形の半分をかきます。その後、4 ①のように方眼のマスの数を調べて残り半分をかきましょう。

答え （例）

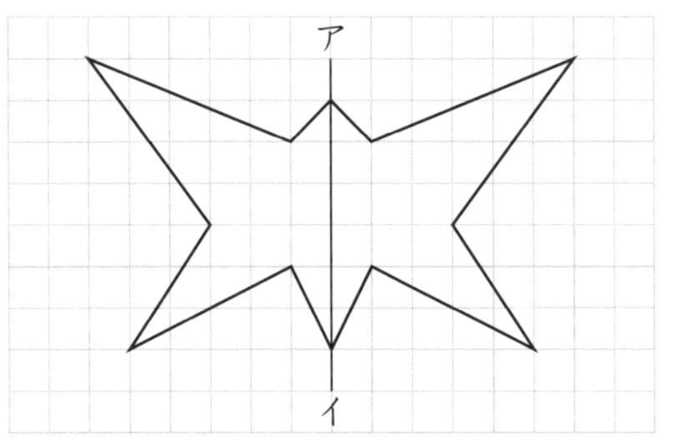

教科書48ページ

5 点対称(てんたいしょう)な図形の性質をくわしく調べましょう。

1 対応する2つの頂点(ちょうてん)を直線で結ぶと、対称の中心Oをどのように通るでしょうか。

考え方 1 対応する2つの頂点を結ぶ直線は、対称の中心Oを通ります。また、対称の中心Oから、対応する2つの点までの長さは等しくなっています。

答え
- **対応する2つの頂点を結ぶ直線は、対称の中心Oを通ります。**
- **対称の中心Oから、対応する2つの点までの長さは等しくなっています。**
- **頂点以外の対応する点どうしを結ぶと、直線は対称の中心Oを通り、点Oから、対応する2つの点までの長さは等しくなっています。**

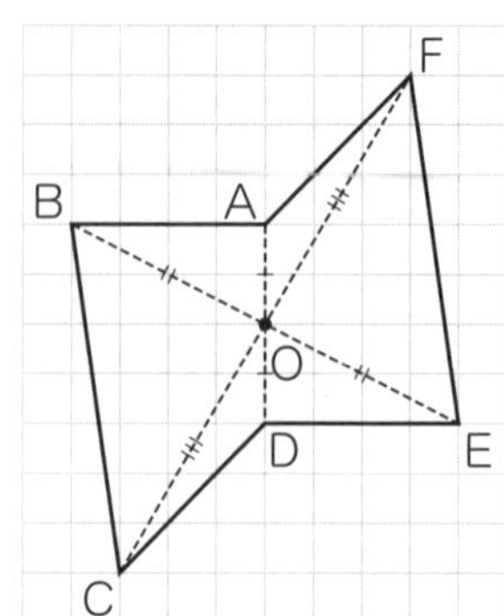

教科書48ページ

6 右の図は、点対称な図形です。

① 対称の中心となるように、点Oをかき入れましょう。

② 直線OAと等しい長さの直線を答えましょう。

考え方 ① 対称の中心から、対応する2つの点までの長さは等しくなっています。だから、対称の中心は対応する2つの頂点を結ぶ直線のまん中の点になるので、頂点Aと頂点Dを結んだ直線のまん中が対称の中心Oになります。

また、対応する2つの頂点を結ぶ直線は、どれもそのまん中の点が対称の中心になるから、対応する2つの頂点を結ぶ直線を2本ひくと、その交わる点が対称の中心Oになります。

② 対称の中心(点O)から、対応する2つの頂点(頂点Aと頂点D)までの長さは等しくなっています。だから、直線OAと等しい長さの直線は、直線ODです。

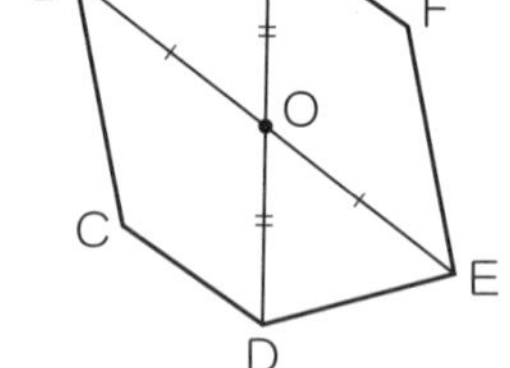

答え ① **右の図の点O**

② **直線OD**

教科書49ページ

6 下の①、②は、点Oを対称の中心とした点対称な図形の半分です。残りの半分をかきましょう。

考え方 対応する2つの点を結ぶ直線が対称の中心を通ることと、対称の中心から対応する2つの点までの長さが等しくなっていることを利用します。

① **答え** の図で、頂点Cに対応する頂点は頂点Iです。頂点Cと頂点Iを結ぶ直線は点Oを通り、直線OCの長さと直線OIの長さが等しくなるような頂点Iの位置を、方眼のマスを使って考えます。

頂点Cは、点Oから左に3マス、上に4マス進んだ頂点だから、
頂点Iは、点Oから右に3マス、下に4マス進んだ頂点になります。

他の頂点も、

頂点Dは、点Oから左に6マス、上に4マス進んだ頂点だから、
頂点Jは、点Oから右に6マス、下に4マス進んだ頂点になります。

また、

頂点Bは、点Oから左に3マス進んだ頂点だから、
頂点Hは、点Oから右に3マス進んだ頂点になります。

このようにして、他の頂点の位置を決めていき、それらを直線で結んでできた図形が **答え** となります。

② **答え** の図で、頂点Nに対応する頂点は頂点Sです。その見つけ方として、頂点Nと頂点Sを結ぶ直線は点Oを通り、直線ONの長さと直線OSの長さが等しくなるような頂点Sの位置を考えます。まず、直線ONを、Oから先へまっすぐにのばします。

次に、そののばした直線上にあって、直線ONの長さと同じ長さになる点をとります。この点が、頂点Nに対応する頂点Sとなります。

他の頂点も、まず、直線OPを、Oから先へまっすぐにのばします。

次に、そののばした直線上にあって、直線OPの長さと同じ長さになる点をとります。この点が、頂点Pに対応する頂点Tとなります。

このようにして、対応するすべての頂点の位置を決めていき、それらを直線で結んでできた図形が **答え** となります。

答え ①

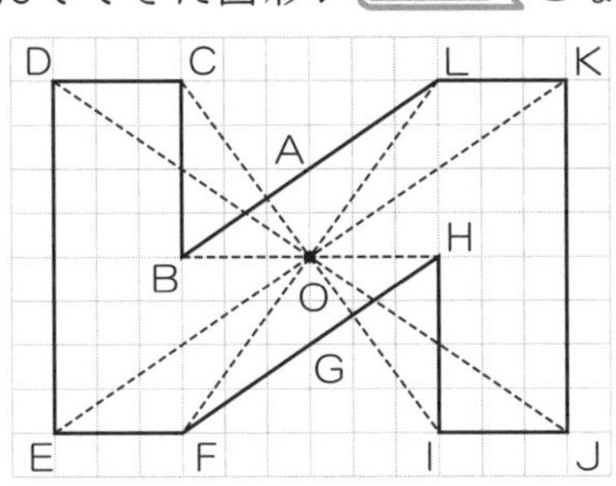

②

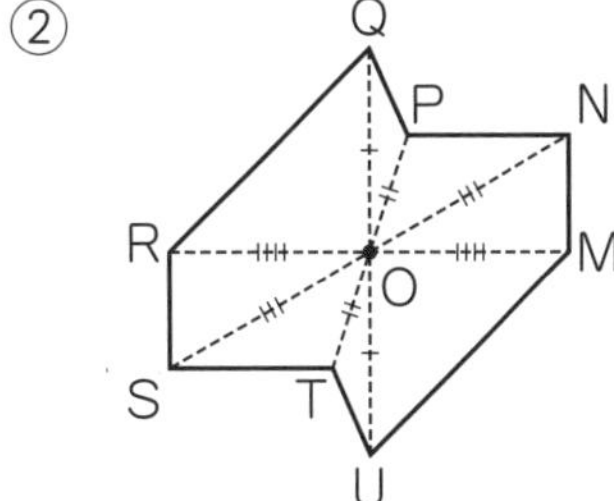

教科書49ページ

7 対称の中心を決めて、いろいろな点対称な図形をかきましょう。

考え方 まず、対称の中心Oを通る直線を1本かき、その一方の側に図形の半分をかきます。その後、6①のように方眼のマスの数を調べて残り半分をかきましょう。

答え （例）

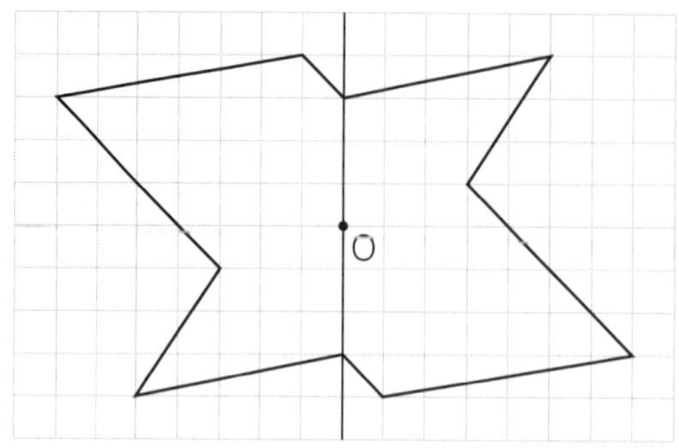

教科書50ページ

7 下の四角形について、線対称な図形か点対称な図形かを調べましょう。

1 四角形の対称について調べた結果を、下の表に整理しましょう。

考え方 1 線対称な図形は、1本の直線を折りめとして2つに折ったとき、折りめの両側の部分がぴったり重なる図形を選びます。対称の軸は1本だけとは限りません。数えもれのないようにします。

点対称な図形は、1つの点を中心にして、180°回転させたとき、もとの形とぴったり重なる図形を選びます。

下の図で、•は対称の中心、図形の中にひいた──は対称の軸を表しています。

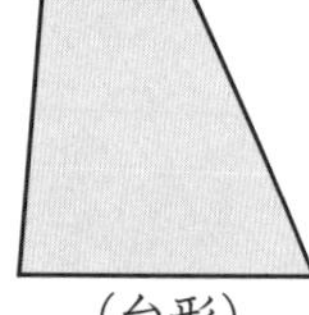

（台形）

（平行四辺形）

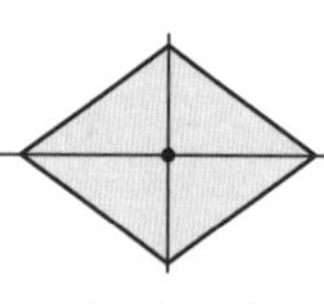

（ひし形）

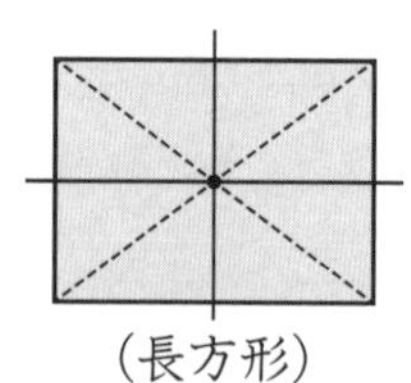

（長方形）

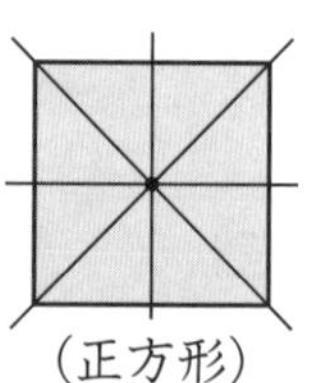

（正方形）

答え 1

	線対称	対称の軸の数	点対称
台形	×	0	×
平行四辺形	×	0	○
ひし形	○	2	○
長方形	○	2	○
正方形	○	4	○

教科書51ページ

8 下の三角形について、線対称な図形か点対称な図形かを調べましょう。

考え方　直角三角形は、2つに折ってぴったり重なるような直線はなく、また180°回転してももとの図形とぴったり重なりません。ですから、線対称な図形でも、点対称な図形でもありません。

二等辺三角形は、2つの等しい長さの辺と、2つの等しい大きさの角があるので、対称の軸が1本ある線対称な図形です。点対称な図形ではありません。

正三角形は、3つの辺の長さが等しく、3つの角の大きさも等しいことから、対称の軸が3本ひけます。点対称な図形ではありません。

答え　〔直角三角形〕 **線対称な図形でも、点対称な図形でもありません。**

〔二等辺三角形〕 **線対称な図形です。**

〔正三角形〕 **線対称な図形です。**

教科書51ページ

9 下の正多角形について、線対称な図形か点対称な図形かを調べましょう。

1 上の表を見て、気がついたことを話し合いましょう。

2 円は線対称な図形でしょうか。また、点対称な図形でしょうか。

考え方　1 正多角形は、どれも線対称な図形で、辺が偶数(ぐうすう)本ある正多角形は点対称な図形でもあります。対称の軸は、正多角形の辺の数と同じ数だけあります。

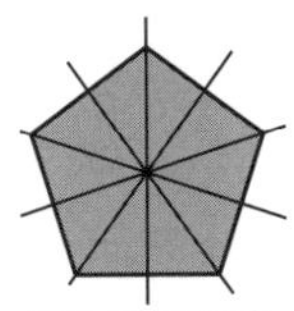
(正五角形)

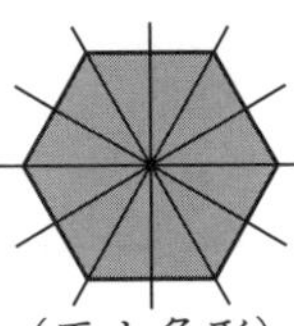
(正六角形)

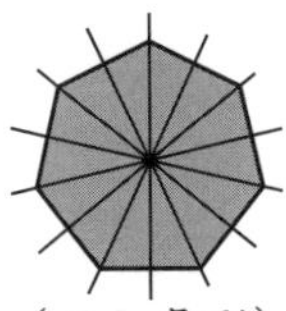
(正七角形)

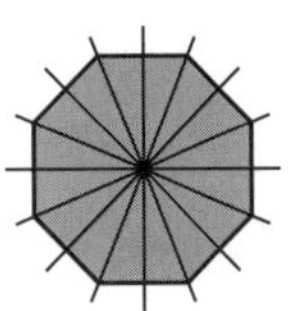
(正八角形)

2 円は、線対称な図形です。対称の軸は円の直径で、数限りなくあります。また、点対称な図形でもあり、対称の中心は円の中心になります。

答え

	線対称	対称の軸の数	点対称
正五角形	○	5	×
正六角形	○	6	○
正七角形	○	7	×
正八角形	○	8	○

1 (例)・**正多角形は、どれも線対称な図形で、対称の軸の数は辺の数と同じです。**

・**辺が偶数本ある正多角形は点対称な図形で、辺が奇数(きすう)本ある正多角形は点対称な図形ではありません。**

2 **円は、線対称な図形です。また、点対称な図形です。**

参考　正三角形や正方形(正四角形)の対称の軸は、右の図のようになっています。

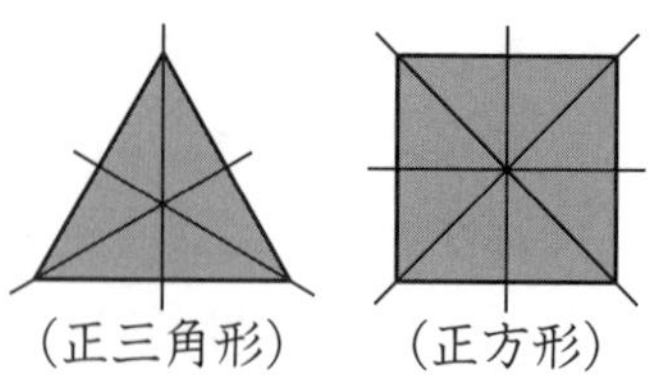

まとめ

教科書52ページ

◆1 右の図は、線対称(せんたいしょう)な図形です。
対称の軸(じく)をかき入れましょう。

考え方　線対称な図形は、1本の直線を折りめとして2つに折ったとき、折りめの両側の部分がぴったり重なる図形です。

対称の軸は、対応する2つの点を結んだ直線と垂直に交わります。

答え　右の図

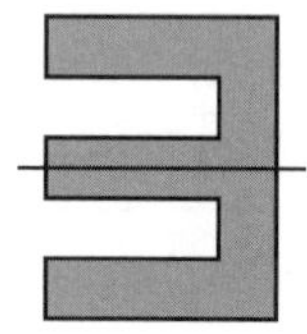

〔上から順に〕 **線対称、垂直、等しく**

教科書52ページ

◆2 右の図は、点対称な図形です。
対称の中心をかき入れましょう。

考え方　点対称な図形は、1つの点を中心にして、180°回転させたとき、もとの図形とぴったり重なる図形です。

対称の中心は、対応する2つの点を結ぶ直線のまん中の位置にあります。また、対応する2つの頂点を結ぶ直線は、どれもそのまん中の点が対称の中心になるから、対応する2つの頂点を結ぶ直線を2本ひくと、その交わる点が対称の中心Oになります。

答え　右の図

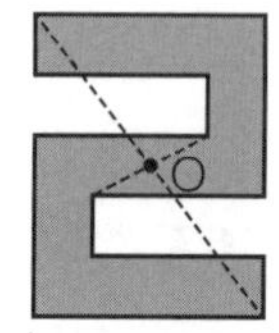

〔上から順に〕 **点対称、対称の中心、等しく**

教科書53ページ

1 右の図は、線対称でもあり、点対称でもある図形です。
① 対称の軸をすべてかき入れましょう。
② 対称の中心をかき入れましょう。
③ 辺 AJ の長さは 1.4cm です。
ほかに長さが 1.4cm の辺をすべて答えましょう。

考え方 ① 対称の軸は、対応する2つの点を結ぶ直線のまん中を通り、対応する2つの点を結ぶ直線と垂直に交わります。
② 対称の中心は、対応する2つの点を結ぶ直線のまん中にあります。
③ 対応する辺の長さや、角の大きさは等しくなっています。

答え ① **右の図の2本**
② **右の図の点O**
③ **辺FE、辺BC、辺GH**

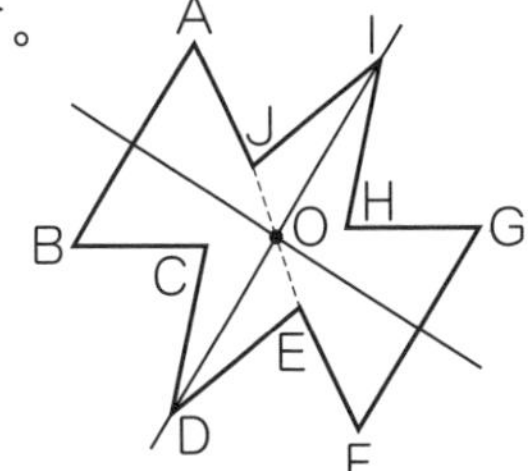

教科書53ページ

2 直線アイを対称の軸とした線対称な図形と、点Oを対称の中心とした点対称な図形をかきましょう。

考え方 〔線対称な図形〕 対応する頂点がどこにあるかを考えるとき、
・対応する2つの点を結ぶ直線が対称の軸と垂直に交わること
・対称の軸と交わる点から対応する2つの点までの長さが等しくなっていること
を利用します。

答え の図で、頂点Aは対称の軸から左に3マスなので、頂点Aに対応する頂点は、対称の軸から右に3マス進んだBの位置になります。

同じようにして他の頂点の位置を決めていき、それらを直線で結んでできた図形が **答え** となります。

〔点対称な図形〕 対応する頂点がどこにあるかを考えるとき、
・対応する2つの点を結ぶ直線が対称の中心を通ること
・対称の中心から対応する2つの点までの長さが等しくなっていること
を利用します。

答え の図で、頂点Cは、点Oから左に3マス、上に2マス進んだ頂点だから、頂点Cに対応する頂点Dは、点Oから右に3マス、下に2マス進んだ頂点になります。

同じようにして他の頂点の位置を決めていき、それらを直線で結んでできた図形が **答え** となります。

答え　右の図

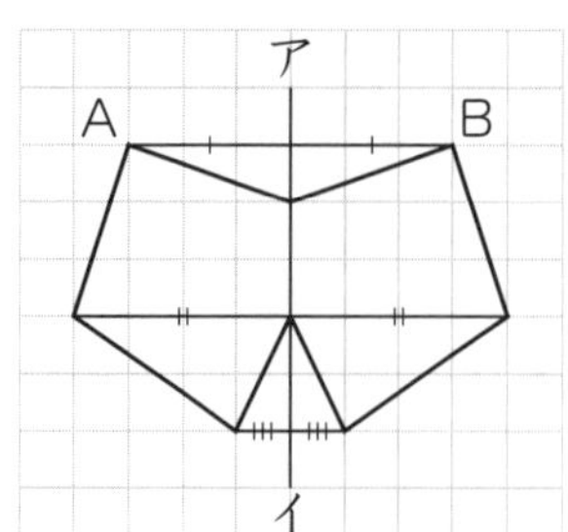

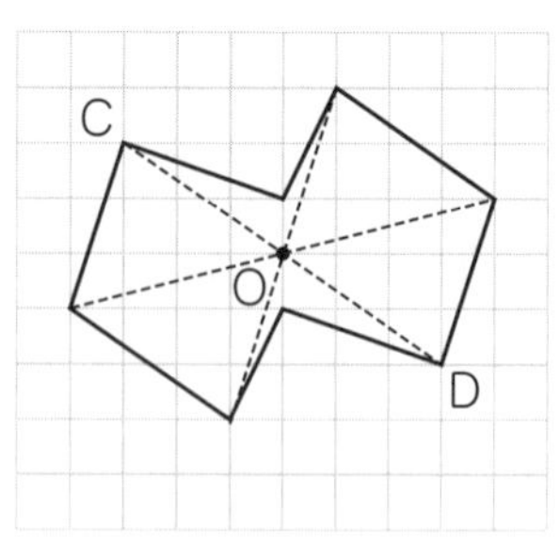

教科書53ページ

❸ 下の図形の中から、線対称でもあり、点対称でもある図形を選びましょう。

考え方　線対称な図形は、2つに折ったとき折りめの両側がぴったり重なる図形で、㋒「正三角形」と㋓「円」です。

点対称な図形は、180°回転させたとき、もとの形とぴったり重なる図形で、㋑「平行四辺形」と㋓「円」です。

答え　㋓

教科書54ページ

算数ワールド　対称なデザイン

考え方　❶ 都道府県のシンボルマークには、次のように対称な形をしたものがたくさんあります。

また、建物や伝統工芸品などの中には、対称性を生かしたデザインもあります。

❷ かかれている線を利用して、線対称、点対称な図形をかきましょう。

答え **❶ (例)都道府県や市町村のシンボルマーク、お城などの建物、伝統工芸品、道路のしきつめ模様(もよう)など。**

❷ (例)

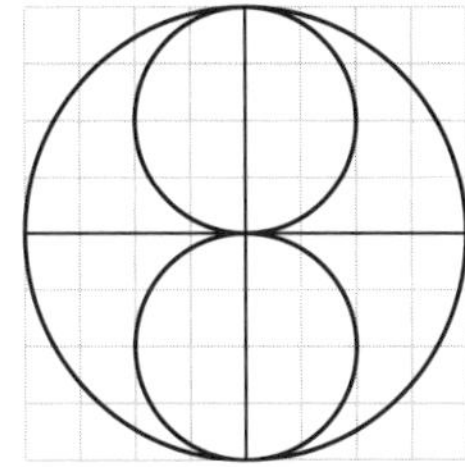

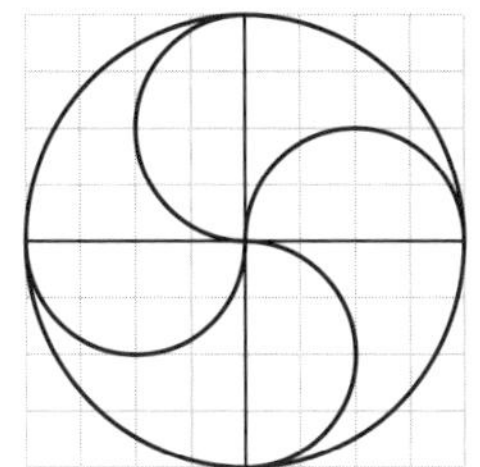

教科書55ページ

復習 ③

考え方 ❶ ① $\frac{7}{8}\times9=\frac{7\times9}{8}=\frac{63}{8}\left(7\frac{7}{8}\right)$ ② $\frac{5}{9}\times15=\frac{5\times\overset{5}{\cancel{15}}}{\underset{3}{\cancel{9}}}=\frac{25}{3}\left(8\frac{1}{3}\right)$

③ $\frac{7}{4}\times8=\frac{7\times\overset{2}{\cancel{8}}}{\underset{1}{\cancel{4}}}=14$ ④ $2\frac{1}{5}\times25=\frac{11}{5}\times25=\frac{11\times\overset{5}{\cancel{25}}}{\underset{1}{\cancel{5}}}=55$

⑤ $\frac{4}{5}\div3=\frac{4}{5\times3}=\frac{4}{15}$ ⑥ $\frac{3}{7}\div9=\frac{\overset{1}{\cancel{3}}}{7\times\underset{3}{\cancel{9}}}=\frac{1}{21}$

⑦ $\frac{15}{4}\div6=\frac{\overset{5}{\cancel{15}}}{4\times\underset{2}{\cancel{6}}}=\frac{5}{8}$ ⑧ $3\frac{7}{9}\div17=\frac{34}{9}\div17=\frac{\overset{2}{\cancel{34}}}{9\times\underset{1}{\cancel{17}}}=\frac{2}{9}$

❷ 分数は、分子÷分母の商を表すと考えられます。また、整数どうしのわり算の商は、わる数を分母、わられる数を分子として、分数で表すことができます。

③のような場合は、約分にも注意しましょう。

$$4\div12=\frac{\overset{1}{\cancel{4}}}{\underset{3}{\cancel{12}}}=\frac{1}{3}$$

分数の分母と分子に同じ数をかけても、分母と分子を同じ数でわっても、分数の大きさは変わりません。

❸ まずことばの式を考えてみましょう。

① 「1人分のジュースの量＝ジュースの量÷人数」の式にあてはめます。

$$\frac{5}{9}\div 2=\frac{5}{9\times 2}=\frac{5}{18}$$

② 「棒(ぼう)の重さ＝1mの棒の重さ×棒の長さ」の式にあてはめます。

$$\frac{2}{7}\times 3=\frac{2\times 3}{7}=\frac{6}{7}$$

❹ どこの部分を10倍、$\frac{1}{10}$倍などしているか考えましょう。そして、①〜④の式は、85×3や720÷45の式の何倍、あるいは何分の1になっているかを考えてから、積や商を利用して求めます。

① 850×3＝2550
↑×10　　×10
85　×3＝255

② 85×0.3＝25.5
↑÷10　　÷10
85×3　＝255

③ 7200÷4.5＝1600
↑×10　↑÷10　　×100
720　÷45＝16

④ 7.2　÷0.45＝16
↑÷100　↑÷100　　等しい
720÷　45　＝16

答え

❶ ① $\frac{63}{8}\left(7\frac{7}{8}\right)$　② $\frac{25}{3}\left(8\frac{1}{3}\right)$　③ 14　④ 55

⑤ $\frac{4}{15}$　⑥ $\frac{1}{21}$　⑦ $\frac{5}{8}$　⑧ $\frac{2}{9}$

❷ ① 3　② 7　③ 1　④〔左から順に〕6、9、16

⑤〔左から順に〕7、40

❸ ①〔式〕$\frac{5}{9}\div 2=\frac{5}{18}$　〔答え〕$\frac{5}{18}$L

②〔式〕$\frac{2}{7}\times 3=\frac{6}{7}$　〔答え〕$\frac{6}{7}$kg

❹ ① 2550　② 25.5　③ 1600　④ 16

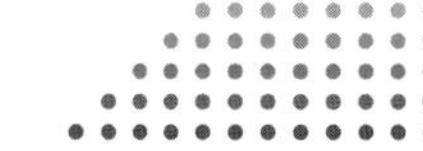

4 分数のかけ算

教科書56～59ページ

1 1 m の重さが $\frac{4}{5}$ kg の棒（ぼう）があります。

この棒 $\boxed{\frac{1}{3}}$ m の重さは何 kg になるでしょうか。

1 $\frac{1}{3}$ m の重さを求める式を考えましょう。

2 下のれおさんの考えを見て、$\frac{1}{3}$ m の重さを求める式がかけ算になるわけを考えましょう。

3 $\frac{4}{5}\times\frac{1}{3}$ の計算のしかたを考えましょう。

4 $\square$ にあてはまる数を書いて、$\frac{4}{5}\times\frac{1}{3}$ の積はどんな大きさを表すか説明しましょう。

考え方 **1** 教科書 56 ページ上で、はるさんは「$\boxed{\text{かけ}}$算になると思う」といっています。これは、教科書 57 ページのように、

$\boxed{2}$ m だったら、$\frac{4}{5}\times 2=\boxed{\frac{8}{5}}$

$\boxed{3}$ m だったら、$\frac{4}{5}\times 3=\boxed{\frac{12}{5}}$

$\boxed{\frac{1}{3}}$ m だったら、$\boxed{\frac{4}{5}\times\frac{1}{3}}=x$

と考えたからです。

2 〔れおさんの考え〕 棒の重さは長さに比例します。長さが 2 倍になると、重さも 2 倍になります。同じように考えて、長さが $\frac{1}{3}$ 倍になると、重さも $\frac{1}{3}$ 倍になります。

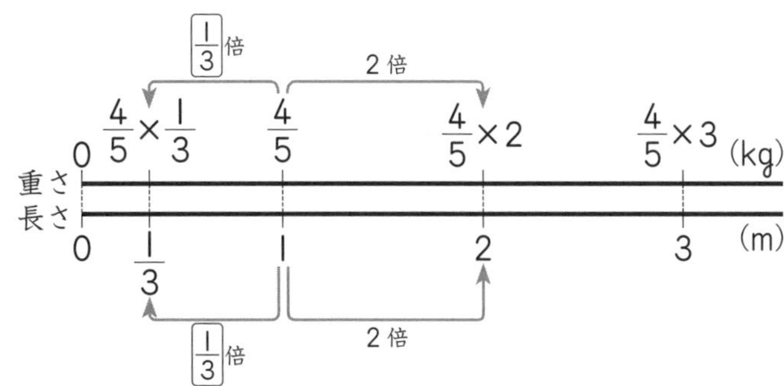

$\frac{1}{3}$mの重さは、$\frac{4}{5}$kgの$\frac{1}{3}$倍となり、式は$\frac{4}{5}\times\frac{1}{3}$というかけ算です。

3 〔れおさんの考え〕

$\frac{1}{3}$mは、1mを3でわった量だから、重さも3でわります。

$$\frac{4}{5}\times\frac{1}{3}=\frac{4}{5}\div 3$$

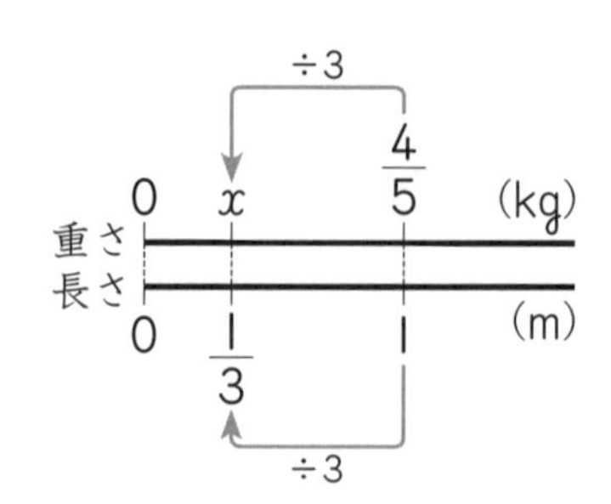

〔ゆきさんの考え〕

$\frac{4}{5}\times\frac{1}{3}$において、かける数が整数になるように3倍$\left(\frac{1}{3}\times 3\right)$すると、積も3倍になるから、求める答えは積$\left(=\frac{4}{5}\right)$を3でわった式$\frac{4}{5}\div 3$で表されます。

ですから、どちらの考え方でも次のように計算できます。

$$\frac{4}{5}\times\frac{1}{3}=\frac{4}{5}\div 3=\frac{4}{5\times 3}=\boxed{\frac{4}{15}}$$

4 図のように、1mの重さを3等分した1つ分の重さを考えます。

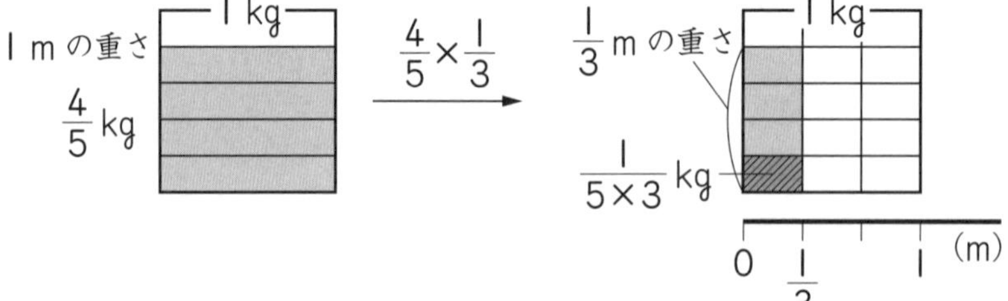

このときできる▨の重さは、$\frac{1}{5}$kgを3等分した$\frac{1}{5\times 3}$kgです。ですから、$\frac{1}{3}$mの重さは、$\frac{1}{5\times 3}$が$\boxed{4}$個分です。

答え

1 〔式〕$\frac{4}{5}\times\frac{1}{3}$　〔ゆきさん　上から順に〕$\frac{8}{5}$、$\frac{12}{5}$、$\frac{4}{5}\times\frac{1}{3}$

2 **考え方**の**2**

3 〔計算のしかた〕**考え方**の**3**　$\frac{4}{15}$　〔答え〕$\frac{4}{15}$kg

4 〔説明〕**考え方**の**4**　**4個分**

教科書59ページ

◆1 1mの重さが$\frac{3}{4}$kgのロープがあります。このロープ$\frac{1}{5}$mの重さは何kgでしょうか。

考え方 「ロープの重さ＝ロープ1mの重さ×ロープの長さ」の式にあてはめます。

$$\frac{3}{4}\times\frac{1}{5}=\frac{3}{4}\div5=\frac{3}{4\times5}=\frac{3}{20}$$

$\frac{1}{5}$mの重さなら、
1mの重さを5でわって
求められるんだね。

答え 〔式〕 $\frac{3}{4}\times\frac{1}{5}=\frac{3}{20}$

〔答え〕 $\frac{3}{20}$kg

教科書59～61ページ

2 1mの重さが$\frac{4}{5}$kgの棒（ぼう）があります。

この棒$\boxed{\frac{2}{3}}$mの重さは何kgになるでしょうか。

1 計算のしかたを考えましょう。

2 □にあてはまる数を書いて、$\frac{4}{5}\times\frac{2}{3}$の積はどんな大きさを表すか説明しましょう。

3 $\frac{4}{5}\times\frac{1}{3}$の計算も、上の公式を使って積が求められることを確かめましょう。

考え方 「重さ＝1mの重さ×長さ」の式にあてはめます。

1 〔れおさんの考え〕

$\frac{2}{3}$mの重さは、$\frac{1}{3}$mの重さの2倍です。

まず$\frac{4}{5}$kgを3等分して$\frac{1}{3}$mの重さを考え、それを2倍します。

$$\frac{4}{5}\times\frac{2}{3}=\left(\frac{4}{5}\div3\right)\times2=\frac{4}{5\times3}\times2=\frac{4\times2}{5\times3}=\frac{8}{15}$$

〔ゆきさんの考え〕

かける数が$\frac{2}{3}$と分数なので、かける数が整数になるように3倍すると、積も3倍になるから、それを3でわります。

$$\frac{4}{5}\times\frac{2}{3}=\frac{4}{5}\times\left(\frac{2}{3}\times3\right)\div3=\frac{4}{5}\times\left(\frac{2\times\overset{1}{\cancel{3}}}{\underset{1}{\cancel{3}}}\right)\div3=\frac{4\times2}{5}\div3=\frac{4\times2}{5\times3}=\frac{8}{15}$$

2 図のように、1mの重さを3等分した2つ分の重さを考えます。

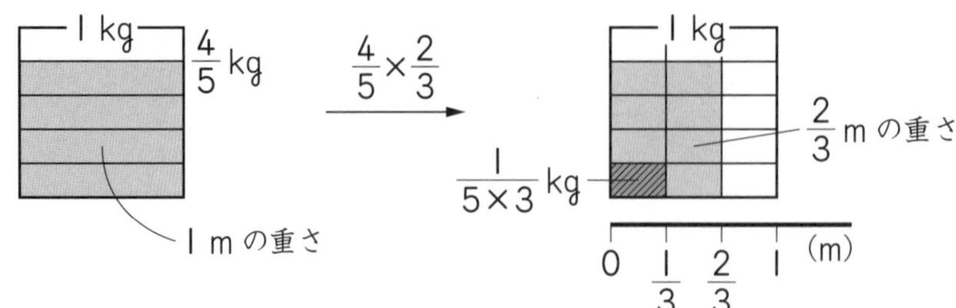

このときできる▨の重さは、$\frac{1}{5}$kgを3等分した$\frac{1}{5\times3}$kgです。

ですから、$\frac{2}{3}$mの重さは、$\frac{1}{5\times3}$が(4×2)個分です。

3 $\frac{4\times1}{5\times3}$は$\frac{1}{5\times3}$が(4×1)個分なので、$\frac{4}{5}\times\frac{1}{3}$も$\frac{4\times1}{5\times3}$で計算できます。

答え 〔式〕 $\frac{4}{5}\times\frac{2}{3}$

1 〔計算のしかた〕 考え方の1 $\frac{8}{15}$ 〔答え〕 $\frac{8}{15}$kg

2 〔説明〕 考え方の2 〔左から順に〕 4、2

3 考え方の3

教科書61ページ

2 1dLで$\frac{3}{4}$m^{2}ぬれるペンキがあります。このペンキ$\frac{3}{5}$dLでは何m^{2}ぬれるでしょうか。

考え方 「ぬれる面積＝1dLでぬれる面積×ペンキの量」の式にあてはめます。
計算は右のようにします。

$$\frac{b}{a}\times\frac{d}{c}=\frac{b\times d}{a\times c}$$

$$\frac{3}{4}\times\frac{3}{5}=\frac{3\times3}{4\times5}=\frac{9}{20}$$

答え 〔式〕 $\frac{3}{4}\times\frac{3}{5}=\frac{9}{20}$

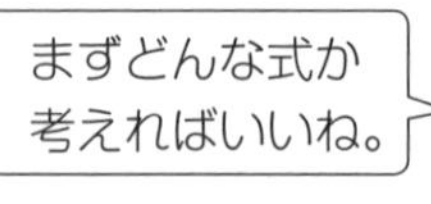

〔答え〕 $\frac{9}{20}$m^2

教科書61ページ

3 ① $\frac{4}{9}\times\frac{2}{3}$ ② $\frac{2}{3}\times\frac{7}{5}$ ③ $\frac{5}{4}\times\frac{5}{2}$ ④ $\frac{9}{5}\times\frac{7}{2}$

考え方 分数に分数をかける計算です。分母どうし、分子どうしをかけて計算します。

① $\frac{4}{9}\times\frac{2}{3}=\frac{4\times2}{9\times3}=\frac{8}{27}$　② $\frac{2}{3}\times\frac{7}{5}=\frac{2\times7}{3\times5}=\frac{14}{15}$

③ $\frac{5}{4}\times\frac{5}{2}=\frac{5\times5}{4\times2}=\frac{25}{8}\left(3\frac{1}{8}\right)$　④ $\frac{9}{5}\times\frac{7}{2}=\frac{9\times7}{5\times2}=\frac{63}{10}\left(6\frac{3}{10}\right)$

答え ① $\frac{8}{27}$　② $\frac{14}{15}$　③ $\frac{25}{8}\left(3\frac{1}{8}\right)$　④ $\frac{63}{10}\left(6\frac{3}{10}\right)$

教科書62ページ

3 $\frac{15}{8}\times\frac{12}{5}$ の計算のしかたを考えましょう。

考え方 分数のかけ算は、分母どうし、分子どうしをかけます。約分できるときは、途(と)中(ちゅう)で約分してから計算すると簡単(かんたん)です。

$$\frac{15}{8}\times\frac{12}{5}=\frac{\overset{3}{\cancel{15}}\times\overset{3}{\cancel{12}}}{\underset{2}{\cancel{8}}\times\underset{1}{\cancel{5}}}=\frac{9}{2}\left(4\frac{1}{2}\right)$$

答え 〔計算のしかた〕 **考え方**　〔答え〕 $\frac{9}{2}\left(4\frac{1}{2}\right)$

教科書62ページ

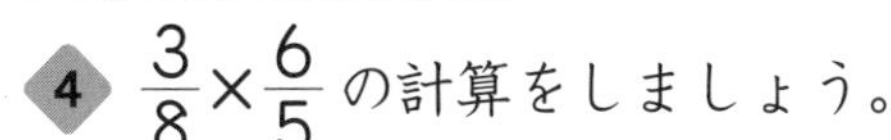

4 $\frac{3}{8}\times\frac{6}{5}$ の計算をしましょう。

考え方 $\frac{3}{8}\times\frac{6}{5}=\frac{3\times\overset{3}{\cancel{6}}}{\underset{4}{\cancel{8}}\times5}=\frac{9}{20}$

答え $\frac{9}{20}$

教科書62ページ

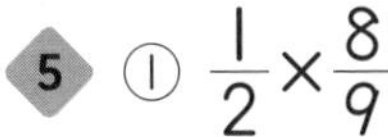

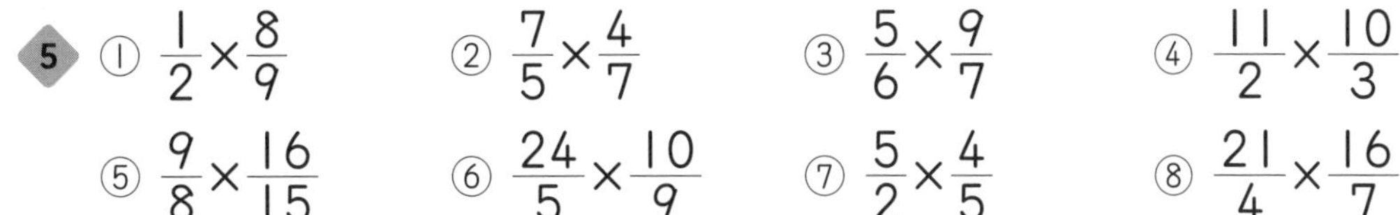

5 ① $\frac{1}{2}\times\frac{8}{9}$　② $\frac{7}{5}\times\frac{4}{7}$　③ $\frac{5}{6}\times\frac{9}{7}$　④ $\frac{11}{2}\times\frac{10}{3}$

⑤ $\frac{9}{8}\times\frac{16}{15}$　⑥ $\frac{24}{5}\times\frac{10}{9}$　⑦ $\frac{5}{2}\times\frac{4}{5}$　⑧ $\frac{21}{4}\times\frac{16}{7}$

考え方 約分を忘(わす)れないようにしましょう。

① $\frac{1}{2}\times\frac{8}{9}=\frac{1\times\overset{4}{\cancel{8}}}{\underset{1}{\cancel{2}}\times 9}=\frac{4}{9}$　② $\frac{7}{5}\times\frac{4}{7}=\frac{\overset{1}{\cancel{7}}\times 4}{5\times\underset{1}{\cancel{7}}}=\frac{4}{5}$

③ $\frac{5}{6}\times\frac{9}{7}=\frac{5\times\overset{3}{\cancel{9}}}{\underset{2}{\cancel{6}}\times 7}=\frac{15}{14}\left(1\frac{1}{14}\right)$　④ $\frac{11}{2}\times\frac{10}{3}=\frac{11\times\overset{5}{\cancel{10}}}{\underset{1}{\cancel{2}}\times 3}=\frac{55}{3}\left(18\frac{1}{3}\right)$

⑤ $\frac{9}{8}\times\frac{16}{15}=\frac{\overset{3}{\cancel{9}}\times\overset{2}{\cancel{16}}}{\underset{1}{\cancel{8}}\times\underset{5}{\cancel{15}}}=\frac{6}{5}\left(1\frac{1}{5}\right)$　⑥ $\frac{24}{5}\times\frac{10}{9}=\frac{\overset{8}{\cancel{24}}\times\overset{2}{\cancel{10}}}{\underset{1}{\cancel{5}}\times\underset{3}{\cancel{9}}}=\frac{16}{3}\left(5\frac{1}{3}\right)$

⑦ $\frac{5}{2}\times\frac{4}{5}=\frac{\overset{1}{\cancel{5}}\times\overset{2}{\cancel{4}}}{\underset{1}{\cancel{2}}\times\underset{1}{\cancel{5}}}=2$　⑧ $\frac{21}{4}\times\frac{16}{7}=\frac{\overset{3}{\cancel{21}}\times\overset{4}{\cancel{16}}}{\underset{1}{\cancel{4}}\times\underset{1}{\cancel{7}}}=12$

答え ① $\frac{4}{9}$　② $\frac{4}{5}$　③ $\frac{15}{14}\left(1\frac{1}{14}\right)$　④ $\frac{55}{3}\left(18\frac{1}{3}\right)$

⑤ $\frac{6}{5}\left(1\frac{1}{5}\right)$　⑥ $\frac{16}{3}\left(5\frac{1}{3}\right)$　⑦ 2　⑧ 12

教科書62ページ

4 $2\times\frac{3}{7}$ の計算のしかたを考えましょう。

考え方 整数の 2 を分数で表すと $\frac{2}{1}$ になります。そうすれば、整数に分数をかける計算も、今までの分数の計算と同じように、分数の分母どうし、分子どうしをかけてできます。

$$2\times\frac{3}{7}=\frac{\boxed{2}}{\boxed{1}}\times\frac{\boxed{3}}{\boxed{7}}=\frac{2\times 3}{1\times 7}=\frac{6}{7}$$

答え 〔計算のしかた〕 考え方 〔左から順に〕 $\frac{2}{1}$、$\frac{3}{7}$ 〔答え〕 $\frac{6}{7}$

教科書62ページ

6 $6\times\frac{2}{9}$ の計算をしましょう。

考え方 整数の 6 を分数で表すと、$\frac{6}{1}$ になります。

$$6\times\frac{2}{9}=\frac{6}{1}\times\frac{2}{9}=\frac{\overset{2}{\cancel{6}}\times 2}{1\times\underset{3}{\cancel{9}}}=\frac{4}{3}\left(1\frac{1}{3}\right)$$

答え $\frac{4}{3}\left(1\frac{1}{3}\right)$

教科書62ページ

7 ① $3\times\frac{7}{6}$　② $12\times\frac{4}{3}$　③ $5\times\frac{11}{10}$

考え方 整数は分数になおしてから計算します。約分できるときは、途中で約分をしてから計算すると簡単です。

① $3\times\frac{7}{6}=\frac{3}{1}\times\frac{7}{6}=\frac{\overset{1}{\cancel{3}}\times 7}{1\times\underset{2}{\cancel{6}}}=\frac{7}{2}\left(3\frac{1}{2}\right)$

② $12\times\frac{4}{3}=\frac{12}{1}\times\frac{4}{3}=\frac{\overset{4}{\cancel{12}}\times 4}{1\times\underset{1}{\cancel{3}}}=16$

③ $5\times\frac{11}{10}=\frac{5}{1}\times\frac{11}{10}=\frac{\overset{1}{\cancel{5}}\times 11}{1\times\underset{2}{\cancel{10}}}=\frac{11}{2}\left(5\frac{1}{2}\right)$

整数は分数になおしてね。

答え ① $\frac{7}{2}\left(3\frac{1}{2}\right)$　② 16　③ $\frac{11}{2}\left(5\frac{1}{2}\right)$

教科書62ページ

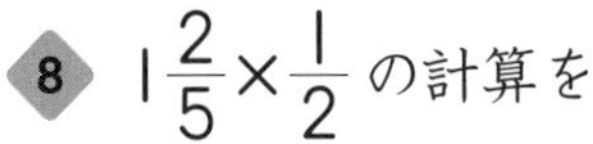

8 $1\frac{2}{5}\times\frac{1}{2}$ の計算をしましょう。

考え方 帯分数を仮分数になおしてから、今までの計算と同じように分母どうし、分子どうしをかけて計算をします。

$1\frac{2}{5}\times\frac{1}{2}=\frac{7}{5}\times\frac{1}{2}=\frac{7\times 1}{5\times 2}=\frac{7}{10}$

答え $\frac{7}{10}$

教科書63ページ

5 $0.3\times\frac{3}{7}$ の計算のしかたを考えましょう。

考え方 小数の 0.3 を分数で表すと $\frac{3}{10}$ になります。そうすると、小数に分数をかける計算も、今までと同じように分母どうし、分子どうしをかけてできます。

$0.3\times\frac{3}{7}=\frac{\boxed{3}}{\boxed{10}}\times\frac{\boxed{3}}{\boxed{7}}=\frac{3\times 3}{10\times 7}=\frac{9}{70}$

答え 〔計算のしかた〕 考え方　〔左から順に〕 $\frac{3}{10}$、$\frac{3}{7}$　〔答え〕 $\frac{9}{70}$

教科書63ページ

9 $1.2\times\frac{5}{9}$ の計算をしましょう。

考え方 小数の 1.2 を分数で表してから計算します。約分ができるときは、途中で約分をしてから計算すると簡単です。ここでは、10 と 5、9 と 12 を約分した場合、さらに 2 と 4 が約分できます。

$$1.2\times\frac{5}{9}=\frac{12}{10}\times\frac{5}{9}=\frac{\overset{\overset{2}{\cancel{4}}}{\cancel{12}}\times\overset{1}{\cancel{5}}}{\underset{\underset{1}{\cancel{2}}}{\cancel{10}}\times\underset{3}{\cancel{9}}}=\frac{2}{3}$$

答え $\frac{2}{3}$

教科書63ページ

10 ① $0.9\times\frac{7}{6}$　② $0.8\times\frac{4}{3}$　③ $1.6\times\frac{1}{2}$　④ $2.4\times\frac{10}{9}$

考え方 $0.9=\frac{9}{10}$、$0.8=\frac{8}{10}$、$1.6=\frac{16}{10}$、$2.4=\frac{24}{10}$ と、まず小数を分数で表します。そうすると、分数×分数 で表されるので、$\frac{b}{a}\times\frac{d}{c}=\frac{b\times d}{a\times c}$ を使って計算することができます。

① $0.9\times\frac{7}{6}=\frac{9}{10}\times\frac{7}{6}=\frac{\overset{3}{\cancel{9}}\times 7}{10\times\underset{2}{\cancel{6}}}=\frac{21}{20}\left(1\frac{1}{20}\right)$

② $0.8\times\frac{4}{3}=\frac{8}{10}\times\frac{4}{3}=\frac{\overset{4}{\cancel{8}}\times 4}{\underset{5}{\cancel{10}}\times 3}=\frac{16}{15}\left(1\frac{1}{15}\right)$

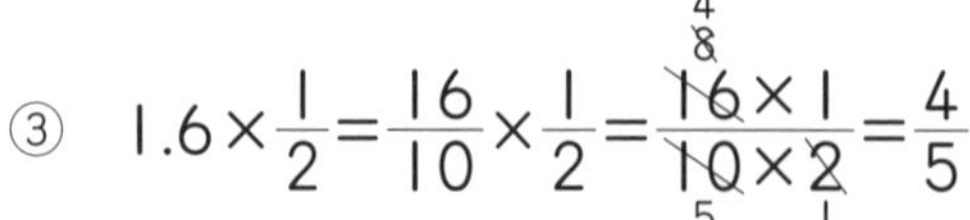

③ $1.6\times\frac{1}{2}=\frac{16}{10}\times\frac{1}{2}=\frac{\overset{\overset{4}{\cancel{8}}}{\cancel{16}}\times 1}{\underset{5}{\cancel{10}}\times\underset{1}{\cancel{2}}}=\frac{4}{5}$

④ $2.4\times\frac{10}{9}=\frac{24}{10}\times\frac{10}{9}=\frac{\overset{8}{\cancel{24}}\times\overset{1}{\cancel{10}}}{\underset{1}{\cancel{10}}\times\underset{3}{\cancel{9}}}=\frac{8}{3}\left(2\frac{2}{3}\right)$

答え ① $\frac{21}{20}\left(1\frac{1}{20}\right)$　② $\frac{16}{15}\left(1\frac{1}{15}\right)$　③ $\frac{4}{5}$　④ $\frac{8}{3}\left(2\frac{2}{3}\right)$

教科書63ページ

6 $\frac{3}{4}\times\frac{2}{5}\times\frac{1}{3}$ の計算のしかたを考えましょう。

考え方 かけ算なので左から順に計算していきます。

はじめに $\frac{3}{4}\times\frac{2}{5}$ の積を求めて、その積 $\frac{3}{10}$ に $\frac{1}{3}$ をかけて求めるのですが、$\frac{3}{4}\times\frac{2}{5}$ の積を求める前に、3つの分数の分母どうし、分子どうしをかけ算にして、約分してから計算したほうが簡単な場合もあります。

・左から順に計算… $\frac{3}{4}\times\frac{2}{5}\times\frac{1}{3}=\frac{3\times\overset{1}{\cancel{2}}}{\underset{2}{\cancel{4}}\times5}\times\frac{1}{3}=\frac{3}{10}\times\frac{1}{3}=\frac{\overset{1}{\cancel{3}}\times1}{10\times\underset{1}{\cancel{3}}}=\frac{1}{10}$

・3つの分数を一度に計算… $\frac{3}{4}\times\frac{2}{5}\times\frac{1}{3}=\frac{\overset{1}{\cancel{3}}\times\overset{1}{\cancel{2}}\times1}{\underset{2}{\cancel{4}}\times5\times\underset{1}{\cancel{3}}}=\frac{1}{10}$

答え 〔計算のしかた〕 **考え方** 〔答え〕 $\frac{1}{10}$

教科書63ページ

11 $\frac{7}{6}\times\frac{3}{2}\times\frac{8}{5}$ の計算をしましょう。

考え方 分母どうし、分子どうしをかけて1つの分数 $\frac{b\times d\times f}{a\times c\times e}$ に表してから計算します。約分を利用すれば簡単になります。

$\frac{7}{6}\times\frac{3}{2}\times\frac{8}{5}=\frac{7\times\overset{1}{\cancel{3}}\times\overset{\overset{2}{\cancel{4}}}{\cancel{8}}}{\underset{\underset{1}{\cancel{2}}}{\cancel{6}}\times\underset{1}{\cancel{2}}\times5}=\frac{14}{5}\left(2\frac{4}{5}\right)$

分数が3つも
あってたいへんだ。
でもまとめて約分
してしまえば簡単
になるよね。

答え $\frac{14}{5}\left(2\frac{4}{5}\right)$

教科書63ページ

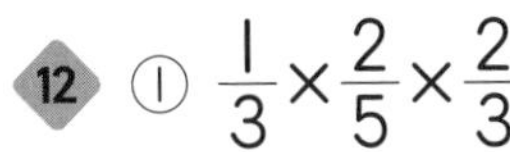

12 ① $\frac{1}{3}\times\frac{2}{5}\times\frac{2}{3}$ ② $\frac{7}{8}\times\frac{3}{14}\times4$ ③ $\frac{3}{4}\times\frac{2}{5}\times\frac{10}{3}$

考え方 3つの分数の分母どうし、分子どうしをかけてから計算します。

① $\frac{1}{3}\times\frac{2}{5}\times\frac{2}{3}=\frac{1\times2\times2}{3\times5\times3}=\frac{4}{45}$

② $\frac{7}{8}\times\frac{3}{14}\times4=\frac{7}{8}\times\frac{3}{14}\times\frac{4}{1}=\frac{\overset{1}{\cancel{7}}\times3\times\overset{1}{\cancel{4}}}{\underset{2}{\cancel{8}}\times\underset{2}{\cancel{14}}\times1}=\frac{3}{4}$

③ $\frac{3}{4}\times\frac{2}{5}\times\frac{10}{3}=\frac{\overset{1}{\cancel{3}}\times\overset{1}{\cancel{2}}\times\overset{1}{\cancel{\overset{2}{\cancel{10}}}}}{\underset{1}{\cancel{\underset{2}{\cancel{4}}}}\times\underset{1}{\cancel{5}}\times\underset{1}{\cancel{3}}}=1$

答え ① $\frac{4}{45}$　② $\frac{3}{4}$　③ 1

教科書64ページ

7 縦(たて) $\frac{5}{7}$ m、横 $\frac{3}{4}$ m の長方形㋐の面積を求めましょう。

1 右の図で、▨の面積は何 m^2 でしょうか。
また、長方形㋐の面積は、▨の面積の何個分でしょうか。

2 長方形㋐の面積は何 m^2 でしょうか。

3 面積の公式にあてはめて $\frac{5}{7}\times\frac{3}{4}$ の計算をして、**2** の答えと比べましょう。

考え方 **1** ▨は、1 m^2 の正方形を、縦に 7 等分、横に 4 等分した 1 つ分です。その面積は、1 m^2 を(7×4)等分した 1 つ分で $\frac{1}{7\times4}$ m^2 つまり $\frac{1}{28}$ m^2 です。

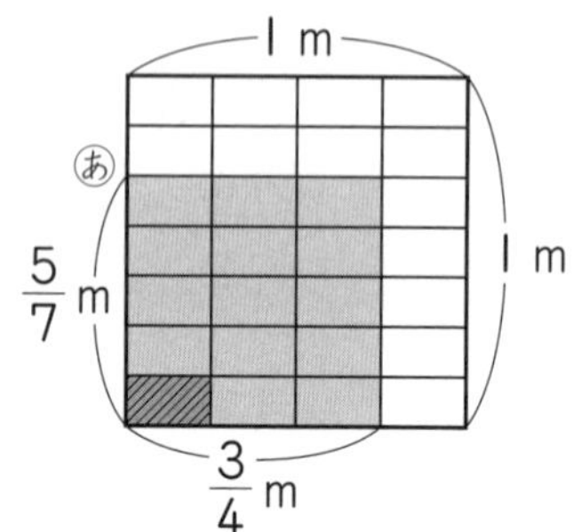

長方形㋐には、▨が縦に 5 個、横に 3 個並(なら)んでいます。5×3=15 で、㋐の面積は▨の面積の 15 個分です。

2 $\frac{1}{28}$ m^2 の 15 個分なので、$\frac{15}{28}$ m^2 です。

3 「長方形の面積＝縦×横」の公式にあてはめると、

$\frac{5}{7}\times\frac{3}{4}=\frac{5\times3}{7\times4}=\frac{15}{28}$

となって、**2** の答えと同じです。

このことから、辺の長さが分数で表されていても、長方形の面積の公式が使えることがわかります。

答え 1 〔▨の面積〕 $\frac{1}{28}$m² 〔長方形㋐は▨の〕 15 個分

2 $\frac{15}{28}$m²

3 〔計算〕 考え方 の 3

$\frac{5}{7}\times\frac{3}{4}$ として計算しても 2 の答えと同じになります。

教科書64ページ

8 縦 $\frac{2}{5}$m、横 $\frac{3}{4}$m、高さ $\frac{3}{7}$m の直方体㋑の体積を求めましょう。

考え方 次の図のように、1 m³ の立方体を、縦に 5 等分、横に 4 等分、高さ方向に 7 等分してできる直方体㋒を考えます。

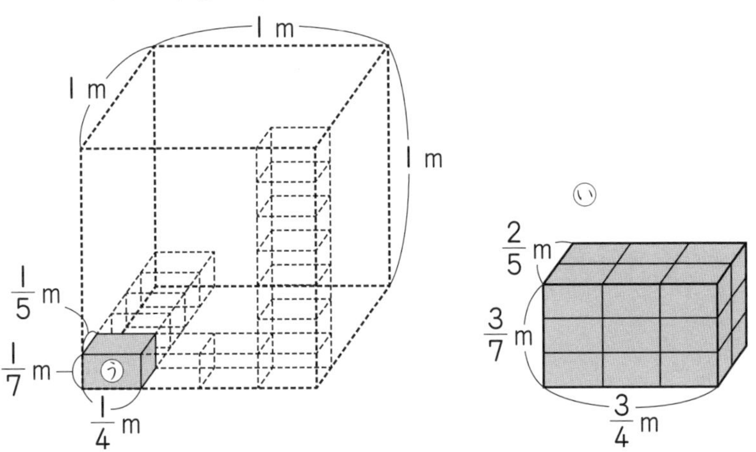

㋒の体積は、1 m³ を(5×4×7)等分した 1 つ分で、$\frac{1}{5\times4\times7}$m³

つまり、$\frac{1}{140}$m³ です。

直方体㋑には、㋒が縦に 2 個、横に 3 個、高さ方向に 3 個並んでいます。
2×3×3＝18 で、㋑の体積は㋒の体積の 18 倍です。

$\frac{\overset{9}{\cancel{18}}}{\underset{70}{\cancel{140}}}=\frac{9}{70}$ より、㋑の体積は $\frac{9}{70}$m³ です。

また、「直方体の体積＝縦×横×高さ」の公式に㋑の辺の長さをあてはめて計算すると、

$$\frac{2}{5}\times\frac{3}{4}\times\frac{3}{7}=\frac{\overset{1}{\cancel{2}}\times3\times3}{5\times\underset{2}{\cancel{4}}\times7}=\frac{9}{70}$$

となって、上で求めた答えと同じになります。

このことから、辺の長さが分数で表されていても、直方体の体積の公式が使えることがわかります。

答え 〔式〕 $\frac{2}{5}\times\frac{3}{4}\times\frac{3}{7}=\frac{9}{70}$ または $\frac{2\times3\times3}{5\times4\times7}=\frac{9}{70}$ 〔答え〕 $\frac{9}{70}\text{m}^3$

教科書64ページ

13 次の面積や体積を求めましょう。

① 1辺が $\frac{2}{3}$cm の正方形の面積

② 縦 $\frac{4}{5}$m、横 $\frac{6}{7}$m、高さ $\frac{1}{2}$m の直方体の体積

考え方 面積や体積は、辺の長さが分数で表されていても、整数や小数のときと同じように公式を使って求められます。

① $\frac{2}{3}\times\frac{2}{3}=\frac{2\times2}{3\times3}=\frac{4}{9}$　② $\frac{4}{5}\times\frac{6}{7}\times\frac{1}{2}=\frac{\overset{2}{\cancel{4}}\times6\times1}{5\times7\times\underset{1}{\cancel{2}}}=\frac{12}{35}$

答え ① 〔式〕 $\frac{2}{3}\times\frac{2}{3}=\frac{4}{9}$ 〔答え〕 $\frac{4}{9}\text{cm}^2$

② 〔式〕 $\frac{4}{5}\times\frac{6}{7}\times\frac{1}{2}=\frac{12}{35}$ 〔答え〕 $\frac{12}{35}\text{m}^3$

教科書65ページ

9 ①から④の式の文字 a、b、c にいろいろな分数をあてはめて、分数についても計算のきまりが成り立つか調べましょう。

① $a\times b=b\times a$

② $(a\times b)\times c=a\times(b\times c)$

③ $(a+b)\times c=a\times c+b\times c$

④ $(a-b)\times c=a\times c-b\times c$

考え方 $a=\frac{1}{2}$、$b=\frac{1}{3}$、$c=\frac{1}{4}$ として計算してみましょう。

① $\frac{1}{2}\times\frac{1}{3}=\frac{1\times1}{2\times3}=\frac{1}{6}$、$\frac{1}{3}\times\frac{1}{2}=\frac{1\times1}{3\times2}=\frac{1}{6}$ から、$\frac{1}{2}\times\frac{1}{3}=\frac{1}{3}\times\frac{1}{2}$ となり、a、b が分数の場合でも、$a\times b=b\times a$ の計算のきまりは成り立ちます。

② $\left(\frac{1}{2}\times\frac{1}{3}\right)\times\frac{1}{4}=\frac{1}{6}\times\frac{1}{4}=\frac{1}{24}$、$\frac{1}{2}\times\left(\frac{1}{3}\times\frac{1}{4}\right)=\frac{1}{2}\times\frac{1}{12}=\frac{1}{24}$ から、

$\left(\frac{1}{2}\times\frac{1}{3}\right)\times\frac{1}{4}=\frac{1}{2}\times\left(\frac{1}{3}\times\frac{1}{4}\right)$ となり、a、b、c が分数の場合でも、

$(a\times b)\times c=a\times(b\times c)$ の計算のきまりは成り立ちます。

③ $\left(\frac{1}{2}+\frac{1}{3}\right)\times\frac{1}{4}=\left(\frac{3}{6}+\frac{2}{6}\right)\times\frac{1}{4}=\frac{5}{6}\times\frac{1}{4}=\frac{5}{24}$、

$\frac{1}{2}\times\frac{1}{4}+\frac{1}{3}\times\frac{1}{4}=\frac{1}{8}+\frac{1}{12}=\frac{3}{24}+\frac{2}{24}=\frac{5}{24}$ から、

$\left(\frac{1}{2}+\frac{1}{3}\right)\times\frac{1}{4}=\frac{1}{2}\times\frac{1}{4}+\frac{1}{3}\times\frac{1}{4}$ となり、a、b、c が分数の場合でも、

$(a+b)\times c=a\times c+b\times c$ の計算のきまりは成り立ちます。

④ $\left(\frac{1}{2}-\frac{1}{3}\right)\times\frac{1}{4}=\left(\frac{3}{6}-\frac{2}{6}\right)\times\frac{1}{4}=\frac{1}{6}\times\frac{1}{4}=\frac{1}{24}$、

$\frac{1}{2}\times\frac{1}{4}-\frac{1}{3}\times\frac{1}{4}=\frac{1}{8}-\frac{1}{12}=\frac{3}{24}-\frac{2}{24}=\frac{1}{24}$ から、

$\left(\frac{1}{2}-\frac{1}{3}\right)\times\frac{1}{4}=\frac{1}{2}\times\frac{1}{4}-\frac{1}{3}\times\frac{1}{4}$ となり、a、b、c が分数の場合でも、

$(a-b)\times c=a\times c-b\times c$ の計算のきまりは成り立ちます。

答え ①～④ **計算のきまりは分数についても成り立ちます。**

教科書65ページ

10 $\frac{5}{6}\times\frac{5}{3}-\frac{7}{12}\times\frac{5}{3}$ を計算しましょう。

1 れおさんとゆきさんの計算のしかたを、それぞれ式に表しましょう。

考え方 **1** 〔れおさんの計算のしかた〕 計算の順序のとおりに計算します。

$$\frac{5}{6}\times\frac{5}{3}-\frac{7}{12}\times\frac{5}{3}=\frac{5\times5}{6\times3}-\frac{7\times5}{12\times3}=\frac{25}{18}-\frac{35}{36}=\frac{50}{36}-\frac{35}{36}=\frac{\overset{5}{\cancel{15}}}{\underset{12}{\cancel{36}}}=\frac{5}{12}$$

〔ゆきさんの計算のしかた〕 計算のきまりの④を使いますが、等号の左右を入れかえて、$a\times c-b\times c=(a-b)\times c$ として使います。

$$\frac{5}{6}\times\frac{5}{3}-\frac{7}{12}\times\frac{5}{3}=\left(\frac{5}{6}-\frac{7}{12}\right)\times\frac{5}{3}=\left(\frac{10}{12}-\frac{7}{12}\right)\times\frac{5}{3}=\frac{3}{12}\times\frac{5}{3}$$

$$=\frac{\overset{1}{\cancel{3}}\times5}{12\times\underset{1}{\cancel{3}}}=\frac{5}{12}$$

答え $\frac{5}{12}$

1 〔れおさん〕 $\frac{5}{6}\times\frac{5}{3}-\frac{7}{12}\times\frac{5}{3}=\frac{25}{18}-\frac{35}{36}=\frac{5}{12}$

〔ゆきさん〕 $\frac{5}{6}\times\frac{5}{3}-\frac{7}{12}\times\frac{5}{3}=\left(\frac{5}{6}-\frac{7}{12}\right)\times\frac{5}{3}=\frac{5}{12}$

教科書65ページ

14 □にあてはまる分数を書いて、計算しましょう。

また、①から③は、それぞれどのような計算のきまりを使っているでしょうか。

① $\left(\frac{1}{3}\times\frac{2}{7}\right)\times\frac{7}{8}=\square\times\left(\frac{2}{7}\times\frac{7}{8}\right)$

② $\frac{6}{7}\times\left(\frac{1}{3}+\frac{1}{2}\right)=\frac{6}{7}\times\square+\frac{6}{7}\times\square$

③ $\frac{4}{3}\times\frac{2}{5}-\frac{1}{6}\times\frac{2}{5}=(\square-\square)\times\frac{2}{5}$

考え方 ① $(a\times b)\times c=a\times(b\times c)$ の計算のきまりを使います。

$$\left(\frac{1}{3}\times\frac{2}{7}\right)\times\frac{7}{8}=\boxed{\frac{1}{3}}\times\left(\frac{2}{7}\times\frac{7}{8}\right)=\frac{1}{3}\times\frac{\overset{1}{\cancel{2}}\times\overset{1}{\cancel{7}}}{\underset{1}{\cancel{7}}\times\underset{4}{\cancel{8}}}=\frac{1}{3}\times\frac{1}{4}=\frac{1\times1}{3\times4}=\frac{1}{12}$$

② $a\times(b+c)=a\times b+a\times c$ の計算のきまりを使います。

$$\frac{6}{7}\times\left(\frac{1}{3}+\frac{1}{2}\right)=\frac{6}{7}\times\boxed{\frac{1}{3}}+\frac{6}{7}\times\boxed{\frac{1}{2}}=\frac{\overset{2}{\cancel{6}}\times1}{7\times\underset{1}{\cancel{3}}}+\frac{\overset{3}{\cancel{6}}\times1}{7\times\underset{1}{\cancel{2}}}=\frac{2}{7}+\frac{3}{7}=\frac{5}{7}$$

③ $(a-b)\times c=a\times c-b\times c$ の計算のきまりを、$a\times c-b\times c=(a-b)\times c$ として使います。

$$\frac{4}{3}\times\frac{2}{5}-\frac{1}{6}\times\frac{2}{5}=\left(\boxed{\frac{4}{3}}-\boxed{\frac{1}{6}}\right)\times\frac{2}{5}=\left(\frac{8}{6}-\frac{1}{6}\right)\times\frac{2}{5}=\frac{7}{6}\times\frac{2}{5}=\frac{7\times\overset{1}{\cancel{2}}}{\underset{3}{\cancel{6}}\times5}=\frac{7}{15}$$

答え ① $\frac{1}{3}$ 〔答え〕 $\frac{1}{12}$ 〔計算のきまり〕 $(a\times b)\times c=a\times(b\times c)$

② 〔左から順に〕 $\frac{1}{3}$、$\frac{1}{2}$ 〔答え〕 $\frac{5}{7}$

〔計算のきまり〕 $a\times(b+c)=a\times b+a\times c$

③ 〔左から順に〕 $\frac{4}{3}$、$\frac{1}{6}$ 〔答え〕 $\frac{7}{15}$

〔計算のきまり〕 $(a-b)\times c=a\times c-b\times c$

計算のきまりを
使いこなせるように
なってね。

教科書66ページ

11 次の式が成り立つように、□にあてはまる数を考えましょう。

① $\frac{2}{3}\times\frac{\square}{\square}=1$　　② $\frac{7}{5}\times\frac{\square}{\square}=1$

1 2つの分数の積が1になるとき、かけられる数とかける数はどのような関係にあるでしょうか。

考え方 ① $\frac{2}{3}$に分数をかけて1になるので、分母と分子をそれぞれ約分して1になるようにします。$\frac{2}{3}$の分母の3を約分して1にするとき、かける分数の分子は3です。

$\frac{2}{3}$の分子の2を約分して1にするとき、かける分数の分母は2です。だから、かける分数は$\frac{3}{2}$です。かける分数は、かけられる分数の分母と分子を入れかえた数になっています。

② $\frac{7}{5}$の分母の5を約分して1にするとき、かける分数の分子は5です。$\frac{7}{5}$の分子の7を約分して1にするとき、かける分数の分母は7です。だから、かける分数は$\frac{5}{7}$です。

答え ① $\frac{3}{2}$　② $\frac{5}{7}$

1 **分母と分子を入れかえた分数になっています。**

教科書66ページ

12 次の式が成り立つように、□にあてはまる数を考えましょう。

① $8\times\frac{\square}{\square}=1$　　② $0.3\times\frac{\square}{\square}=1$

考え方 ① 整数の8を分数で表すと$\frac{8}{1}$になります。$\frac{8}{1}$の分母と分子を入れかえた$\frac{1}{8}$を$\frac{8}{1}$にかければ積は1になります。

② 小数の0.3を分数で表すと$\frac{3}{10}$になります。分母と分子を入れかえた$\frac{10}{3}$を$\frac{3}{10}$にかければ、積は1になります。

答え ① $\frac{1}{8}$ ② $\frac{10}{3}$

教科書66ページ

15 次の数の逆数(ぎゃくすう)を求めましょう。

① $\frac{3}{8}$ ② $\frac{1}{2}$ ③ $1\frac{1}{4}$ ④ 5 ⑤ 1.9 ⑥ 0.5

考え方 真分数や仮分数の逆数は、分母と分子を入れかえた分数になります。帯分数は仮分数で、整数や小数は分数で表してから、逆数を求めます。

$\frac{b}{a} \leftrightarrow \frac{a}{b}$

① $\frac{3}{8}$ の分母と分子を入れかえて、$\frac{8}{3}$

② $\frac{1}{2}$ の分母と分子を入れかえて、$\frac{2}{1}=2$

③ $1\frac{1}{4}=\frac{5}{4}$ だから、逆数は $\frac{4}{5}$

④ $5=\frac{5}{1}$ だから、逆数は $\frac{1}{5}$

⑤ $1.9=\frac{19}{10}$ だから、逆数は $\frac{10}{19}$

⑥ $0.5=\frac{5}{10}=\frac{1}{2}$ だから、逆数は $\frac{2}{1}=2$

答え ① $\frac{8}{3}$ ② 2 ③ $\frac{4}{5}$ ④ $\frac{1}{5}$ ⑤ $\frac{10}{19}$ ⑥ 2

教科書67ページ

分数で考えよう！

考え方 **1** 割合(わりあい)を分数で表して、「比かく量＝基準量×割合」の式にあてはめましょう。

〔ねこ好きの人数〕 $450\times0.52=450\times\frac{52}{100}=\frac{450}{1}\times\frac{52}{100}=\frac{\overset{9}{\cancel{450}}\times\overset{26}{\cancel{52}}}{1\times\underset{\underset{1}{\cancel{2}}}{\cancel{100}}}$

$=234$

〔犬好きの人数〕 $450\times0.48=450\times\frac{48}{100}=\frac{450}{1}\times\frac{48}{100}=\frac{\overset{9}{\cancel{450}}\times\overset{24}{\cancel{48}}}{1\times\underset{\underset{1}{\cancel{2}}}{\cancel{100}}}$

$=216$

犬好きの人数は、「全体－ねこ好きの人」と考えて、450－234＝216 でも計算できます。

❷ 2700円の20％引きということは、2700円の80％になります。割合を分数で表して式をつくると、

$$2700\times\left(1-\frac{20}{100}\right)=2700\times\frac{80}{100}=\frac{2700}{1}\times\frac{80}{100}=\frac{\overset{27}{\cancel{2700}}\times 80}{1\times\underset{1}{\cancel{100}}}$$

$$=2160$$

❸ 「道のり＝速さ×時間」の式にあてはめます。速さの単位が時速なので、15分間を時間で表します。1時間が60分間なので、15分間は$\frac{15}{60}$時間です。

$$40\times\frac{15}{60}=\frac{40}{1}\times\frac{15}{60}=\frac{\overset{10}{\cancel{40}}\times\overset{1}{\cancel{15}}}{1\times\underset{\underset{1}{\cancel{4}}}{\cancel{60}}}=10$$

答え ❶〔ねこ好きの人数〕〔式〕 $450\times\frac{52}{100}=234$ 〔答え〕 234人

〔犬好きの人数〕〔式〕 $450\times\frac{48}{100}=216$ $(450-234=216)$

〔答え〕 216人

❷ [0.8]、〔式〕 $2700\times\left(1-\frac{20}{100}\right)=2160$ 〔答え〕 2160円

❸ [$\frac{15}{60}$]、〔式〕 $40\times\frac{15}{60}=10$ 〔答え〕 10km

分数のかけ算で
式がつくれたね！

まとめ

教科書68ページ

◆1 $\frac{5}{7}\times\frac{3}{4}$ の計算のしかたを説明しましょう。

考え方 かける数の分母が4なので、かける数を整数になるようにするには4倍します。すると、積も4倍になるので、$\frac{5}{7}\times3$ の積を4でわると答えが求められます。

答え

$$\frac{5}{7}\times\frac{3}{4}=\frac{5\times3}{\boxed{7}}\div\boxed{4}$$

$\downarrow\times\boxed{4}$　　　$\uparrow\div\boxed{4}$

$$\frac{5}{7}\times\boxed{3}=\frac{5\times3}{7}$$

〔説明文　上から順に〕 4、4、4　　〔答え〕 $\frac{15}{28}$

教科書68ページ

◆2 次の数の逆数を求めましょう。

① $\frac{1}{4}$　　② 3　　③ 1.3

考え方 真分数や仮分数の逆数は、分母と分子を入れかえた分数になります。整数や小数のときは分数で表してから、逆数を求めます。

① $\frac{1}{4}\times\frac{\boxed{4}}{\boxed{1}}=1$ だから、$\frac{1}{4}$ の逆数は $\frac{4}{1}=4$

② $3\times\frac{\boxed{1}}{\boxed{3}}=1$ だから、3の逆数は $\frac{1}{3}$

③ $1.3\times\frac{\boxed{10}}{\boxed{13}}=1$ だから、1.3の逆数は $\frac{10}{13}$

答え ① 4　② $\frac{1}{3}$　③ $\frac{10}{13}$

〔上から順に〕 1、$\frac{4}{1}$、$\frac{1}{3}$、$\frac{10}{13}$

教科書69ページ

1 計算をしましょう。

① $\frac{3}{8}\times\frac{1}{5}$　② $\frac{2}{7}\times\frac{5}{6}$　③ $\frac{8}{9}\times\frac{3}{10}$　④ $\frac{3}{14}\times\frac{7}{9}$

⑤ $\frac{28}{15}\times\frac{9}{16}$　⑥ $8\times\frac{11}{12}$　⑦ $1\frac{2}{7}\times2\frac{1}{3}$　⑧ $2.8\times\frac{2}{7}$

⑨ $\frac{11}{15}\times\frac{9}{22}\times\frac{5}{2}$　⑩ $\frac{10}{9}\times\frac{3}{14}\times\frac{21}{8}$

考え方 分母どうし、分子どうしをかけて計算をします。帯分数は仮分数で、整数や小数は分数で表してから、$\frac{b}{a}\times\frac{d}{c}=\frac{b\times d}{a\times c}$ を使って計算をします。約分をして簡単にしましょう。

① $\frac{3}{8}\times\frac{1}{5}=\frac{3\times1}{8\times5}=\frac{3}{40}$

② $\frac{2}{7}\times\frac{5}{6}=\frac{2\times5}{7\times6}=\frac{5}{21}$

③ $\frac{8}{9}\times\frac{3}{10}=\frac{8\times3}{9\times10}=\frac{4}{15}$

④ $\frac{3}{14}\times\frac{7}{9}=\frac{3\times7}{14\times9}=\frac{1}{6}$

⑤ $\frac{28}{15}\times\frac{9}{16}=\frac{28\times9}{15\times16}=\frac{21}{20}\left(1\frac{1}{20}\right)$

⑥ $8\times\frac{11}{12}=\frac{8}{1}\times\frac{11}{12}=\frac{8\times11}{1\times12}=\frac{22}{3}\left(7\frac{1}{3}\right)$

⑦ $1\frac{2}{7}\times2\frac{1}{3}=\frac{9}{7}\times\frac{7}{3}=\frac{9\times7}{7\times3}=3$

⑧ $2.8\times\frac{2}{7}=\frac{28}{10}\times\frac{2}{7}=\frac{28\times2}{10\times7}=\frac{4}{5}$

⑨ $\frac{11}{15}\times\frac{9}{22}\times\frac{5}{2}=\frac{11\times9\times5}{15\times22\times2}=\frac{3}{4}$

かける分数の数が多くても、分母どうし、分子どうしをかけますよ。

⑩ $\frac{10}{9}\times\frac{3}{14}\times\frac{21}{8}=\frac{10\times3\times21}{9\times14\times8}=\frac{5}{8}$

答え ① $\frac{3}{40}$　② $\frac{5}{21}$　③ $\frac{4}{15}$　④ $\frac{1}{6}$　⑤ $\frac{21}{20}\left(1\frac{1}{20}\right)$

⑥ $\frac{22}{3}\left(7\frac{1}{3}\right)$　⑦ 3　⑧ $\frac{4}{5}$　⑨ $\frac{3}{4}$　⑩ $\frac{5}{8}$

教科書69ページ

❷ 月で重さをはかると、地球ではかるときの約$\frac{1}{6}$の重さになります。120kgの宇宙服の重さを月ではかると、約何kgになるでしょうか。

考え方　120kgの$\frac{1}{6}$倍の重さを求めます。

$$120\times\frac{1}{6}=\frac{120}{1}\times\frac{1}{6}=\frac{\overset{20}{\cancel{120}}\times 1}{1\times\underset{1}{\cancel{6}}}=20$$

答え　〔式〕$120\times\frac{1}{6}=20$　〔答え〕約20kg

教科書69ページ

❸ 米1kgには、でんぷんが約$\frac{3}{4}$kgふくまれています。米$\frac{5}{6}$kgには、でんぷんは約何kgふくまれているでしょうか。

考え方　「でんぷんの重さ＝米1kgにふくまれるでんぷんの重さ×米の重さ」の式にあてはめます。

$$\frac{3}{4}\times\frac{5}{6}=\frac{\overset{1}{\cancel{3}}\times 5}{4\times\underset{2}{\cancel{6}}}=\frac{5}{8}$$

答え　〔式〕$\frac{3}{4}\times\frac{5}{6}=\frac{5}{8}$　〔答え〕約$\frac{5}{8}$kg

教科書69ページ

❹ 右のような直方体の体積を求めましょう。

考え方　「直方体の体積＝縦×横×高さ」の式にあてはめます。

$$\frac{1}{3}\times 1\frac{7}{8}\times\frac{2}{7}=\frac{1}{3}\times\frac{15}{8}\times\frac{2}{7}=\frac{1\times\overset{5}{\cancel{15}}\times\overset{1}{\cancel{2}}}{\underset{1}{\cancel{3}}\times\underset{4}{\cancel{8}}\times 7}=\frac{5}{28}$$

答え 〔式〕 $\frac{1}{3}\times1\frac{7}{8}\times\frac{2}{7}=\frac{5}{28}$ 〔答え〕 $\frac{5}{28}$ m^3

教科書69ページ

5 次の式が成り立つように、□にあてはまる数を書きましょう。

考え方 $5\times\frac{3}{2}\times\square=5\times\left(\frac{3}{2}\times\square\right)$ なので、次の式が成り立つようにします。

$5\times\left(\frac{3}{2}\times\square\right)=5$

これは 5×(　)=5 という式なので、(　)の中が 1 だとわかります。

$\frac{3}{2}\times\square=1$

□は、$\frac{3}{2}$ の逆数なので、$\frac{2}{3}$ です。

答え $\frac{2}{3}$

〔考えるヒントの答え〕〔左から順に〕 $\frac{2}{3}$、$\frac{2}{3}$

5 分数のわり算

1 $\boxed{\frac{1}{4}}$mの重さが$\frac{2}{5}$kgの棒(ぼう)があります。

この棒1mの重さは何kgになるでしょうか。

1 1mの重さを求める式を考えましょう。

2 下のみなとさんの考えを見て、1mの重さを求める式がわり算になるわけを考えましょう。

3 $\frac{2}{5}\div\frac{1}{4}$の計算のしかたを考えましょう。

4 □にあてはまる数を書いて、$\frac{2}{5}\div\frac{1}{4}$の商はどんな大きさを表すか説明しましょう。

考え方 1 教科書70ページ上で、れおさんは「$\boxed{\text{わり}}$算になると思う」といっています。これは、教科書71ページのように、

$\boxed{2}$mだったら、$\frac{2}{5}\div2=\boxed{\frac{1}{5}}$

$\boxed{3}$mだったら、$\frac{2}{5}\div3=\boxed{\frac{2}{15}}$

$\boxed{\frac{1}{4}}$mだったら、$\boxed{\frac{2}{5}\div\frac{1}{4}}=x$

と考えたからです。

2 〔みなとさんの考え〕

棒の重さは長さに比例します。長さが$\frac{1}{4}$倍になると重さも$\frac{1}{4}$倍になります。

$$x\times\frac{1}{4}=\frac{2}{5}$$

$$x=\frac{2}{5}\div\frac{1}{4}$$

となるので、1mの重さを求める式はわり算です。

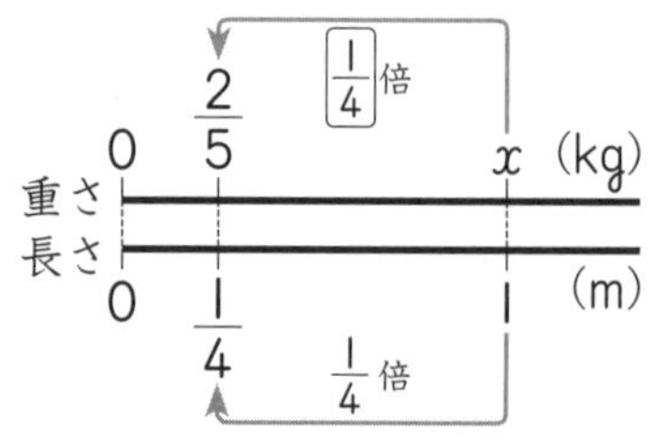

3 〔みなとさんの考え〕

1mの重さは、$\frac{1}{4}$mの重さの4倍になります。

$$\frac{2}{5}\div\frac{1}{4}=\frac{2}{5}\times4$$

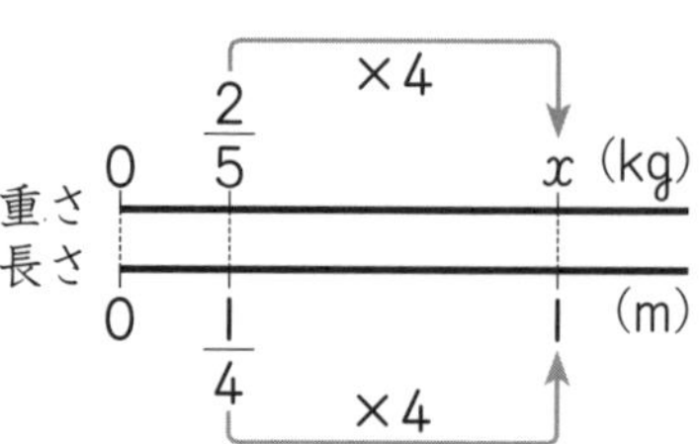

〔かえでさんの考え〕

$$\frac{2}{5} \div \frac{1}{4} = \frac{2\times 4}{5}$$

$$\downarrow \times 4 \qquad \downarrow \times 4 \qquad \text{等しい}$$

$$\left(\frac{2}{5}\times 4\right) \div \left(\frac{1}{4}\times 4\right) = \frac{2}{5}\times 4$$

わられる数とわる数に同じ数をかけても商は変わらないことを利用します。

ですから、どちらの考え方でも次のように計算できます。

$$\frac{2}{5}\div\frac{1}{4}=\frac{2}{5}\times 4=\frac{2\times 4}{5}=\boxed{\frac{8}{5}}$$

4 図のように、$\frac{1}{4}$ m の重さの 4 つ分の重さを考えます。

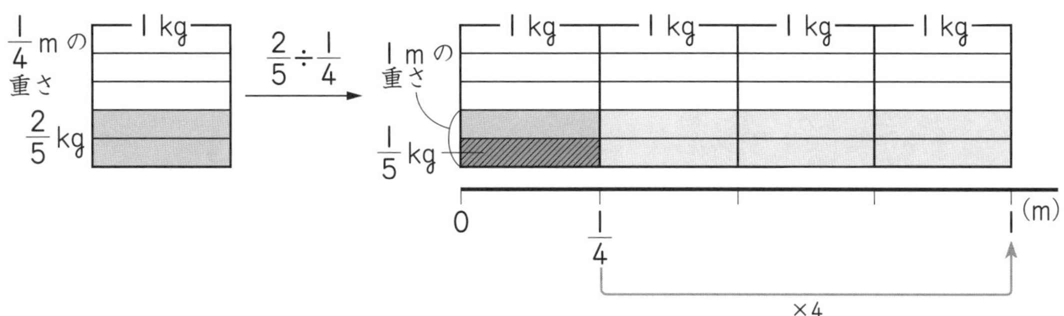

▨の重さは、$\frac{1}{5}$ kg なので、1 m の重さは、$\frac{1}{5}$ kg が（$\boxed{2}\times\boxed{4}$）個分です。

答え 1 〔式〕 $\frac{2}{5}\div\frac{1}{4}$ 〔かえでさん　上から順に〕 $\frac{1}{5}$、$\frac{2}{15}$、$\frac{2}{5}\div\frac{1}{4}$

2 **考え方** の 2

3 〔計算のしかた〕 **考え方** の 3 $\frac{8}{5}$

〔答え〕 $\frac{8}{5}$ kg $\left(1\frac{3}{5}\text{kg}\right)$

4 〔説明〕 **考え方** の 4 〔左から順に〕 2、4

教科書73ページ

1 $\frac{1}{3}$ m の重さが $\frac{3}{7}$ kg の棒（ぼう）があります。

この棒 1 m の重さは何 kg でしょうか。

考え方 「1 m の重さ＝重さ÷長さ」の式にあてはめます。

$$\frac{3}{7}\div\frac{1}{3}=\frac{3}{7}\times 3=\frac{3\times 3}{7}=\frac{9}{7}$$

答え 〔式〕 $\frac{3}{7}\div\frac{1}{3}=\frac{9}{7}$ 〔答え〕 $\frac{9}{7}$ kg $\left(1\frac{2}{7}\text{kg}\right)$

教科書73〜75ページ

2 $\boxed{\frac{3}{4}}$ m の重さが $\frac{2}{5}$ kg の棒があります。

この棒 1 m の重さは何 kg になるでしょうか。

1 計算のしかたを考えましょう。

2 □にあてはまる数を書いて、$\frac{3}{4}$ でわる計算が、逆数の $\frac{4}{3}$ をかける計算になる理由を説明しましょう。

考え方 **1** 〔みなとさんの考え〕

$\frac{1}{4}$ m の重さを求めて、それを 4 倍すれば、1 m の重さが求められます。

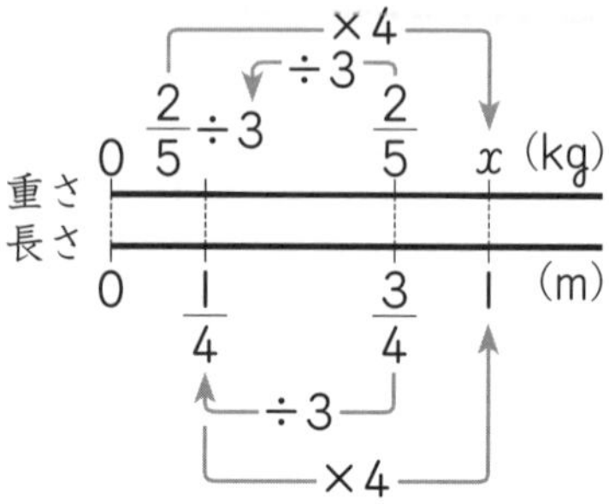

$$\frac{2}{5}\div\frac{3}{4}=\left(\frac{2}{5}\div 3\right)\times 4$$
$$=\frac{2}{5\times 3}\times 4=\frac{2\times 4}{5\times 3}=\frac{8}{15}$$

〔かえでさんの考え〕

わる数が整数になるように考えます。

$$\frac{2}{5}\div\frac{3}{4}=\left(\frac{2}{5}\times 4\right)\div\left(\frac{3}{\cancel{4}_1}\times \cancel{4}^1\right)=\frac{2\times 4}{5}\div 3=\frac{2\times 4}{5\times 3}=\frac{8}{15}$$

〔はるさんの考え〕

わる数が 1 になるように逆数をかけて計算します。

$$\frac{2}{5}\div\frac{3}{4}=\left(\frac{2}{5}\times\frac{4}{3}\right)\div\left(\frac{\cancel{3}^1}{\cancel{4}_1}\times\frac{\cancel{4}^1}{\cancel{3}_1}\right)=\frac{2}{5}\times\frac{4}{3}=\frac{2\times 4}{5\times 3}=\frac{8}{15}$$

2 $\frac{2}{5}\div\frac{3}{4}$ は、右の図の x を求める式です。

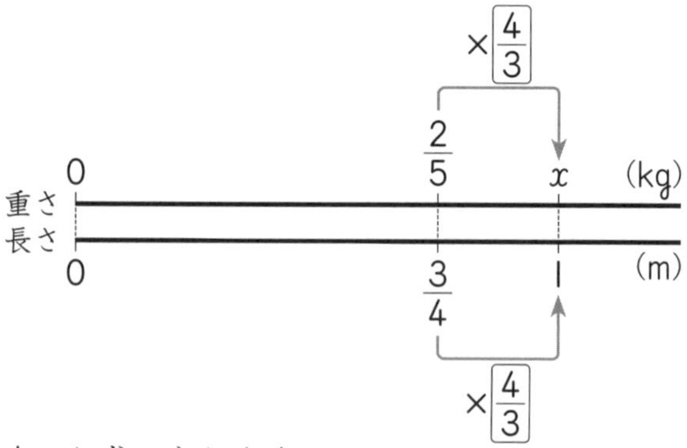

$\frac{3}{4}$ の逆数は $\frac{4}{3}$ なので、右の図で $\frac{3}{4}$ m を $\boxed{\frac{4}{3}}$ 倍すると 1 m になります。

ですから、$\frac{2}{5}$ kg を $\boxed{\frac{4}{3}}$ 倍すると x kg が求められます。

答え 〔式〕 $\frac{2}{5}\div\frac{3}{4}$

1 〔計算のしかた〕 **考え方** の **1** $\frac{8}{15}$ 〔答え〕 $\frac{8}{15}$ kg

2 〔説明〕 考え方 の 2　〔上から順に〕 $\frac{4}{3}$、$\frac{4}{3}$、$\frac{4}{3}$、$\frac{4}{3}$

教科書75ページ

◆2 $\frac{3}{5}$dL で $\frac{2}{3}$m^2 の板をぬれるペンキがあります。

このペンキ 1 dL では、何 m^2 の板をぬれるでしょうか。

考え方 「1 dL でぬれる面積＝ぬれる面積÷ペンキの量」の式にあてはめます。

計算は右のようにします。

$$\frac{b}{a}\div\frac{d}{c}=\frac{b}{a}\times\frac{c}{d}$$

$$\frac{2}{3}\div\frac{3}{5}=\frac{2}{3}\times\frac{5}{3}=\frac{2\times5}{3\times3}=\frac{10}{9}\left(1\frac{1}{9}\right)$$

答え 〔式〕 $\frac{2}{3}\div\frac{3}{5}=\frac{10}{9}\left(1\frac{1}{9}\right)$　〔答え〕 $\frac{10}{9}$m^2$\left(1\frac{1}{9}\text{m}^2\right)$

教科書75ページ

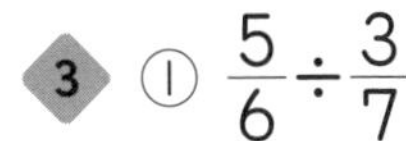

◆3 ① $\frac{5}{6}\div\frac{3}{7}$　② $\frac{1}{3}\div\frac{2}{5}$　③ $\frac{4}{3}\div\frac{5}{2}$　④ $\frac{4}{5}\div\frac{9}{8}$

考え方 分数を分数でわる計算では、わる数の逆数をかけます。

① $\frac{5}{6}\div\frac{3}{7}=\frac{5}{6}\times\frac{7}{3}=\frac{5\times7}{6\times3}=\frac{35}{18}\left(1\frac{17}{18}\right)$

② $\frac{1}{3}\div\frac{2}{5}=\frac{1}{3}\times\frac{5}{2}=\frac{1\times5}{3\times2}=\frac{5}{6}$

③ $\frac{4}{3}\div\frac{5}{2}=\frac{4}{3}\times\frac{2}{5}=\frac{4\times2}{3\times5}=\frac{8}{15}$　④ $\frac{4}{5}\div\frac{9}{8}=\frac{4}{5}\times\frac{8}{9}=\frac{4\times8}{5\times9}=\frac{32}{45}$

答え ① $\frac{35}{18}\left(1\frac{17}{18}\right)$　② $\frac{5}{6}$　③ $\frac{8}{15}$　④ $\frac{32}{45}$

教科書76ページ

3 $\frac{3}{4}\div\frac{9}{10}$ の計算のしかたを考えましょう。

考え方 かけ算のときと同じように、約分できるときは、途中(とちゅう)で約分してから計算すると簡単(かんたん)です。

$$\frac{3}{4}\div\frac{9}{10}=\frac{3}{4}\times\frac{10}{9}=\frac{\overset{1}{\cancel{3}}\times\overset{5}{\cancel{10}}}{\underset{2}{\cancel{4}}\times\underset{3}{\cancel{9}}}=\frac{5}{6}$$

答え 〔計算のしかた〕 考え方　〔答え〕 $\frac{5}{6}$

教科書76ページ

◆4 $\frac{2}{15}\div\frac{1}{4}$ の計算をしましょう。

考え方 $\frac{2}{15}\div\frac{1}{4}=\frac{2}{15}\times\frac{4}{1}=\frac{2\times4}{15\times1}=\frac{8}{15}$

答え $\frac{8}{15}$

教科書76ページ

◆5 ① $\frac{4}{5}\div\frac{2}{9}$ ② $\frac{3}{8}\div\frac{7}{4}$ ③ $\frac{5}{8}\div\frac{7}{12}$ ④ $\frac{11}{6}\div\frac{2}{9}$

⑤ $\frac{14}{9}\div\frac{7}{6}$ ⑥ $\frac{32}{25}\div\frac{16}{15}$ ⑦ $\frac{9}{4}\div\frac{3}{8}$ ⑧ $\frac{26}{3}\div\frac{13}{12}$

考え方 ① $\frac{4}{5}\div\frac{2}{9}=\frac{4}{5}\times\frac{9}{2}=\frac{\overset{2}{\cancel{4}}\times9}{5\times\underset{1}{\cancel{2}}}=\frac{18}{5}\left(3\frac{3}{5}\right)$

② $\frac{3}{8}\div\frac{7}{4}=\frac{3}{8}\times\frac{4}{7}=\frac{3\times\overset{1}{\cancel{4}}}{\underset{2}{\cancel{8}}\times7}=\frac{3}{14}$

③ $\frac{5}{8}\div\frac{7}{12}=\frac{5}{8}\times\frac{12}{7}=\frac{5\times\overset{3}{\cancel{12}}}{\underset{2}{\cancel{8}}\times7}=\frac{15}{14}\left(1\frac{1}{14}\right)$

④ $\frac{11}{6}\div\frac{2}{9}=\frac{11}{6}\times\frac{9}{2}=\frac{11\times\overset{3}{\cancel{9}}}{\underset{2}{\cancel{6}}\times2}=\frac{33}{4}\left(8\frac{1}{4}\right)$

⑤ $\frac{14}{9}\div\frac{7}{6}=\frac{14}{9}\times\frac{6}{7}=\frac{\overset{2}{\cancel{14}}\times\overset{2}{\cancel{6}}}{\underset{3}{\cancel{9}}\times\underset{1}{\cancel{7}}}=\frac{4}{3}\left(1\frac{1}{3}\right)$

⑥ $\frac{32}{25}\div\frac{16}{15}=\frac{32}{25}\times\frac{15}{16}=\frac{\overset{2}{\cancel{32}}\times\overset{3}{\cancel{15}}}{\underset{5}{\cancel{25}}\times\underset{1}{\cancel{16}}}=\frac{6}{5}\left(1\frac{1}{5}\right)$

⑦ $\frac{9}{4}\div\frac{3}{8}=\frac{9}{4}\times\frac{8}{3}=\frac{\overset{3}{\cancel{9}}\times\overset{2}{\cancel{8}}}{\underset{1}{\cancel{4}}\times\underset{1}{\cancel{3}}}=6$

⑧ $\frac{26}{3}\div\frac{13}{12}=\frac{26}{3}\times\frac{12}{13}=\frac{\overset{2}{\cancel{26}}\times\overset{4}{\cancel{12}}}{\underset{1}{\cancel{3}}\times\underset{1}{\cancel{13}}}=8$

答え ① $\frac{18}{5}\left(3\frac{3}{5}\right)$　② $\frac{3}{14}$　③ $\frac{15}{14}\left(1\frac{1}{14}\right)$　④ $\frac{33}{4}\left(8\frac{1}{4}\right)$

⑤ $\frac{4}{3}\left(1\frac{1}{3}\right)$　⑥ $\frac{6}{5}\left(1\frac{1}{5}\right)$　⑦ 6　⑧ 8

教科書76ページ

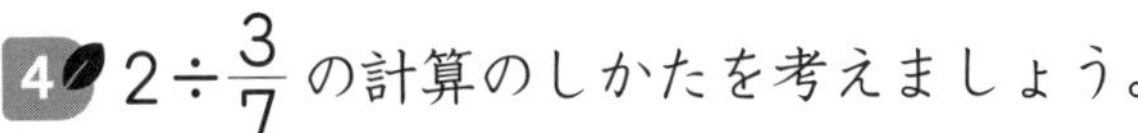

4 $2\div\frac{3}{7}$ の計算のしかたを考えましょう。

考え方 整数の 2 を分数で表すと $\frac{2}{1}$ になります。そうすれば、整数を分数でわる計算も、今までと同じように計算できます。

$$2\div\frac{3}{7}=\frac{\boxed{2}}{\boxed{1}}\div\frac{\boxed{3}}{\boxed{7}}=\frac{2}{1}\times\frac{7}{3}=\frac{2\times7}{1\times3}=\frac{14}{3}\left(4\frac{2}{3}\right)$$

答え 〔計算のしかた〕 **考え方** 〔左から順に〕 $\frac{2}{1}$、$\frac{3}{7}$

〔答え〕 $\frac{14}{3}\left(4\frac{2}{3}\right)$

教科書76ページ

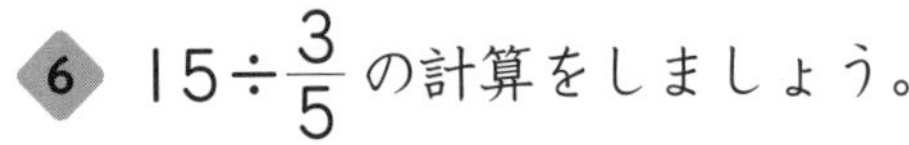

6 $15\div\frac{3}{5}$ の計算をしましょう。

考え方 整数を分数で表してから、計算をします。約分できるときは、途中で約分してから計算すると簡単です。

$$15\div\frac{3}{5}=\frac{15}{1}\div\frac{3}{5}=\frac{15}{1}\times\frac{5}{3}=\frac{\overset{5}{\cancel{15}}\times5}{1\times\underset{1}{\cancel{3}}}=25$$

答え 25

教科書76ページ

7 ① $8\div\frac{6}{5}$　② $9\div\frac{12}{7}$　③ $12\div\frac{3}{4}$

考え方 整数を分数で表してから計算します。

① $8\div\frac{6}{5}=\frac{8}{1}\div\frac{6}{5}=\frac{8}{1}\times\frac{5}{6}=\frac{\overset{4}{\cancel{8}}\times5}{1\times\underset{3}{\cancel{6}}}=\frac{20}{3}\left(6\frac{2}{3}\right)$

② $9\div\frac{12}{7}=\frac{9}{1}\div\frac{12}{7}=\frac{9}{1}\times\frac{7}{12}=\frac{\overset{3}{\cancel{9}}\times7}{1\times\underset{4}{\cancel{12}}}=\frac{21}{4}\left(5\frac{1}{4}\right)$

③ $12 \div \frac{3}{4} = \frac{12}{1} \div \frac{3}{4} = \frac{12}{1} \times \frac{4}{3} = \frac{\overset{4}{\cancel{12}} \times 4}{1 \times \underset{1}{\cancel{3}}} = 16$

答え ① $\frac{20}{3}\left(6\frac{2}{3}\right)$ ② $\frac{21}{4}\left(5\frac{1}{4}\right)$ ③ 16

教科書76ページ

8 $1\frac{3}{4} \div \frac{1}{6}$ の計算をしましょう。

考え方 帯分数は仮分数になおしてから計算します。

$$1\frac{3}{4} \div \frac{1}{6} = \frac{7}{4} \div \frac{1}{6} = \frac{7}{4} \times \frac{6}{1} = \frac{7 \times \overset{3}{\cancel{6}}}{\underset{2}{\cancel{4}} \times 1} = \frac{21}{2}\left(10\frac{1}{2}\right)$$

答え $\frac{21}{2}\left(10\frac{1}{2}\right)$

教科書77ページ

5 $0.7 \div \frac{2}{3}$ の計算のしかたを考えましょう。

考え方 かけ算のときと同じように、小数を分数で表してから、計算をします。

$$0.7 \div \frac{2}{3} = \frac{\boxed{7}}{\boxed{10}} \div \frac{\boxed{2}}{\boxed{3}} = \frac{7}{10} \times \frac{3}{2}$$
$$= \frac{7 \times 3}{10 \times 2} = \frac{21}{20}\left(1\frac{1}{20}\right)$$

答え 〔計算のしかた〕 考え方

〔左から順に〕 $\frac{7}{10}$、$\frac{2}{3}$ 〔答え〕 $\frac{21}{20}\left(1\frac{1}{20}\right)$

教科書77ページ

9 $0.3 \div \frac{3}{5}$ の計算をしましょう。

考え方 小数を分数で表してから、計算をします。

$$0.3 \div \frac{3}{5} = \frac{3}{10} \div \frac{3}{5} = \frac{3}{10} \times \frac{5}{3} = \frac{\overset{1}{\cancel{3}} \times \overset{1}{\cancel{5}}}{\underset{2}{\cancel{10}} \times \underset{1}{\cancel{3}}} = \frac{1}{2}$$

答え $\frac{1}{2}$

教科書77ページ

10 ① $0.9\div\frac{4}{7}$　② $0.5\div\frac{3}{2}$　③ $2.7\div\frac{3}{5}$　④ $1.8\div\frac{6}{5}$

考え方 ① $0.9\div\frac{4}{7}=\frac{9}{10}\div\frac{4}{7}=\frac{9}{10}\times\frac{7}{4}=\frac{9\times7}{10\times4}=\frac{63}{40}\left(1\frac{23}{40}\right)$

② $0.5\div\frac{3}{2}=\frac{5}{10}\div\frac{3}{2}=\frac{5}{10}\times\frac{2}{3}=\frac{\overset{1}{\cancel{5}}\times\overset{1}{\cancel{2}}}{\underset{\underset{1}{5}}{\cancel{10}}\times3}=\frac{1}{3}$

③ $2.7\div\frac{3}{5}=\frac{27}{10}\div\frac{3}{5}=\frac{27}{10}\times\frac{5}{3}=\frac{\overset{9}{\cancel{27}}\times\overset{1}{\cancel{5}}}{\underset{2}{\cancel{10}}\times\underset{1}{\cancel{3}}}=\frac{9}{2}\left(4\frac{1}{2}\right)$

④ $1.8\div\frac{6}{5}=\frac{18}{10}\div\frac{6}{5}=\frac{18}{10}\times\frac{5}{6}=\frac{\overset{3}{\cancel{18}}\times\overset{1}{\cancel{5}}}{\underset{2}{\cancel{10}}\times\underset{1}{\cancel{6}}}=\frac{3}{2}\left(1\frac{1}{2}\right)$

答え ① $\frac{63}{40}\left(1\frac{23}{40}\right)$　② $\frac{1}{3}$　③ $\frac{9}{2}\left(4\frac{1}{2}\right)$　④ $\frac{3}{2}\left(1\frac{1}{2}\right)$

教科書77ページ

6 $\frac{5}{6}\times\frac{3}{4}\div\frac{3}{8}$ の計算のしかたを考えましょう。

考え方 かけ算とわり算のまじった式なので、左から順に計算します。

$$\frac{5}{6}\times\frac{3}{4}\div\frac{3}{8}=\frac{5}{6}\times\frac{3}{4}\times\frac{\boxed{8}}{\boxed{3}}=\frac{5\times\overset{1}{\cancel{3}}\times\overset{2}{\cancel{\boxed{8}}}}{\underset{3}{\cancel{6}}\times\underset{1}{\cancel{4}}\times\underset{1}{\cancel{\boxed{3}}}}=\frac{5}{3}\left(1\frac{2}{3}\right)$$

はじめに $\frac{5}{6}\times\frac{3}{4}$ の積を求めて、その積 $\frac{5}{8}$ を $\frac{3}{8}$ でわっても求めることはできますが、$\frac{5}{6}\times\frac{3}{4}$ の積を求める前に、3つの分数の分母どうし、分子どうしのかけ算にして、約分してから計算したほうが簡単です。

答え 〔計算のしかた〕 **考え方**

〔上から順に〕 $\frac{8}{3}$、8、3　〔答え〕 $\frac{5}{3}\left(1\frac{2}{3}\right)$

教科書77ページ

11 $\frac{5}{9}\div\frac{7}{8}\times\frac{3}{4}$ の計算をしましょう。

考え方 分数のかけ算とわり算がまじった式は、わり算のところでは逆数を使ってかけ算の式で表してから、3つの分数の分母どうし、分子どうしをかけて計算します。

$$\frac{5}{9}\div\frac{7}{8}\times\frac{3}{4}=\frac{5}{9}\times\frac{8}{7}\times\frac{3}{4}=\frac{5\times\overset{2}{\cancel{8}}\times\overset{1}{\cancel{3}}}{\underset{3}{\cancel{9}}\times7\times\underset{1}{\cancel{4}}}=\frac{10}{21}$$

答え $\frac{10}{21}$

教科書77ページ

12 ① $\frac{3}{4}\times\frac{4}{5}\div\frac{3}{2}$　② $\frac{7}{12}\div\frac{5}{3}\times\frac{8}{5}$　③ $\frac{1}{3}\div\frac{1}{4}\div\frac{1}{6}$

考え方 ① $\frac{3}{4}\times\frac{4}{5}\div\frac{3}{2}=\frac{3}{4}\times\frac{4}{5}\times\frac{2}{3}=\frac{\overset{1}{\cancel{3}}\times\overset{1}{\cancel{4}}\times2}{\underset{1}{\cancel{4}}\times5\times\underset{1}{\cancel{3}}}=\frac{2}{5}$

② $\frac{7}{12}\div\frac{5}{3}\times\frac{8}{5}=\frac{7}{12}\times\frac{3}{5}\times\frac{8}{5}=\frac{7\times\overset{1}{\cancel{3}}\times\overset{2}{\cancel{8}}}{\underset{\underset{1}{\cancel{3}}}{\cancel{12}}\times5\times5}=\frac{14}{25}$

③ $\frac{1}{3}\div\frac{1}{4}\div\frac{1}{6}=\frac{1}{3}\times\frac{4}{1}\times\frac{6}{1}=\frac{1\times4\times\overset{2}{\cancel{6}}}{\underset{1}{\cancel{3}}\times1\times1}=8$

答え ① $\frac{2}{5}$　② $\frac{14}{25}$　③ 8

教科書78ページ

7 $3\times\frac{2}{5}\div2.1$ の計算のしかたを考えましょう。

1 整数や小数を、分数になおして計算しましょう。

考え方 1 整数や小数を分数になおすと、$3=\frac{3}{1}$、$2.1=\frac{21}{10}$ になります。

$$3\times\frac{2}{5}\div2.1=\frac{\boxed{3}}{1}\times\frac{2}{5}\div\frac{\boxed{21}}{10}=\frac{\boxed{3}}{1}\times\frac{2}{5}\times\frac{10}{\boxed{21}}$$

$$=\frac{\overset{1}{\cancel{3}}\times2\times\overset{2}{\cancel{10}}}{1\times\underset{1}{\cancel{5}}\times\underset{7}{\cancel{21}}}=\frac{4}{7}$$

答え 〔計算のしかた〕 考え方

1 〔上から順に〕 3、21、3、21　〔答え〕 $\frac{4}{7}$

教科書78ページ

8 $1.5\div\frac{3}{7}\div4.5$ の計算のしかたを考えましょう。

1 整数、小数、分数のまじったかけ算、わり算の計算のしかたをまとめましょう。

考え方 $1.5=\frac{15}{10}$、$4.5=\frac{45}{10}$ と分数になおしてから計算します。

$$1.5\div\frac{3}{7}\div4.5=\frac{\boxed{15}}{10}\div\frac{3}{7}\div\frac{\boxed{45}}{10}=\frac{\boxed{15}}{10}\times\frac{7}{3}\times\frac{10}{\boxed{45}}=\frac{\overset{1}{\cancel{15}}\times7\times\overset{1}{\cancel{10}}}{\underset{1}{\cancel{10}}\times3\times\underset{3}{\cancel{45}}}=\frac{7}{9}$$

答え 〔計算のしかた〕 考え方

〔上から順に〕 15、45、15、45 〔答え〕 $\frac{7}{9}$

1 **整数、小数は分数になおしてから計算します。整数は分母が 1 の分数で表します。小数は小数第 1 位までの数は分母を 10 とし、小数第 2 位までの数は分母を 100 の分数で表します。**

教科書78ページ

13 分数のかけ算になおして計算しましょう。

① $\frac{4}{7}\div0.4\times6$ ② $\frac{1}{2}\div0.44\times\frac{22}{25}$ ③ $81\div5.4\div2.7$

考え方 整数や小数は分数で表してから、計算をします。約分できるときは、途中で約分してから計算すると簡単です。

① $\frac{4}{7}\div0.4\times6=\frac{4}{7}\div\frac{4}{10}\times\frac{6}{1}=\frac{4}{7}\times\frac{10}{4}\times\frac{6}{1}=\frac{\overset{1}{\cancel{4}}\times10\times6}{7\times\underset{1}{\cancel{4}}\times1}=\frac{60}{7}\left(8\frac{4}{7}\right)$

② $\frac{1}{2}\div0.44\times\frac{22}{25}=\frac{1}{2}\div\frac{44}{100}\times\frac{22}{25}=\frac{1}{2}\times\frac{100}{44}\times\frac{22}{25}$

$$=\frac{1\times\overset{\overset{1}{\cancel{2}}}{\overset{\cancel{4}}{\cancel{100}}}\times\overset{1}{\cancel{22}}}{\underset{1}{\cancel{2}}\times\underset{\underset{1}{\cancel{2}}}{\cancel{44}}\times\underset{1}{\cancel{25}}}=1$$

③ $81\div5.4\div2.7=\frac{81}{1}\div\frac{54}{10}\div\frac{27}{10}=\frac{81}{1}\times\frac{10}{54}\times\frac{10}{27}$

$$=\frac{\overset{\overset{1}{\cancel{3}}}{\cancel{81}}\times\overset{5}{\cancel{10}}\times10}{1\times\underset{\underset{9}{\cancel{18}}}{\cancel{54}}\times\underset{1}{\cancel{27}}}=\frac{50}{9}\left(5\frac{5}{9}\right)$$

答え ① $\frac{60}{7}\left(8\frac{4}{7}\right)$　② 1　③ $\frac{50}{9}\left(5\frac{5}{9}\right)$

教科書79ページ

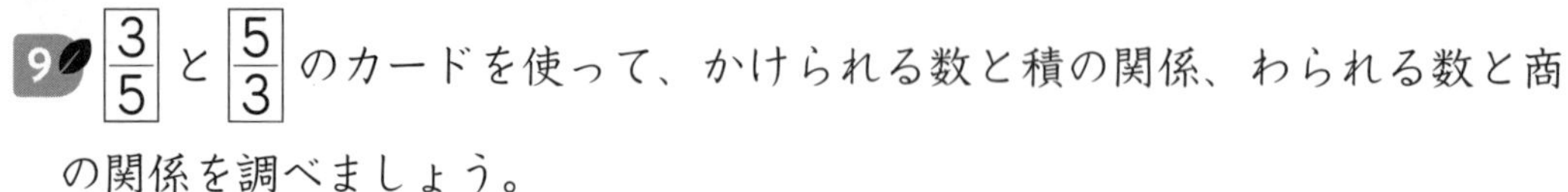

9 $\boxed{\frac{3}{5}}$ と $\boxed{\frac{5}{3}}$ のカードを使って、かけられる数と積の関係、わられる数と商の関係を調べましょう。

1 次の①から④の式の□には、それぞれどちらのカードがあてはまるでしょうか。

① $15\times\square>15$　② $15\times\square<15$

③ $15\div\square>15$　④ $15\div\square<15$

考え方 1 小数のときと同じように、1より小さい分数をかけると、積はかけられる数よりも小さくなります。計算して確かめてみましょう。

$$15\times\frac{3}{5}=\frac{\overset{3}{\cancel{15}}\times3}{1\times\underset{1}{\cancel{5}}}=9$$ ← 積は15より小さい

$$15\times\frac{5}{3}=\frac{\overset{5}{\cancel{15}}\times5}{1\times\underset{1}{\cancel{3}}}=25$$ ← 積は15より大きい

また、小数のときと同じように、1より小さい分数でわると、商はわられる数よりも大きくなります。計算して確かめてみましょう。

$$15\div\frac{3}{5}=\frac{15}{1}\times\frac{5}{3}=\frac{\overset{5}{\cancel{15}}\times5}{1\times\underset{1}{\cancel{3}}}=25$$ ← 商は15より大きい

$$15\div\frac{5}{3}=\frac{15}{1}\times\frac{3}{5}=\frac{\overset{3}{\cancel{15}}\times3}{1\times\underset{1}{\cancel{5}}}=9$$ ← 商は15より小さい

答え 1 ① $\frac{5}{3}$　② $\frac{3}{5}$　③ $\frac{3}{5}$　④ $\frac{5}{3}$

教科書79ページ

14 積がかけられる数よりも小さくなる式はどれでしょうか。
また、商がわられる数よりも大きくなる式はどれでしょうか。
（a は、0でない同じ数を表しています。）

㋐ $a\times\frac{10}{9}$　㋑ $a\times\frac{4}{5}$　㋒ $a\div\frac{3}{2}$　㋓ $a\div\frac{1}{6}$

考え方　a が 0 でないどんな数の場合でも、

・a に 1 より小さい分数をかけると、積は a よりも小さくなります。

・a を 1 より小さい分数でわると、商は a よりも大きくなります。

a を 45 として計算してみると、次のようになります。

㋐　$45\times\frac{10}{9}=\frac{45}{1}\times\frac{10}{9}=\frac{\overset{5}{\cancel{45}}\times10}{1\times\underset{1}{\cancel{9}}}=50$　← 積は 45 より大きい

㋑　$45\times\frac{4}{5}=\frac{45}{1}\times\frac{4}{5}=\frac{\overset{9}{\cancel{45}}\times4}{1\times\underset{1}{\cancel{5}}}=36$　← 積は 45 より小さい

㋒　$45\div\frac{3}{2}=\frac{45}{1}\times\frac{2}{3}=\frac{\overset{15}{\cancel{45}}\times2}{1\times\underset{1}{\cancel{3}}}=30$　← 商は 45 より小さい

㋓　$45\div\frac{1}{6}=\frac{45}{1}\times\frac{6}{1}=\frac{45\times6}{1\times1}=270$　← 商は 45 より大きい

答え　〔積がかけられる数よりも小さくなる式〕 ㋑

〔商がわられる数よりも大きくなる式〕 ㋓

教科書79ページ

もっとやってみよう

答え　$\frac{1}{2}\boxed{+}\frac{1}{3}\boxed{+}\frac{1}{6}=1$、$\frac{1}{2}\boxed{\times}\frac{1}{3}\boxed{\div}\frac{1}{6}=1$

教科書80ページ

10 $\frac{5}{4}$m のリボン㋐と、$\frac{3}{4}$m のリボン㋑があります。

㋑の長さは、㋐の長さの何倍でしょうか。

1 問題の場面を別の言葉で表しましょう。下の□には、㋐、㋑のどちらがあてはまるでしょうか。

2 求める数を x として、問題の場面を数直線に表しましょう。

3 式に表して、答えを求めましょう。

考え方　**1**　「割合(わりあい)＝比かく量÷基準量」の式にあてはめます。

基準量は㋐、比かく量は㋑です。

2 x 倍として、右下の図で考えます。

3 ㋐のリボンの長さ $\frac{5}{4}$m の x 倍が㋑のリボンの長さ $\frac{3}{4}$m として式に表すと、次のようになります。

$$\frac{5}{4}\times x=\frac{3}{4}$$

$$x=\frac{3}{4}\div\frac{5}{4}$$

$$\frac{3}{4}\div\frac{5}{4}=\frac{3}{4}\times\frac{4}{5}=\frac{3\times \overset{1}{\cancel{4}}}{\underset{1}{\cancel{4}}\times 5}=\frac{3}{5}$$

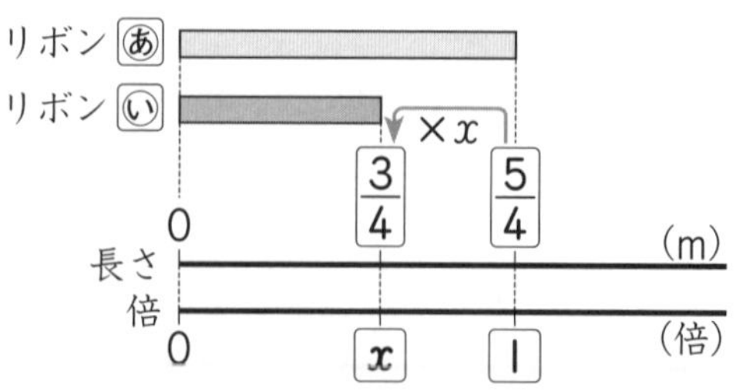

答え
1 〔上から順に〕㋐、㋑
2 考え方 の 2 の図
3 〔式〕 $\frac{3}{4}\div\frac{5}{4}$、$\frac{3}{5}$ 〔答え〕 $\frac{3}{5}$倍

教科書80ページ

15 縦(たて)が $\frac{2}{3}$m、横が $\frac{4}{5}$m の長方形の紙があります。

横の長さは、縦の長さの何倍でしょうか。

考え方 縦の長さ $\frac{2}{3}$m の x 倍が横の長さ $\frac{4}{5}$m として式に表すと、次のようになります。

$$\frac{2}{3}\times x=\frac{4}{5}$$

$$x=\frac{4}{5}\div\frac{2}{3}$$

$$\frac{4}{5}\div\frac{2}{3}=\frac{4}{5}\times\frac{3}{2}=\frac{\overset{2}{\cancel{4}}\times 3}{5\times\underset{1}{\cancel{2}}}=\frac{6}{5}\left(1\frac{1}{5}\right)$$

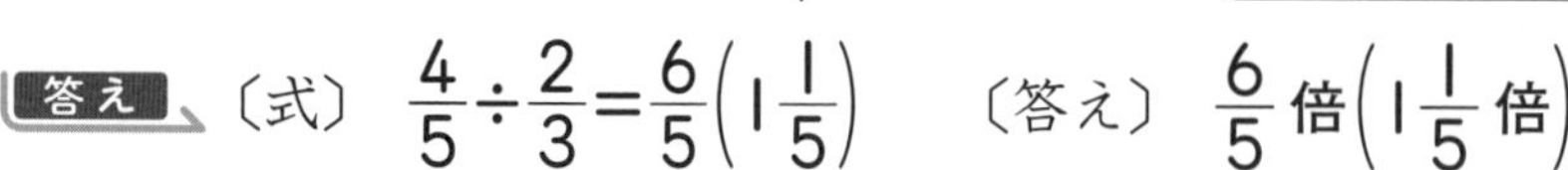

答え 〔式〕 $\frac{4}{5}\div\frac{2}{3}=\frac{6}{5}\left(1\frac{1}{5}\right)$ 〔答え〕 $\frac{6}{5}$倍$\left(1\frac{1}{5}倍\right)$

教科書81ページ

11 $2\frac{2}{5}m^2$ の畑の $\frac{2}{3}$ に肥料をまきました。

肥料をまいた部分の面積を求めましょう。

1 下の□にあてはまる数を書いて、問題の場面を別の言葉で表しましょう。

2 求める数を x として、問題の場面を数直線に表しましょう。

3 式に表して、答えを求めましょう。

考え方 1 「比かく量＝基準量×割合」の式にあてはめます。基準量は $2\frac{2}{5}m^2$、割合は $\frac{2}{3}$ です。

2 肥料をまいた部分の面積を $x m^2$ として考えます。

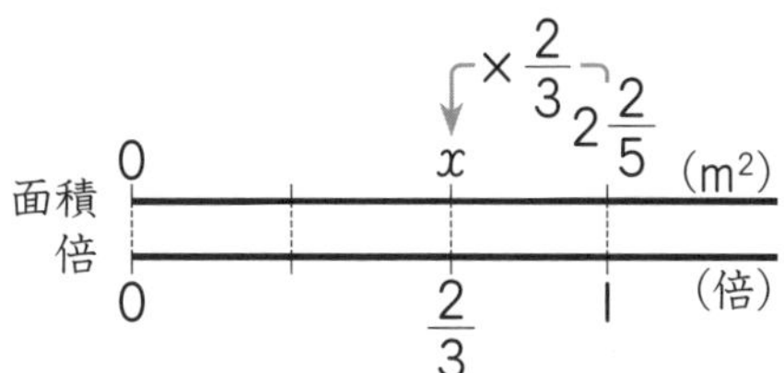

畑の面積を１とみたとき、$\frac{2}{3}$ にあたる大きさを求めればよいことになります。

3 $2\frac{2}{5}\times\frac{2}{3}=\frac{12}{5}\times\frac{2}{3}=\frac{\overset{4}{\cancel{12}}\times2}{5\times\underset{1}{\cancel{3}}}=\frac{8}{5}\left(1\frac{3}{5}\right)$

答え 1 〔上から順に〕 $2\frac{2}{5}$、$\frac{2}{3}$

2 考え方の 2 の図

3 〔式〕 $2\frac{2}{5}\times\frac{2}{3}$、$\frac{8}{5}\left(1\frac{3}{5}\right)$ 〔答え〕 $\frac{8}{5}m^2\left(1\frac{3}{5}m^2\right)$

教科書81ページ

16 すぎの木の高さは、家の高さの $\frac{4}{3}$ にあたります。

家の高さは９mです。

すぎの木の高さは何mでしょうか。

考え方 家の高さを１とみたとき、$\frac{4}{3}$ にあたる大きさを求めればよいことになります。

$9\times\frac{4}{3}=\frac{9}{1}\times\frac{4}{3}=\frac{\overset{3}{\cancel{9}}\times4}{1\times\underset{1}{\cancel{3}}}=12$

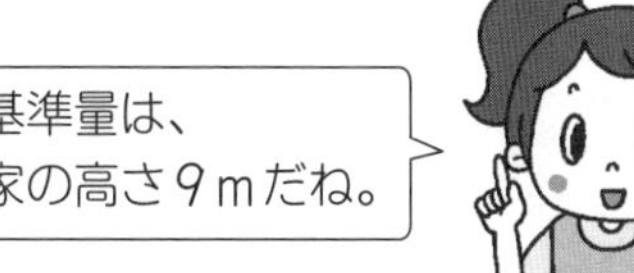

答え 〔式〕 $9\times\frac{4}{3}=12$ 〔答え〕 12m

教科書82ページ

12 水そうに$\frac{6}{5}$Lの水を入れました。

この量は、水そうに入る水の体積の$\frac{3}{10}$にあたります。

この水そうには、全部で何Lの水が入るでしょうか。

1 下の□にあてはまる数を書いて、問題の場面を別の言葉で表しましょう。

2 求める数をxとして、問題の場面を数直線に表しましょう。

3 かけ算の式に表して、答えを求めましょう。

考え方 **1** 「基準量＝比かく量÷割合」の式にあてはめます。比かく量は$\frac{6}{5}$L、割合は$\frac{3}{10}$です。

2 水そうに入る水の量をxLとして考えます。

水そうに入る全部の水の量を1とみたとき、$\frac{3}{10}$にあたる大きさが$\frac{6}{5}$Lです。

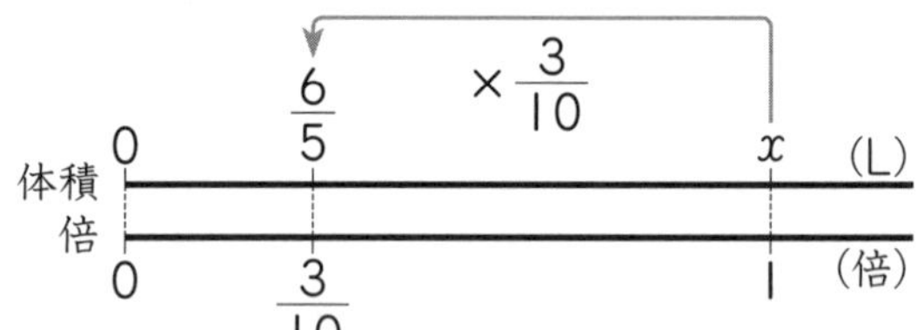

3 $x\times\boxed{\frac{3}{10}}=\boxed{\frac{6}{5}}$

$x=\boxed{\frac{6}{5}\div\frac{3}{10}}$

$\frac{6}{5}\div\frac{3}{10}=\frac{6}{5}\times\frac{10}{3}=\frac{\overset{2}{\cancel{6}}\times\overset{2}{\cancel{10}}}{\underset{1}{\cancel{5}}\times\underset{1}{\cancel{3}}}=\boxed{4}$

答え **1** $\frac{6}{5}$

2 考え方の**2**の図

3 〔上から順に〕 $\frac{3}{10}$、$\frac{6}{5}$、$\frac{6}{5}\div\frac{3}{10}$、4　〔答え〕 4L

教科書82ページ

17 畑を$\frac{1}{6}$ha耕しました。これは、畑全体の$\frac{2}{3}$の面積です。

畑全体の面積は何haでしょうか。

考え方 畑全体の面積を$x$haとします。畑全体の面積を1とみたとき、$\frac{2}{3}$にあたる面積が$\frac{1}{6}$haです。

$$x \times \frac{2}{3} = \frac{1}{6}$$

$$x = \frac{1}{6} \div \frac{2}{3}$$

$$\frac{1}{6} \div \frac{2}{3} = \frac{1}{6} \times \frac{3}{2} = \frac{1 \times \overset{1}{\cancel{3}}}{\underset{2}{\cancel{6}} \times 2} = \frac{1}{4}$$

答え 〔式〕 $\frac{1}{6} \div \frac{2}{3} = \frac{1}{4}$ 〔答え〕 $\frac{1}{4}$ha

まとめ

教科書83ページ

1 $\frac{5}{7} \div \frac{3}{4}$ の計算のしかたを説明しましょう。

考え方 わり算では、わられる数とわる数に同じ数をかけても商は変わりません。わられる数とわる数に、わる数の逆数をかけて、わる数が 1 になるようにします。

答え 〔計算のしかた〕 考え方

〔上から順に〕 $\frac{4}{3}$、$\frac{4}{3}$、等しい、1、$\frac{4}{3}$、$\frac{4}{3}$ 〔答え〕 $\frac{20}{21}$

教科書83ページ

2 $4.5 \div 18 \times \frac{6}{5}$ の計算のしかたを説明しましょう。

考え方 整数や小数は分数で表してから、計算をします。$4.5 = \frac{45}{10}$、$18 = \frac{18}{1}$ です。

答え 〔計算のしかた〕 考え方

〔左から順に〕 かけ算、45、18、45、18 〔答え〕 $\frac{3}{10}$

教科書84ページ

1 計算をしましょう。

① $\frac{2}{5} \div \frac{1}{7}$ ② $\frac{7}{4} \div \frac{6}{7}$ ③ $\frac{2}{7} \div \frac{2}{3}$ ④ $\frac{2}{3} \div \frac{16}{9}$

⑤ $\frac{9}{32} \div \frac{3}{4}$ ⑥ $10 \div \frac{15}{16}$ ⑦ $1\frac{7}{9} \div \frac{8}{3}$ ⑧ $3.6 \div \frac{8}{15}$

⑨ $\frac{7}{4} \div \frac{5}{8} \times \frac{13}{28}$ ⑩ $1.2 \div 0.9 \times 0.75$

考え方 帯分数は仮分数に、整数や小数は分数で表してから、計算をします。約分できるときは、途中で約分してから計算すると簡単です。

① $\frac{2}{5}\div\frac{1}{7}=\frac{2}{5}\times\frac{7}{1}=\frac{2\times7}{5\times1}=\frac{14}{5}\left(2\frac{4}{5}\right)$

② $\frac{7}{4}\div\frac{6}{7}=\frac{7}{4}\times\frac{7}{6}=\frac{7\times7}{4\times6}=\frac{49}{24}\left(2\frac{1}{24}\right)$

③ $\frac{2}{7}\div\frac{2}{3}=\frac{2}{7}\times\frac{3}{2}=\frac{2\times3}{7\times2}=\frac{3}{7}$

④ $\frac{2}{3}\div\frac{16}{9}=\frac{2}{3}\times\frac{9}{16}=\frac{2\times9}{3\times16}=\frac{3}{8}$

⑤ $\frac{9}{32}\div\frac{3}{4}=\frac{9}{32}\times\frac{4}{3}=\frac{9\times4}{32\times3}=\frac{3}{8}$

⑥ $10\div\frac{15}{16}=\frac{10}{1}\div\frac{15}{16}=\frac{10}{1}\times\frac{16}{15}=\frac{10\times16}{1\times15}=\frac{32}{3}\left(10\frac{2}{3}\right)$

⑦ $1\frac{7}{9}\div\frac{8}{3}=\frac{16}{9}\div\frac{8}{3}=\frac{16}{9}\times\frac{3}{8}=\frac{16\times3}{9\times8}=\frac{2}{3}$

⑧ $3.6\div\frac{8}{15}=\frac{36}{10}\div\frac{8}{15}=\frac{36}{10}\times\frac{15}{8}=\frac{36\times15}{10\times8}=\frac{27}{4}\left(6\frac{3}{4}\right)$

⑨ $\frac{7}{4}\div\frac{5}{8}\times\frac{13}{28}=\frac{7}{4}\times\frac{8}{5}\times\frac{13}{28}=\frac{7\times8\times13}{4\times5\times28}=\frac{13}{10}\left(1\frac{3}{10}\right)$

⑩ $1.2\div0.9\times0.75=\frac{12}{10}\div\frac{9}{10}\times\frac{75}{100}=\frac{12}{10}\times\frac{10}{9}\times\frac{75}{100}$

$=\frac{12\times10\times75}{10\times9\times100}=1$

答え ① $\frac{14}{5}\left(2\frac{4}{5}\right)$ ② $\frac{49}{24}\left(2\frac{1}{24}\right)$ ③ $\frac{3}{7}$ ④ $\frac{3}{8}$

⑤ $\frac{3}{8}$ ⑥ $\frac{32}{3}\left(10\frac{2}{3}\right)$ ⑦ $\frac{2}{3}$ ⑧ $\frac{27}{4}\left(6\frac{3}{4}\right)$

⑨ $\frac{13}{10}\left(1\frac{3}{10}\right)$ ⑩ 1

教科書84ページ

◆2 家に牛乳(ぎゅうにゅう)が $\frac{4}{5}$L あります。

この牛乳を１日に $\frac{4}{15}$L ずつ飲むと、何日で飲みおわるでしょうか。

考え方 全体の量を１日分の量でわると、日数が求められます。

$$\frac{4}{5}\div\frac{4}{15}=\frac{4}{5}\times\frac{15}{4}=\frac{\overset{1}{\cancel{4}}\times\overset{3}{\cancel{15}}}{\underset{1}{\cancel{5}}\times\underset{1}{\cancel{4}}}=3$$

答え 〔式〕 $\frac{4}{5}\div\frac{4}{15}=3$ 〔答え〕 3日

教科書84ページ

◆3 積がかけられる数よりも小さくなる式はどれでしょうか。
また、商がわられる数よりも大きくなる式はどれでしょうか。

㋐ $\frac{3}{2}\times\frac{3}{4}$　㋑ $\frac{7}{12}\times\frac{9}{5}$　㋒ $\frac{2}{7}\div\frac{5}{3}$　㋓ $\frac{1}{6}\div\frac{1}{9}$

考え方 １より小さい分数をかけると、積はかけられる数よりも小さくなり、１より小さい分数でわると、商はわられる数よりも大きくなります。計算してみると次のようになります。

㋐ $\frac{3}{2}\times\frac{3}{4}=\frac{3\times3}{2\times4}=\frac{9}{8}$ ← $\frac{3}{2}\left(=\frac{12}{8}\right)$より小さい

㋑ $\frac{7}{12}\times\frac{9}{5}=\frac{7\times\overset{3}{\cancel{9}}}{\underset{4}{\cancel{12}}\times5}=\frac{21}{20}\left(1\frac{1}{20}\right)$ ← $\frac{7}{12}$より大きい

㋒ $\frac{2}{7}\div\frac{5}{3}=\frac{2}{7}\times\frac{3}{5}=\frac{2\times3}{7\times5}=\frac{6}{35}$ ← $\frac{2}{7}\left(=\frac{10}{35}\right)$より小さい

㋓ $\frac{1}{6}\div\frac{1}{9}=\frac{1}{6}\times\frac{9}{1}=\frac{1\times\overset{3}{\cancel{9}}}{\underset{2}{\cancel{6}}\times1}=\frac{3}{2}\left(1\frac{1}{2}\right)$ ← $\frac{1}{6}$より大きい

答え 〔積がかけられる数よりも小さくなる式〕 ㋐
〔商がわられる数よりも大きくなる式〕 ㋓

教科書84ページ

4 みかさんの家から学校までの道のりは $\frac{3}{4}$km で、駅までの道のりは $\frac{5}{4}$km です。

① 駅までの道のりは、学校までの道のりの何倍でしょうか。

② 学校までの道のりは、駅までの道のりの何倍でしょうか。

考え方 ① 駅までの道のりが、学校までの道のりの x 倍だとすると、

$$\frac{3}{4}\times x=\frac{5}{4}$$

$$x=\frac{5}{4}\div\frac{3}{4}$$

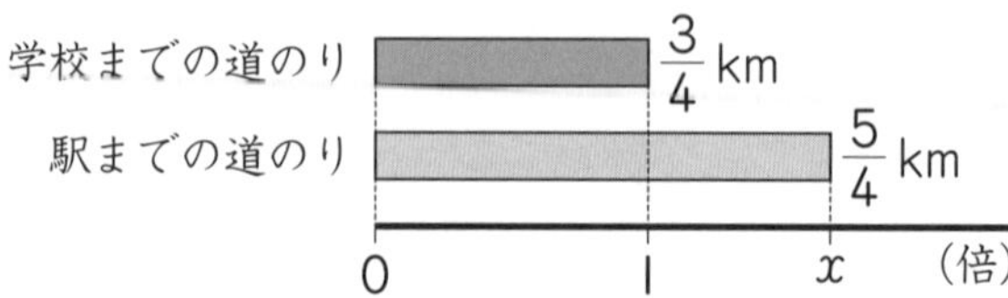

$$\frac{5}{4}\div\frac{3}{4}=\frac{5}{4}\times\frac{4}{3}=\frac{5\times\overset{1}{\cancel{4}}}{\underset{1}{\cancel{4}}\times 3}$$

$$=\frac{5}{3}\left(1\frac{2}{3}\right)$$

② 学校までの道のりが、駅までの道のりの y 倍だとすると、

$$\frac{5}{4}\times y=\frac{3}{4}$$

$$y=\frac{3}{4}\div\frac{5}{4}$$

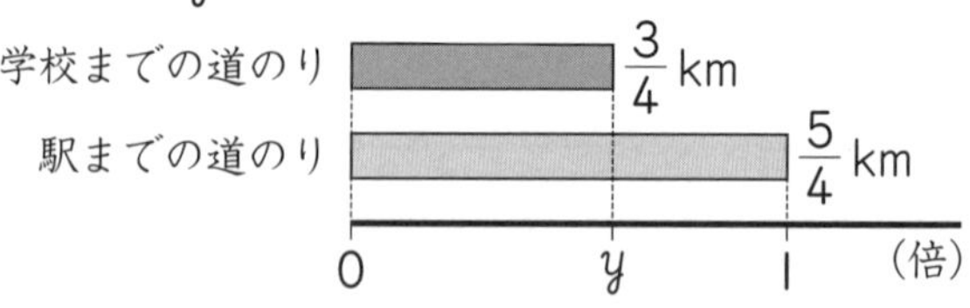

$$\frac{3}{4}\div\frac{5}{4}=\frac{3}{4}\times\frac{4}{5}=\frac{3\times\overset{1}{\cancel{4}}}{\underset{1}{\cancel{4}}\times 5}$$

$$=\frac{3}{5}$$

答え ①〔式〕 $\frac{5}{4}\div\frac{3}{4}=\frac{5}{3}\left(1\frac{2}{3}\right)$ 〔答え〕 $\frac{5}{3}$倍$\left(1\frac{2}{3}倍\right)$

②〔式〕 $\frac{3}{4}\div\frac{5}{4}=\frac{3}{5}$ 〔答え〕 $\frac{3}{5}$倍

〔考えるヒントの答え〕 1

教科書85ページ

算数ワールド　切り紙遊び

考え方 **1** **1** 実際に図形をかいて切り取ってみましょう。

切り取ったときの最初の形が図1です。図2ではBCを対称の軸(じく)として線対称(せんたいしょう)な図形ができるので、図1を2枚並(なら)べた形になります。図3ではFCを対称の軸として線対称な図形ができるので、図1を4枚並べた形になりま

す。図４ではDJを対称の軸として線対称な図形ができるので、図１を８枚並べた形になります。

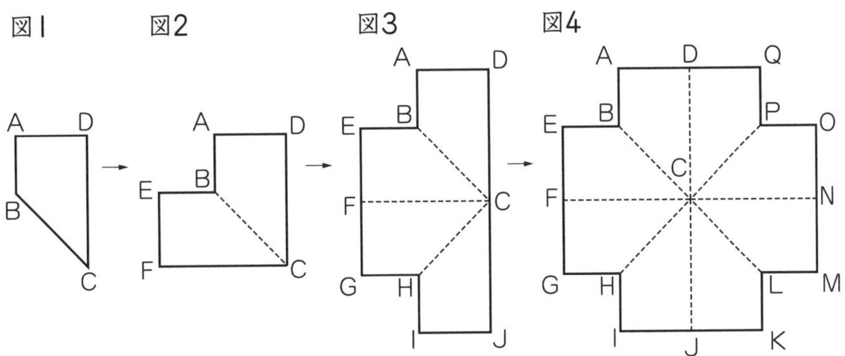

2 １回折ったときは、もとの図形を２個並べた形に、２回折ったときはもとの図形を４個並べた形に、３回折ったときはもとの形を８個並べた形になります。４回折ると、もとの形を16個並べた形になります。

また、教科書にあるような切り方に変えると、次のような形ができます。

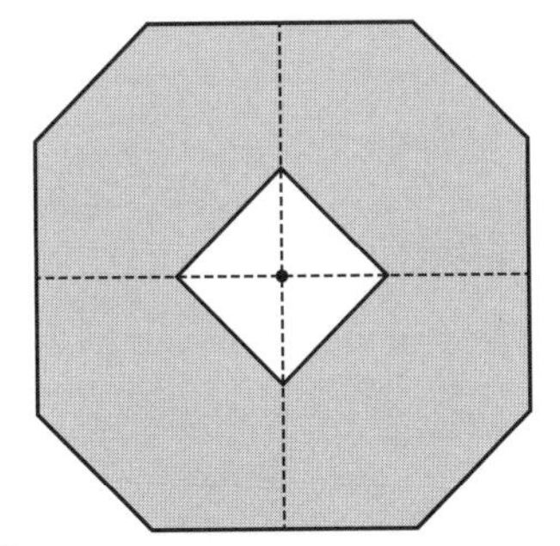

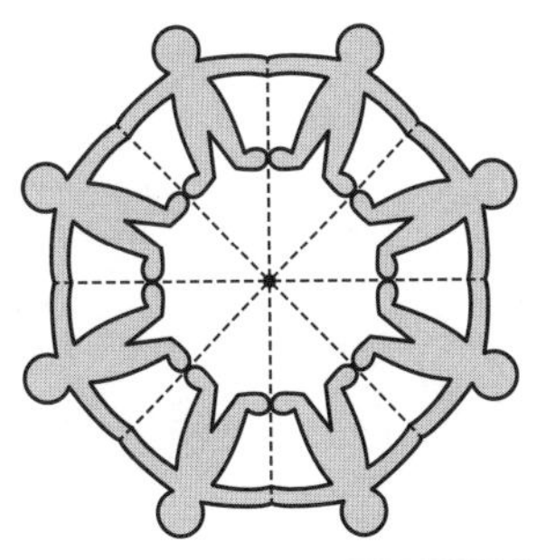

答え **1** **1** **右の図**

2 最初の図形と同じ図形が、**１回折ると２個、２回折ると４個、３回折ると８個、４回折ると16個**できます。

〈できた図形〉

- **折って図形を作っているので、できた図形は線対称な図形です。**
- **折りめが対称の軸になっています。**
- **折りめの交わる点を対称の中心として、点対称な図形ができます。**

教科書86～87ページ

復習 ④

考え方 **1** ① 対称の軸である対角線BEを折りめとして２つに折ったとき、対応している頂点で考えてみると、頂点Aと頂点C、頂点Dと頂点Fが重なります。したがって、辺BCにぴったり重なる辺が辺BCと対応する辺で、辺BAとなります。

② 対称の中心である点Oを中心にして、この正六角形を180°回転させたとき、対応している頂点で考えると、頂点Aと頂点D、頂点Bと頂点E、頂点Cと頂点Fが重なります。したがって、回転する前の辺AFの位置にぴったり重なる辺が辺AFと対応する辺で、辺DCとなります。

2 ① $\frac{3}{5}\times\frac{2}{7}=\frac{3\times2}{5\times7}=\frac{6}{35}$　② $\frac{4}{9}\times\frac{6}{5}=\frac{4\times6}{9\times5}=\frac{8}{15}$

③ $18\times\frac{5}{6}=\frac{18}{1}\times\frac{5}{6}=\frac{18\times5}{1\times6}=15$

④ $2.4\times\frac{5}{8}=\frac{24}{10}\times\frac{5}{8}=\frac{24\times5}{10\times8}=\frac{3}{2}\left(1\frac{1}{2}\right)$

⑤ $\frac{3}{5}\times\frac{1}{4}\times\frac{8}{9}=\frac{3\times1\times8}{5\times4\times9}=\frac{2}{15}$

⑥ $\frac{1}{6}\times\frac{9}{16}\times\frac{8}{21}=\frac{1\times9\times8}{6\times16\times21}=\frac{1}{28}$

3 ① $\frac{2}{5}\div\frac{3}{7}=\frac{2}{5}\times\frac{7}{3}=\frac{2\times7}{5\times3}=\frac{14}{15}$

② $\frac{10}{9}\div\frac{2}{3}=\frac{10}{9}\times\frac{3}{2}=\frac{10\times3}{9\times2}=\frac{5}{3}\left(1\frac{2}{3}\right)$

③ $28\div\frac{4}{7}=\frac{28}{1}\div\frac{4}{7}=\frac{28}{1}\times\frac{7}{4}=\frac{28\times7}{1\times4}=49$

④ $1.2\div\frac{3}{5}=\frac{12}{10}\div\frac{3}{5}=\frac{12}{10}\times\frac{5}{3}=\frac{12\times5}{10\times3}=2$

⑤ $\frac{4}{7}\times\frac{3}{8}\div\frac{2}{21}=\frac{4}{7}\times\frac{3}{8}\times\frac{21}{2}=\frac{4\times3\times21}{7\times8\times2}=\frac{9}{4}\left(2\frac{1}{4}\right)$

⑥ $\frac{8}{9}\div\frac{2}{3}\div\frac{4}{15}=\frac{8}{9}\times\frac{3}{2}\times\frac{15}{4}=\frac{8\times3\times15}{9\times2\times4}=5$

❹ 赤のテープの長さを x m とすると、

x m の $\frac{3}{5}$ 倍が 12 m です。

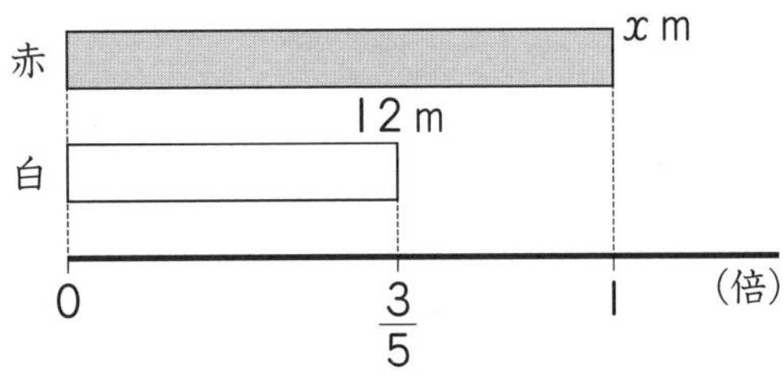

赤 x m
白 12 m
0　$\frac{3}{5}$　1（倍）

$$x\times\frac{3}{5}=12$$

$$x=12\div\frac{3}{5}$$

$$12\div\frac{3}{5}=\frac{12}{1}\times\frac{5}{3}=\frac{\overset{4}{\cancel{12}}\times5}{1\times\underset{1}{\cancel{3}}}=20$$

❺ 「平均＝合計÷個数」で求められます。$(5+0+4+3+6)\div5=3.6$

❻ 縦のめもりは 1 めもりを 1 冊（さつ）にしましょう。

答え

❶ ① 辺 BA　② 辺 DC

❷ ① $\frac{6}{35}$　② $\frac{8}{15}$　③ 15　④ $\frac{3}{2}\left(1\frac{1}{2}\right)$

⑤ $\frac{2}{15}$　⑥ $\frac{1}{28}$

❸ ① $\frac{14}{15}$　② $\frac{5}{3}\left(1\frac{2}{3}\right)$　③ 49　④ 2

⑤ $\frac{9}{4}\left(2\frac{1}{4}\right)$　⑥ 5

❹ 〔式〕 $12\div\frac{3}{5}=20$　〔答え〕 20 m　〔考えるヒントの答え〕 $x\times\frac{3}{5}=12$

❺ 3.6 冊

❻ （冊）

6 年 1 組が 1 週間に借りた本の冊数

10
5
0
月曜日　火曜日　水曜日　木曜日　金曜日

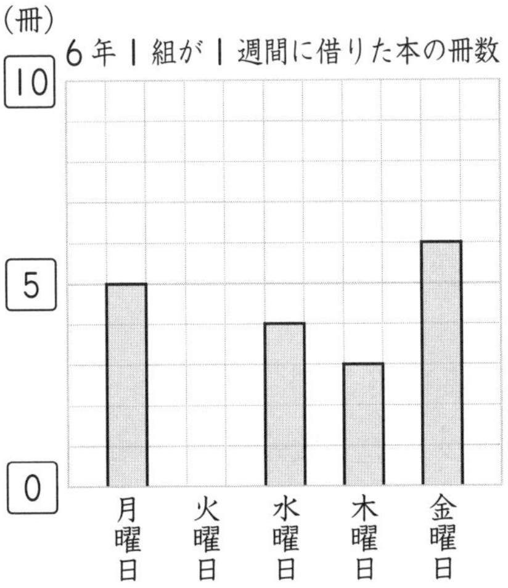

6 データの見方

教科書89ページ

はるさんは、1組と2組の夏休みの読書記録の中から、あるデータに着目して、それぞれ下の表に整理しました。
1組と2組のどんなデータを集めたでしょうか。

考え方 表の数字が何を表しているのかを調べましょう。「冊数(さっすう)」は夏休みに読んだ本の数と考えられます。

答え **夏休みに読んだ本の冊数**

教科書89～90ページ

1 6年1組と2組で、夏休みに本をよく読んだといえるのは、どちらの組でしょうか。どのような比べ方があるか考えましょう。

1 それぞれの組の冊数(さっすう)の平均を求めて比べましょう。

考え方 組の人数がちがうので、冊数の合計で比べるのは不公平です。そこで、1人あたりの冊数として、冊数の平均で比べる方法が考えられます。

また、「上位5人の冊数」などで比べると、他の人の冊数が参考にされないため、組どうしの比べ方として不公平です。

なお、平均以外の比べ方についても、これから学習していきます。

1 〔1組の冊数の平均〕

(13+7+12+11+19+15+14+4+12+17+10+16+20+6+11+5+18+12+9+6+8+19+8+10)÷24=282÷24=11.75

〔2組の冊数の平均〕

(9+7+9+13+3+20+4+18+19+26+5+3+18+12+17+8+6+14+4+17+8+8+28)÷23=276÷23=12

答え (例) **冊数の平均**

1 〔1組〕 **11.75冊** 〔2組〕 **12冊**

冊数の平均が多い2組のほうがよく読んだといえます。

教科書91～92ページ

2 (教科書)90 ページの 1 組と 2 組の読書記録調べのデータを、読んだ本の冊数と人数の関係に着目して比べましょう。

1 1 組のデータを下のような数直線に表しました。
どのようなことがいえるでしょうか。

2 (教科書)90 ページを見て、2 組のデータをドットプロットに表しましょう。
また、データの散らばりの様子について、どんな特ちょうやちがいがあるか話し合いましょう。

3 それぞれの組で、データがいちばん多く集まっているのは何冊(なんさつ)のところでしょうか。

4 それぞれの組のデータを大きさの順に並(なら)べたとき、ちょうどまん中になるのは何冊のところでしょうか。

5 右の表に、1 組と 2 組の平均値(へいきんち)、最(さい)ひん値(ち)、中央値(ちゅうおうち)を整理して、気がついたことをいいましょう。

考え方 **1** 1 組のドットプロットで、平均値(11.75 冊)の位置に↑をかきました。
これを見て考えますが、**2** の 2 組の様子と比べます。

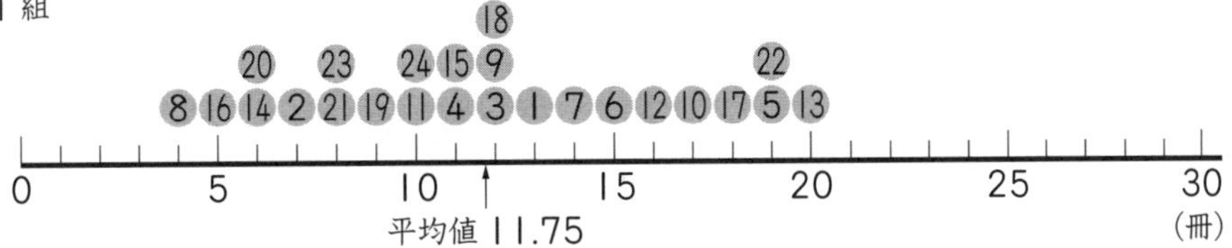

2 2 組の様子は次のようになります。

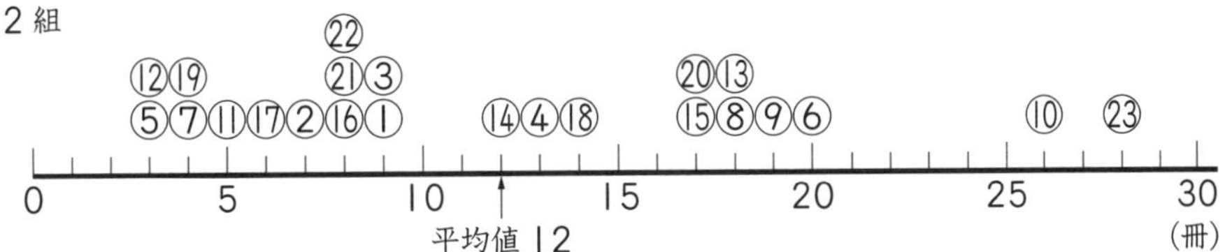

3 めもりのうち、人数がいちばん多いものを答えます。

4 ドットプロットで、ちょうどまん中をさがして冊数を答えます。
1 組はデータの個数が 24 で偶数(ぐうすう)なので、まん中 2 個の平均値を求めます。まん中 2 個は、左から 12 番めと 13 番めで、11 冊と 12 冊になります。

$(11+12)\div2=11.5$

2 組の 23 個のまん中は、左から 12 番めで 9 冊です。

答え **1** (例) **散らばり方が少なく、平均値の近くに集まっています。**

2 〔ドットプロット〕 **考え方** の **2**

〔データの散らばりの様子〕 (例) **2 組は、1 組と比べて散らばり方が大きく、平均値の近くにはあまり集まっていません。**

3 〔左から順に〕 12、8

4 〔左から順に〕 11.5、9

5 **右の表**

	1組	2組
平均値 (冊)	11.75	12
最ひん値 (冊)	12	8
中央値 (冊)	11.5	9

〔気がついたこと〕 (例) **平均値で比べると2組のほうがよく読んだといえますが、最ひん値や中央値で比べると1組のほうがよく読んだといえます。**

教科書93ページ

3 (教科書)91ページのドットプロットを見て、1組と2組の読書記録調べのデータを、右のような表に整理しましょう。

1 右の表では、本の冊数を何冊ごとに区切っているでしょうか。

2 2組の表を完成させましょう。

3 度数分布表(どすうぶんぷひょう)を見て、1組と2組のデータを比べましょう。

① 最も度数(どすう)が多い階級(かいきゅう)は、何冊以上何冊未満でしょうか。

② それぞれの組で、冊数の多いほうから数えて5番めの人は、どの階級に入っているでしょうか。

③ それぞれの組で、15冊以上の人は何人いるでしょうか。それは、組全体の人数の約何%でしょうか。

また、10冊以上の人数と割合(わりあい)もそれぞれ求めましょう。

考え方 1 0冊以上5冊未満の階級(区間)に入るのは、0、1、2、3、4の5種類の冊数です。他の階級にも5種類ずつが入り、5冊ごとに区切っています。

2 2の2でつくった2組のドットプロットを表にまとめます。このとき、以上と未満に注意します。0冊以上5冊未満の階級には5冊は入りません。

3 ① それぞれの度数分布表で、人数が最も多い階級を答えます。

② 冊数の多いほうから順に人数をたしていき、和がはじめて5人以上になるときの階級を答えます。

〔1組〕 0+1=1、0+1+6=7 より、15冊以上20冊未満の階級です。

〔2組〕 2+1=3、2+1+5=8 より、15冊以上20冊未満の階級です。

③ 割合を%で表すには、組の人数でわって100をかけます。

15冊以上の人は、

〔1組〕 6+1+0=7 割合は、7÷24×100=29.1… → 約29%

〔2組〕 5+1+2=8 割合は、8÷23×100=34.7… → 約35%

10冊以上の人は、

〔1組〕 9+7=16 割合は、16÷24×100=66.6… → 約67%

〔2組〕 3+8=11 割合は、11÷23×100=47.8… → 約48%

答え
1 5冊ごと
2 右の表
3 ① 〔1組〕 10冊以上15冊未満
〔2組〕 5冊以上10冊未満
② 〔1組〕 15冊以上20冊未満
〔2組〕 15冊以上20冊未満

読書記録調べ(2組)

冊数　(冊)	人数　(人)
0以上～ 5未満	4
5　～10	8
10　～15	3
15　～20	5
20　～25	1
25　～30	2
合　計	23

③ 〔15冊以上〕〔1組〕 7人、約29%
〔2組〕 8人、約35%
〔10冊以上〕〔1組〕 16人、約67%
〔2組〕 11人、約48%

教科書94ページ

4 (教科書)93ページの読書記録調べのデータを整理した度数分布表を、散らばりの特ちょうがとらえやすくなるようにグラフに表しましょう。

1 1組のデータを、下のようなグラフに表しました。
同じようにして、2組のデータをグラフに表しましょう。

2 上の柱状(ちゅうじょう)グラフで、それぞれの組の平均値(ち)は、どの階級に入るでしょうか。
また、最ひん値、中央値はどの階級に入るでしょうか。

考え方
1 このグラフ(柱状グラフ)は、横軸(じく)が度数分布表のはん囲を表し、縦軸(たて)が度数を表します。
2 平均値、最ひん値、中央値は 1 や 2 で求めていて、右の表のようになっています。

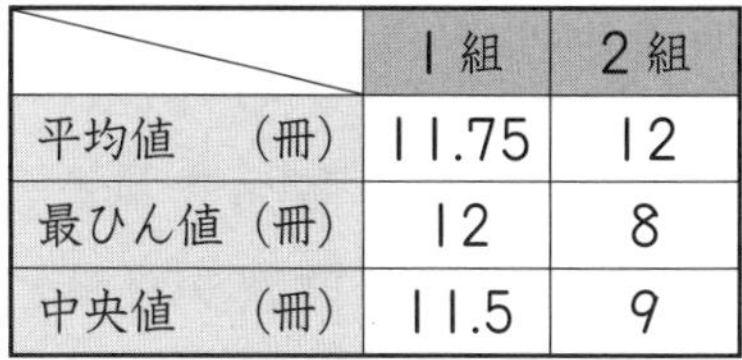

	1組	2組
平均値　(冊)	11.75	12
最ひん値(冊)	12	8
中央値　(冊)	11.5	9

答え
1 右のグラフ

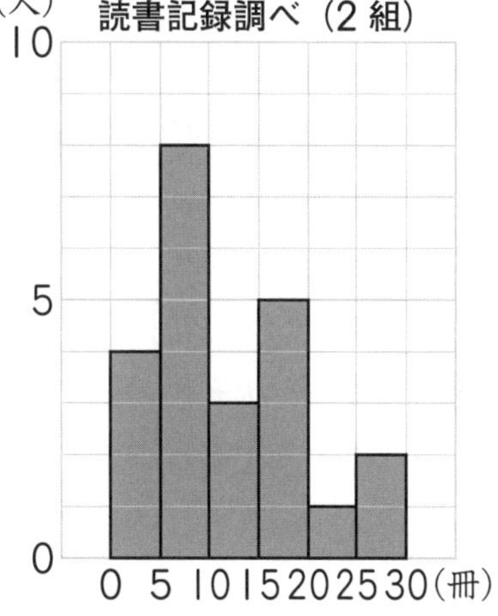

2 〔平均値が入る階級〕
〔1組〕 10冊以上15冊未満
〔2組〕 10冊以上15冊未満
〔最ひん値が入る階級〕
〔1組〕 10冊以上15冊未満
〔2組〕 5冊以上10冊未満
〔中央値が入る階級〕
〔1組〕 10冊以上15冊未満
〔2組〕 5冊以上10冊未満

教科書95ページ

5 1組と2組で、どちらの組が読書チャンピオンにふさわしいでしょうか。

1 1組と2組のデータをいろいろな見方で比べて、その結果を下の表に整理しましょう。

2 どちらの組に賞をおくるべきか、自分の考えを書きましょう。

考え方 1 1～4で調べたことを表に整理します。

2 表のどこに着目するかで結果がちがってきます。自分の意見を答えましょう。

答え 1 右の表

	1組	2組
いちばん多い冊数（最大の値）	20 冊	28 冊
いちばん少ない冊数（最小の値）	4 冊	3 冊
冊数の平均値	11.75 冊	12 冊
いちばん多い値（最ひん値）	12 冊	8 冊
組のまん中の値（中央値）	11.5 冊	9 冊
いちばん人数の多い階級	10冊以上15冊未満	5冊以上10冊未満
15冊以上の人数の割合	約29 %	約35 %
10冊以上の人数の割合	約67 %	約48 %

2 （例）

- **読書チャンピオンにふさわしいのは1組です。なぜなら、最小の値、最ひん値、中央値、いちばん人数の多い階級、10冊以上の人数の割合を見ると1組のほうが多いからです。**
- **読書チャンピオンにふさわしいのは2組です。なぜなら、最大の値、平均値、15冊以上の人数の割合を見ると2組のほうが多いからです。**

教科書96～97ページ

1 下の表は、まさとさんの学校の6年1組と2組の男子のソフトボール投げの記録です。

① それぞれの組のデータを、ドットプロットに表しましょう。

② それぞれの組のデータの平均値、最ひん値、中央値を求めましょう。

③ それぞれの組のデータを度数分布表に整理しましょう。

④ それぞれの組のデータを、柱状グラフに表しましょう。

⑤ 1組と2組では、どちらの組のほうが記録がよいといえるか、自分の考えを書きましょう。

考え方 ①　ドットプロットに表したあと人数を数えて確認しておくと、もれなどをふせぐのに役立ちます。

②〔1組の平均値〕

$(34+37+24+41+28+31+23+25+30+33+28+29+39+28+23)\div15=453\div15=30.2$

〔2組の平均値〕

$(34+26+40+27+18+37+23+36+26+25+38+25+41+26+23+35)\div16=480\div16=30$

ドットプロットから、1組の最ひん値は28m、2組の最ひん値は26mです。

また、1組の中央値は15個のデータのまん中で、左から8番目の29mです。

2組の中央値は16個のデータのまん中で、16が偶数なので、左から8番めと9番めの平均値です。26mと27mの平均値で、

$(26+27)\div2=26.5$(m)

③　ドットプロットを見て、5mきざみで度数分布表にまとめます。このとき、以上と未満に注意しましょう。

④　度数分布表にまとめた結果を柱状グラフに表します。

⑤　どの値に着目するかによって、答えが変わります。

答え ①　1組

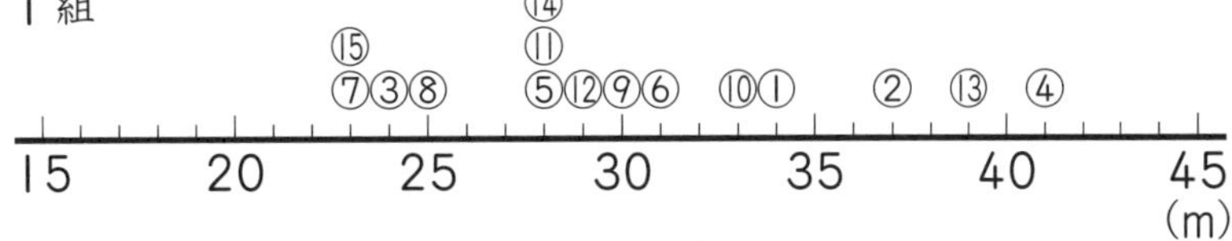

2組

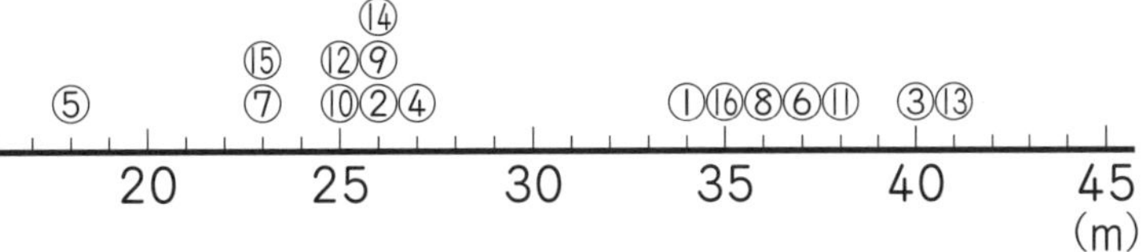

②〔1組の平均値〕　30.2m　　〔2組の平均値〕　30m

〔1組の最ひん値〕　28m　　〔2組の最ひん値〕　26m

〔1組の中央値〕　29m　　〔2組の中央値〕　26.5m

③　ソフトボール投げの記録

きょり (m)	1組 (人)	2組 (人)
15以上〜20未満	0	1
20 〜25	3	2
25 〜30	5	6
30 〜35	4	1
35 〜40	2	4
40 〜45	1	2
合計	15	16

25mの人は
25m以上30m未満
に入るね。

④

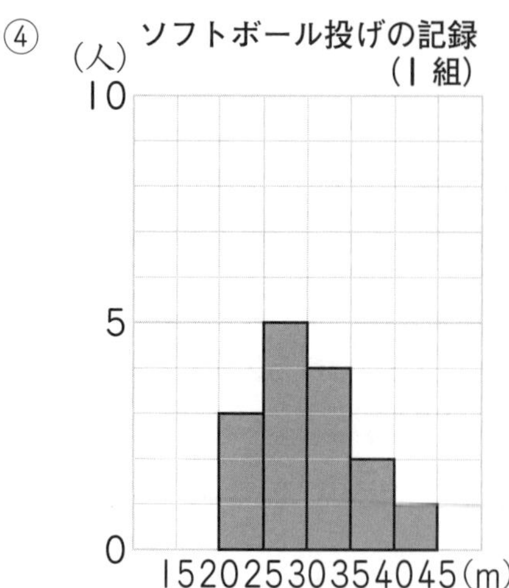

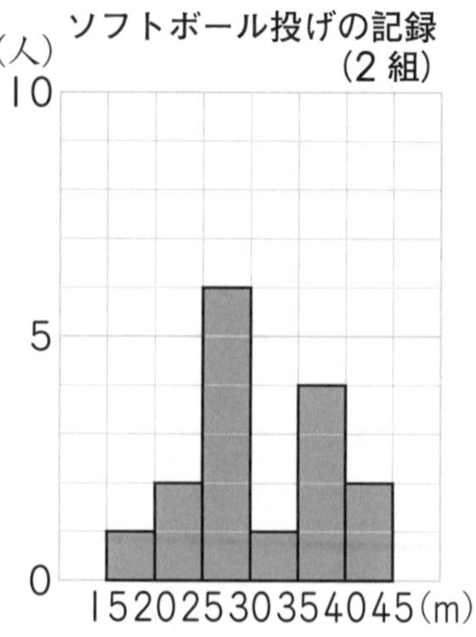

⑤ (例)

・最小の値、平均値、最ひん値、中央値を見ると1組のほうが大きいので、1組のほうが記録がよいといえます。

・35 m以上の人数を見ると2組のほうが多いので、2組のほうが記録がよいといえます。

教科書98〜99ページ

6 ゆきさんは日本の年令別の人口について調べていて、下のようなグラフを見つけました。

この2つのグラフを比べてみましょう。

1 人口ピラミッドは、どんなしくみになっているでしょうか。

2 男女を合わせた人口について、1970年のグラフでは、何才以上何才未満の階級の人口が多いでしょうか。

3 ㋐と㋑のグラフを比べて、日本の年令別の人口の移り変わりについて気がついたことを話し合いましょう。

考え方 **1** 1970年と2020年のどちらのグラフも、男女別に年令を5才ごとに区切ってあてはまる人数を柱状に表しています。

2 人口が多いのは、

・男性…………………20才以上25才未満

・女性…………………20才以上25才未満

・男女を合わせて……20才以上25才未満

3 (例)

・1970年のグラフでは、20才以上については、年令が若くなるほど人口が多くなっています。

・2020年のグラフでは、45才以上の人口が多く、45才未満については、年令が若くなるほど人口が少なくなっています。

・2020 年は若い年令の人口が減っているから、このままだと子どもの数はどんどん減っていくことが予想されます。

答え 1 ・日本の人口を、男女別に年令を５才ごとに区切って表しています。

・縦軸は年令、横軸は人口を表しています。

・横軸の１めもりの大きさは、50 万人を表しています。

・左側の棒(ぼう)(柱状グラフ)は男性の人口、右側の棒は女性の人口を表しています。

2 20 才以上 25 才未満

3 考え方 の 3

教科書99ページ

グラフをよみ取って考えよう

考え方 棒グラフが日本の総人口を、折れ線グラフが 65 才以上の割合を表しています。

答え 日本の総人口は 2010 年をピークに減っていきますが、65 才以上の割合は増え続けていくと考えられます。

教科書101〜103ページ

データを分せきして、代表を決めよう！

考え方 ❷ つばささんのいうように、それぞれの組の 10 回の記録をとって比べてみます。

❸ 最大の値は、1 組では 9 回目の 405 回、2 組では 7 回目の 322 回です。
最小の値は、1 組では 1 回目の 205 回、2 組では 4 回目の 264 回です。
また、10 回それぞれについてどちらの組が勝ったかを調べてまとめると、
〔1 組が勝ったのは〕 5 回目、8 回目、9 回目、10 回目
〔2 組が勝ったのは〕 1 回目、2 回目、3 回目、4 回目、6 回目、7 回目
となります。

さらに、平均値は次のようになります。

〔1 組の平均値〕 $(205+228+212+262+335+220+310+361+405+357)\div 10=2895\div 10=289.5$

〔2 組の平均値〕 $(288+295+305+264+270+316+322+283+286+275)\div 10=2904\div 10=290.4$

❹ 教科書 102 ページの「8 の字とびの記録」をドットプロットに表し、度数分布表や柱状グラフや折れ線グラフに整理します。

5 データのどこに着目するかで、どちらを代表に選ぶか変わります。自分の考えを答えましょう。

優勝ラインを 300 回と 350 回とみたときのちがいに注目しましょう。

答え **2** **それぞれ 10 回の記録をとって比べます。**

3 〔表からいえること〕（例）

- **最大の値で比べると 1 組の記録がよく、最小の値で比べると 2 組の記録がよいといえます。**
- **1 回ごとの勝負でみていくと、1 組は 4 回勝ち、2 組は 6 回勝っています。**
- **平均値は、1 組が 289.5 回、2 組が 290.4 回で、2 組のほうが少しだけよいといえますが、ほぼ同じです。**

〔かえでさん〕 1　〔最大の値　左から順に〕 405、322

〔最小の値　左から順に〕 205、264

4 〔ドットプロット〕

1 組

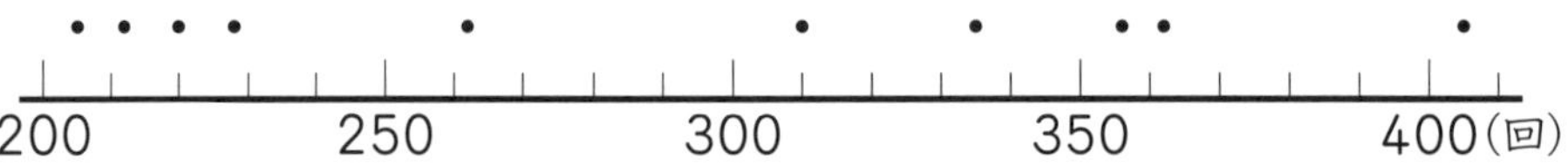

2 組

200　250　300　350　400（回）

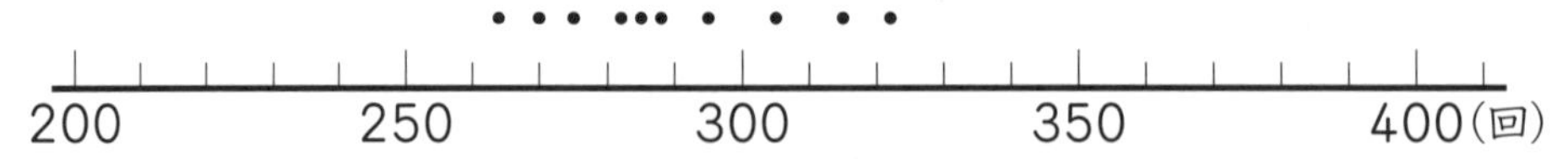

〔度数分布表〕

8 の字とびの記録

回数　（回）	1 組　（回）	2 組　（回）
200以上～250未満	4	0
250　～300	1	7
300　～350	2	3
350　～400	2	0
400　～450	1	0
合　計	10	10

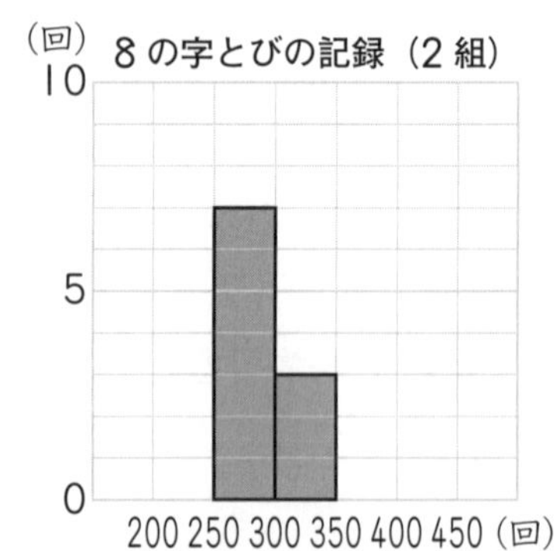

〔柱状グラフ〕

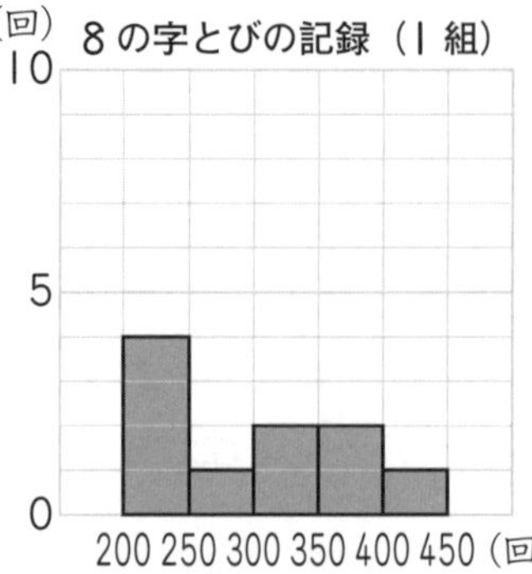

（回）　8 の字とびの記録（2 組）

10

5

0

200 250 300 350 400 450（回）

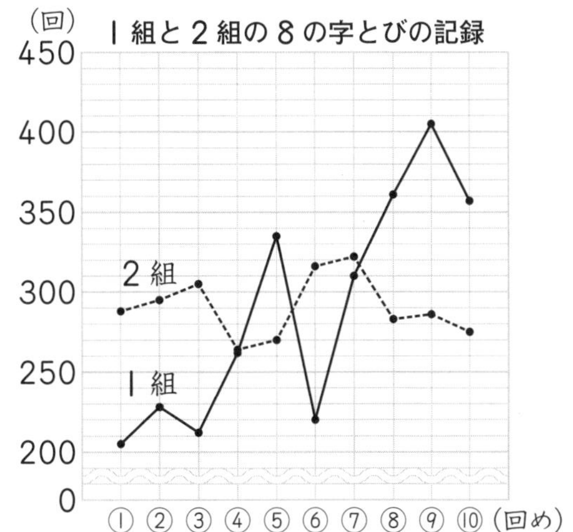

5 (例)

・1組は、回数のばらつきがあるものの、後半で回数を増やしているので、代表にしたいです。

・2組は、回数のばらつきが少なく安定した力を出しているので、代表にしたいです。

・優勝(ゆうしょう)ラインを350回とみると、とどきそうなのは1組です。

・優勝ラインを300回とみると、安定して結果を出せそうなのは2組です。

まとめ

教科書104ページ

1 下の図は、ある組の男子15人のうち、14人の走りはばとびの記録を数直線に表したものです。

① 15人めの記録は3.6mでした。
このデータを⑮として、下の図にかき入れましょう。

② 最ひん値(ち)と中央値を求めましょう。

③ 右下の表㋐に、あてはまる人数を書きましょう。

考え方 ② ①でつくったドットプロットを見て答えます。

最ひん値は、データが最も多く重なったところを見ます。3個重なった3.1mです。また、データの個数が15個なので、中央値は左から8番めの3.3mです。

③ 度数分布表もドットプロットを見て書きます。以上と未満に注意しましょう。

答え ①

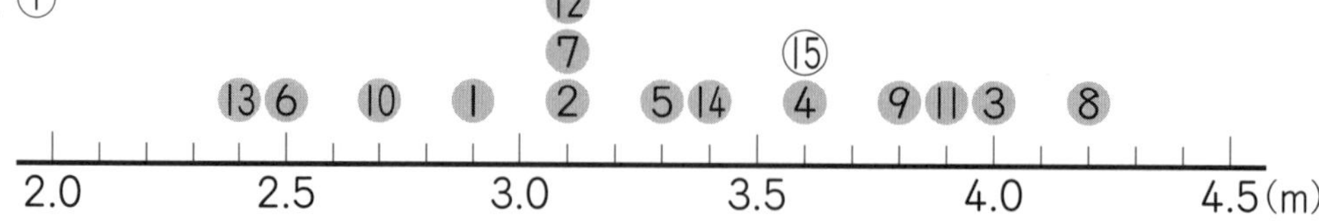

② 〔最ひん値〕 3.1 m 〔中央値〕 3.3 m

③ 右の表

〔説明 上から順に〕

ドットプロット、最ひん値、中央値、度数分布表、階級、階級、度数

あ走りはばとびの記録

きょり (m)	人数 (人)
2.0以上～2.5未満	1
2.5 ～3.0	3
3.0 ～3.5	5
3.5 ～4.0	4
4.0 ～4.5	2
合 計	15

教科書105ページ

1 下の表は、かなこさんの組の女子の50m走の記録です。

① 上のデータを、ドットプロットに表しましょう。

② 平均値、最ひん値、中央値を求めましょう。

③ データを0.5秒ごとに区切り、下の度数分布表に整理しましょう。
また、柱状グラフに表しましょう。

④ かなこさんの記録は8.8秒でした。
この組の女子の中で、かなこさんの記録は速いほうでしょうか。おそいほうでしょうか。理由も説明しましょう。

考え方 ① もれのないように記録に印をつけながらドットプロットに表しましょう。

② 〔平均値〕

$(8.5+9.4+9.4+8.4+9.5+8.5+8.7+9.3+10.2+8.7+8.5+9.7+9.8+8.6+8.0+8.8)\div16=144\div16=9.0$

〔最ひん値〕

ドットプロットでデータが最も多く重なったところを見ます。3個重なった8.5秒です。

〔中央値〕

データの個数が16で偶数なので、まん中2個の平均値を求めます。まん中2個は左から8番めと9番めで、8.7秒と8.8秒です。

$(8.7+8.8)\div2=8.75$(秒)

③ ドットプロットをもとにして、度数分布表、柱状グラフに表します。

④ 速いほうかおそいほうかは、データの中央値と比べればわかります。②から中央値は8.75秒です。かなこさんの記録8.8秒は、中央値より大きいので、

おそいほうだといえます。

①

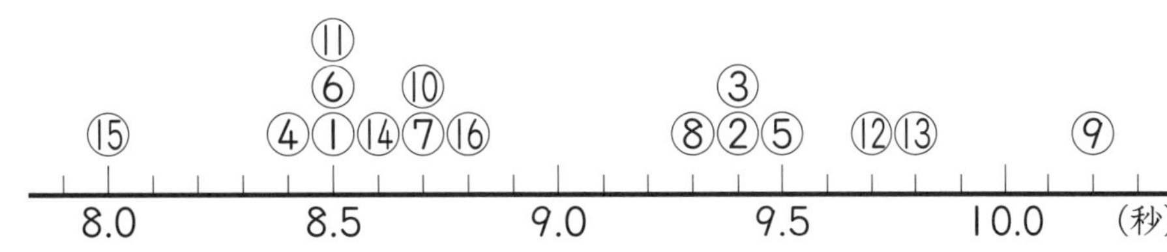

② 〔平均値〕 **9.0 秒** 〔最ひん値〕 **8.5 秒**

〔中央値〕 **8.75 秒**

③ 〔度数分布表〕 〔柱状グラフ〕

50 m 走の記録

時間 (秒)	人数 (人)
8.0以上～ 8.5未満	2
8.5 ～ 9.0	7
9.0 ～ 9.5	3
9.5 ～ 10.0	3
10.0 ～ 10.5	1
合 計	16

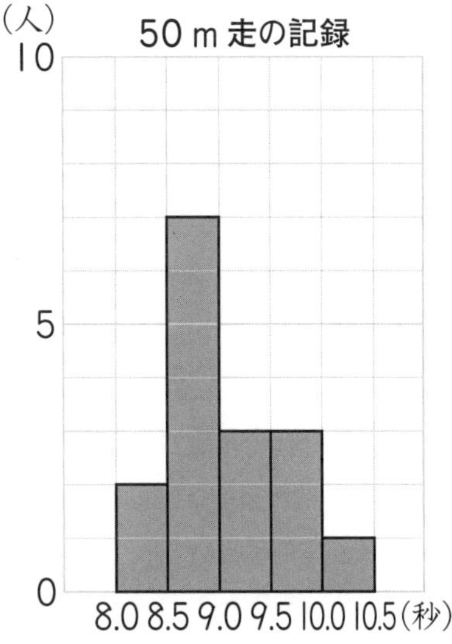

④ **8.8 秒は、組の女子のデータの中央値 8.75 秒よりおそいので、おそいほうだといえます。**

〔考えるヒントの答え〕 ㋒

教科書106ページ

復習 ⑤

考え方 ❶ 整数、小数を分数になおして計算しましょう。

① $\frac{3}{5}\div\frac{3}{4}\times\frac{5}{4}=\frac{3}{5}\times\frac{4}{3}\times\frac{5}{4}=\frac{3\times4\times5}{5\times3\times4}=1$

② $\frac{1}{6}\div\frac{2}{5}\div\frac{3}{4}=\frac{1}{6}\times\frac{5}{2}\times\frac{4}{3}=\frac{1\times5\times4}{6\times2\times3}=\frac{5}{9}$

③ $\frac{7}{3}\times\frac{1}{4}\div14=\frac{7}{3}\times\frac{1}{4}\times\frac{1}{14}=\frac{7\times1\times1}{3\times4\times14}=\frac{1}{24}$

④ $0.9\times\frac{4}{7}\div0.3=\frac{9}{10}\times\frac{4}{7}\div\frac{3}{10}=\frac{9}{10}\times\frac{4}{7}\times\frac{10}{3}=\frac{9\times4\times10}{10\times7\times3}=\frac{12}{7}\left(1\frac{5}{7}\right)$

⑤ $0.25\div\frac{5}{4}\times3=\frac{25}{100}\div\frac{5}{4}\times\frac{3}{1}=\frac{25}{100}\times\frac{4}{5}\times\frac{3}{1}=\frac{25\times4\times3}{100\times5\times1}=\frac{3}{5}$

⑥ $1.8\div8\times2\div2.1=\frac{18}{10}\div\frac{8}{1}\times\frac{2}{1}\div\frac{21}{10}=\frac{18}{10}\times\frac{1}{8}\times\frac{2}{1}\times\frac{10}{21}$

$=\frac{18\times1\times2\times10}{10\times8\times1\times21}=\frac{3}{14}$

❷ ① $10\times3.14=31.4$　② $6.5\times2\times3.14=40.82$

③ 直径をたすのを忘れないようにしましょう。

$15+15\times3.14\div2=15+23.55=38.55$

❸ ① 色がついた部分は、上底が2cm、下底が5cm、高さが5cmの台形です。

$(2+5)\times5\div2=17.5$

② 色がついた部分の面積は、1辺の長さが10mの正方形の面積の$\frac{1}{2}$です。

$10\times10\div2=50$

答え

❶ ① 1　② $\frac{5}{9}$　③ $\frac{1}{24}$　④ $\frac{12}{7}\left(1\frac{5}{7}\right)$

⑤ $\frac{3}{5}$　⑥ $\frac{3}{14}$

❷ ① 31.4cm　② 40.82m　③ 38.55cm

❸ ① 17.5cm^2　② 50m^2

7 円の面積

教科書107ページ

上のような大きさのピザ①とピザ②の面積を比べます。ピザ②の面積は、次のⓐからⓔのうち、どれにいちばん近いでしょうか。

ⓐ 100cm^2　ⓘ 200cm^2　ⓤ 300cm^2　ⓔ 400cm^2

考え方 教科書108～111ページにある調べ方のほかに、次のように考えることもできます。

右の図のようにピザを12等分します。

アウとイウはピザの半径で10cm、また•の角度が30°より、三角形アイウは1辺が10cmの正三角形です。

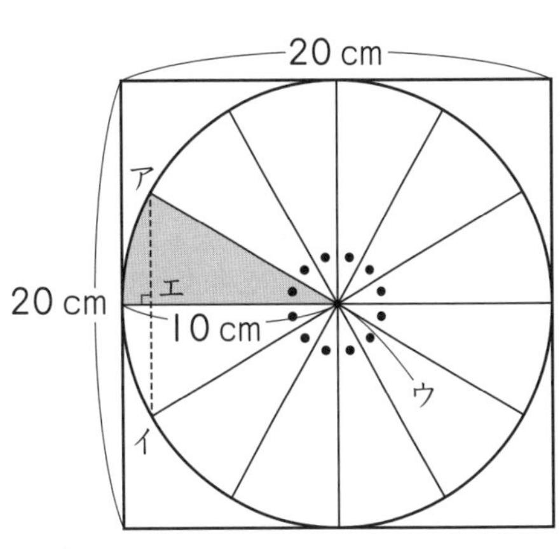

アイの長さが10cmとなるので、アエの長さはその半分の5cmです。

12等分した1個のピザのおよその形を三角形だと考えると、底辺が10cm、高さが5cmだから、面積はおよそ、

$10\times5\div2=25$

ピザのおよその面積は、

$25\times12=300$ （実際は、これよりも少し大きくなっています。）

答え ⓤ

教科書108～111ページ

1 半径10cmの円の面積の求め方を考えましょう。

1 下の図のように、円の内側と外側に正方形をかきました。
円の面積の見当をつけましょう。

2 半径10cmの円の面積を、できるだけくわしく求めましょう。

3 2人の求め方や結果を見て、気がついたことを話し合いましょう。

4 円の面積は、半径を1辺とする正方形の面積の約何倍になっているでしょうか。

考え方 **1** 半径が10cmの円の面積は、次の㋐の図から1辺が10cmの正方形の面積の2倍（◇の形）より大きくて、㋑の図から4倍より小さくなっています。

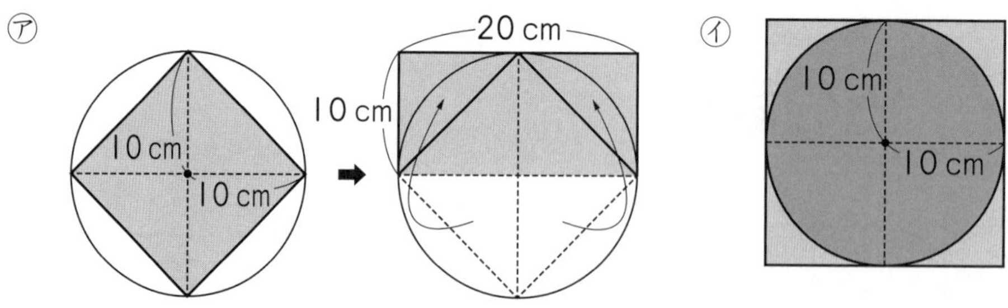

2〔みなとさんの考え〕

図は円の$\frac{1}{4}$なので、4倍すると円の面積が求められます。

方眼の数を数えておよその面積を求めます。黄色の方眼の面積は、1ますの半分と考えます。

■(うす茶色)は 69 個……………………… 69 cm^2

□(黄色)は 17 個……半分と考えて 8.5 cm^2

円の$\frac{1}{4}$のおよその面積は…………約 77.5 cm^2

円全体のおよその面積は、77.5×4＝310　　約 310 cm^2

〔かえでさんの考え〕

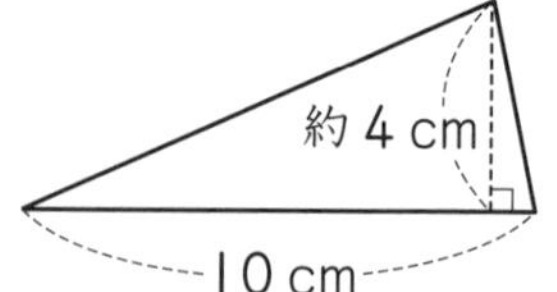

三角形の面積の求め方を利用するために、円の中に正十六角形をかいて、それを16個の合同な二等辺三角形に分けて考えています。

円の中にかいた正十六角形を16個の合同な二等辺三角形に分けると、1つの二等辺三角形の底辺は10 cm、高さは約4 cmになるから、およその面積は、

10×4÷2＝20 より、20 cm^2

円全体のおよその面積は、20×16＝320　　約 320 cm^2

3〔ゆきさんの考え〕 1辺が10 cmの正方形の面積は100 cm^2で、みなとさんの考えでは円のおよその面積は約310 cm^2、かえでさんの考えでは円のおよその面積は約320 cm^2です。

1 で答えたとおり、2人の考えた面積は、1辺が10 cmの正方形の面積の2倍(200 cm^2)より大きくて、4倍(400 cm^2)より小さくなっています。

〔れおさんの考え〕 もっと細かく分けると、だんだんと円の形に近づいていくので、細かく分ければ分けるほど、円の面積に近づきそうです。

2人の考えに対して、意見をのべてみましょう。下記はその一例です。

・みなとさんの考えでは、うす茶色の部分は正しいですが、黄色の部分を$\frac{1}{2}$と考えています。ここで円の正確な面積とちがいが出てきますが、およその面積であるからいいと思います。方眼を細かくすることで、さらにくわしく求められそうです。

・かえでさんの考えでも、円を細かく切ることで、円の正確な面積とのちがいが小さくなります。およその面積は求められると思います。

4 みなとさんの方法では、310÷100＝3.1 で、約 3.1 倍です。また、かえでさんの方法では、320÷100＝3.2 で、約 3.2 倍です。

2 人の結果から、約 3 倍であることがわかります。

答え 1 〔れおさん〕 200 〔ゆきさん〕 400 〔上から順に〕 2、4

2 〔みなとさん　上から順に〕 69、69、17、8.5、77.5、77.5、310

〔答え〕 約 310 cm^2

〔かえでさん　上から順に〕 20、20、320 〔答え〕 約 320 cm^2

3 **考え方** の 3

4 約 3 倍

教科書112〜114ページ

2 円の面積を求める公式を考えましょう。

1 円を半径で等分して、下のように並(なら)べかえてみましょう。

2 もっと細かく等分して並べかえていくと、どんな形に近づいていくと考えられるでしょうか。

3 円の面積は、どんな式で求められるでしょうか。

4 半径が 10 cm の円の面積を求めましょう。

5 円の面積は、半径を 1 辺とする正方形の面積の何倍になっているでしょうか。

6 (教科書) 107 ページのピザ①とピザ②では、どちらのほうが面積が大きいでしょうか。

考え方 平行四辺形の面積は、長方形に形を変えて求めました。円の面積も、面積の求め方がわかる形に変えれば、面積を求めることができます。

1 円を半径で 8 等分、16 等分と等分した形を並べかえて考えます。

2 もっと細かく等分して並べかえていくと、その形は長方形に近づいていくと考えられます。

3 さらに細かく等分し、並べかえて長方形の形として考えます。

長方形の縦(たて)を半径、横を円周の半分として考えます。

「長方形の面積＝縦×横」の式にあてはめます。

円の面積＝半径×円周の半分　←　円周の半分＝直径×円周率÷2
　　　　＝半径×直径×円周率÷2
　　　　＝半径×直径÷2×円周率　←　直径÷2＝半径
　　　　＝半径×半径×円周率

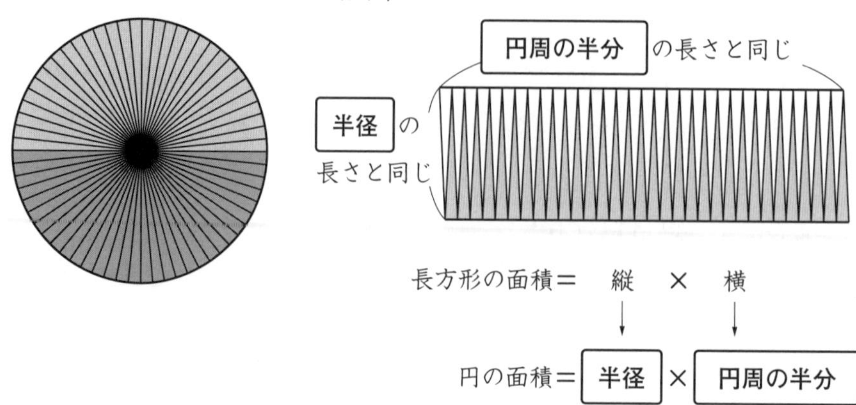

4 円を等分して並べかえた長方形の縦の長さが 10cm、横の長さは円周の半分の長さなので、(10×2)×3.14÷2＝31.4 です。円の面積は、**3** から半径×円周の半分より、10×31.4＝314 これは「半径×半径×円周率」としても求められます。[10×10×3.14]＝[314]

5 半径を 1 辺とする正方形の面積は 10×10＝100 だから、314÷100＝3.14 より、円の面積は、半径を 1 辺とする正方形の面積の 3.14 倍になっています。

6 ピザ①は 18×18＝324、ピザ②は 10×10×3.14＝314 だから、面積が大きいのはピザ①です。

答え

1 **円を 8 等分、16 等分と等分して、並べかえてみましょう。**

2 **長方形**

3 **円の面積＝半径×円周の半分＝半径×半径×円周率**

〔上から順に〕 **円周の半分、半径、半径、円周の半分**

4 〔式〕 **10×10×3.14、314**　〔答え〕 **314 cm²**

5 **3.14 倍**

6 **ピザ①**

教科書114ページ

1 右の円の必要なところの長さをはかって、面積を求めましょう。
また、円周の長さも求めましょう。

考え方 半径をはかると 1 cm です。

面積は「円の面積＝半径×半径×円周率」の式にあてはめて求めます。

1×1×3.14＝3.14

また、円周の長さは「円周＝直径×円周率」の式にあてはめます。
直径は、半径の2倍です。直径をはかってもかまいません。

$1\times2\times3.14=6.28$

答え 〔面積〕〔式〕 $1\times1\times3.14=3.14$
〔答え〕 3.14cm^2
〔円周〕〔式〕 $1\times2\times3.14=6.28$ （$2\times3.14=6.28$）
〔答え〕 6.28cm

教科書114ページ

2 次のような円の面積を求めましょう。

考え方 「円の面積＝半径×半径×円周率」の式にあてはめます。

① $8\times8\times3.14=200.96$

② 半径は、$12\div2=6$ です。

$6\times6\times3.14=113.04$

答え ①〔式〕 $8\times8\times3.14=200.96$ 〔答え〕 200.96cm^2
②〔式〕 $6\times6\times3.14=113.04$ 〔答え〕 113.04cm^2

教科書114ページ

3 円周の長さが314cmの円の面積は何 cm^2 でしょうか。

考え方 まず、円周の長さから直径を求めます。直径を x cmとすると、

$$x\times3.14=314$$
$$x=314\div3.14$$
$$=100$$

半径は、直径の半分の長さです。$100\div2=50$
半径50cmの円の面積を求めます。

$50\times50\times3.14=7850$

答え 〔式〕 $314\div3.14=100$ $100\div2=50$ $50\times50\times3.14=7850$
〔答え〕 7850cm^2

教科書115ページ

3 右のような図形の面積の求め方を考えましょう。

1 この図形は、半径が10cmの円を何分の一にしたものでしょうか。

2 この図形の面積を求めましょう。

考え方 1 360÷90=4 だから、360° は 90° の 4 個分です。

この図形を 4 つ組み合わせると円になるから、この図形は、半径が 10cm の円を $\frac{1}{4}$ にしたものです。

2 この図形は円を $\frac{1}{4}$ にしたものなので、円の面積の $\frac{1}{4}$ を求めれば、この図形の面積が求められます。

$\boxed{10\times10}\times3.14\times\frac{\boxed{1}}{\boxed{4}}=\boxed{78.5}$

答え 1 $\frac{1}{4}$ 2 〔式〕 10×10、$\frac{1}{4}$、78.5 〔答え〕 78.5 cm^2

教科書115ページ

4 右のような図形の面積の求め方を考えましょう。

考え方 360÷60=6 だから、360° は 60° の 6 個分です。

この図形を 6 個組み合わせると円になるから、この図形は、半径が 15cm の円の $\frac{1}{6}$ にあたります。

$\boxed{15\times15}\times3.14\times\frac{\boxed{1}}{\boxed{6}}=\boxed{117.75}$

答え 〔式〕 15×15、$\frac{1}{6}$、117.75 〔答え〕 117.75 cm^2

教科書116ページ

5 右のような図で、色がついた部分の面積の求め方を考えましょう。

1 色がついた部分は、どんな図形を組み合わせた形とみることができるでしょうか。

2 面積を求めましょう。

考え方 1 白色の部分の円の半径は、4÷2=2 より、2cm です。

色がついた部分の面積は、半径が 4cm の円の面積から、半径が 2cm の円の面積をひけば求められます。

2 $\boxed{4\times4\times3.14-2\times2\times3.14}=50.24-12.56=\boxed{37.68}$

計算は、次のようにもできます。

16×3.14−4×3.14=(16−4)×3.14=12×3.14=37.68

答え 1 **半径が 4cm の円と半径が 2cm の円を組み合わせた形。**

2 〔式〕 4×4×3.14−2×2×3.14、37.68 〔答え〕 37.68 cm^2

教科書116ページ

4 右のような図で、色がついた部分の面積を求めましょう。

考え方 半径が 2+4=6 の円の面積から、半径が 4cm の円の面積をひけば求められます。

$6\times6\times3.14-4\times4\times3.14=113.04-50.24=62.8$

計算は、次のようにもできます。

$36\times3.14-16\times3.14=(36-16)\times3.14=20\times3.14=62.8$

答え 〔式〕 $6\times6\times3.14-4\times4\times3.14=62.8$ 〔答え〕 62.8cm²

教科書116～117ページ

6 右のような図で、色がついた部分の面積の求め方を考えましょう。

1 色がついた部分は、どんな図形を組み合わせた形とみることができるでしょうか。

2 ゆきさんの面積の求め方を、式を使って説明しましょう。

3 れおさんの面積の求め方を、図を使って説明しましょう。

考え方 1、2、3 次の2通りの考え方があります。

〔ゆきさんの考え〕 半径が 10cm の円の $\frac{1}{4}$ の形から、底辺が 10cm、高さが 10cm の三角形をひいた形を、2つ組み合わせた形です。

〔れおさんの考え〕 半径が 10cm の円の $\frac{1}{2}$ の形から、底辺が 20cm、高さが 10cm の三角形をひいた形です。

2 半径が 10cm の円の $\frac{1}{4}$ の面積から、底辺が 10cm、高さが 10cm の三角形の面積をひいて、2倍します。

$10\times10\times3.14\times\frac{1}{4}=78.5$

$10\times10\div2=50$

だから、$78.5-50=28.5$

これを2倍して、

$28.5\times2=57$ 答え 57cm²

線対称な図形だから
一方の面積を2倍
して求めよう。

3 半径が 10cm の円の $\frac{1}{2}$ の面積から、底辺が 20cm、高さが 10cm の三角形の面積をひきます。

$10\times10\times3.14\times\frac{1}{2}=\boxed{157}$

$20\times10\div2=\boxed{100}$

$\boxed{157}-\boxed{100}=\boxed{57}$　　答え　57cm^2

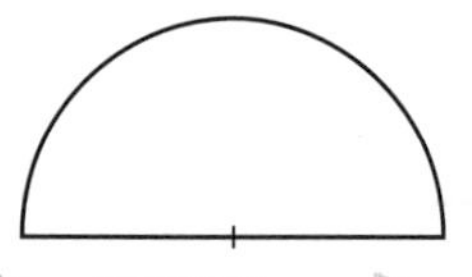
－
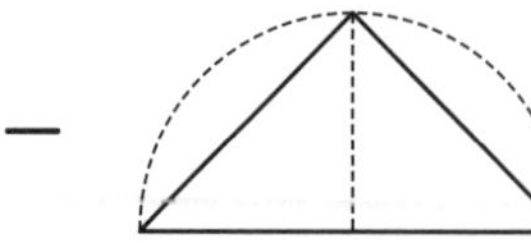
＝
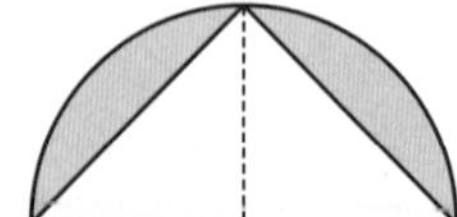

答え 1 考え方 の 1

2 〔面積の求め方〕 考え方 の 1 、2

3 〔面積の求め方〕 考え方 の 1 、3

〔上から順に〕 157、100、157、100、57　〔答え〕 57cm^2

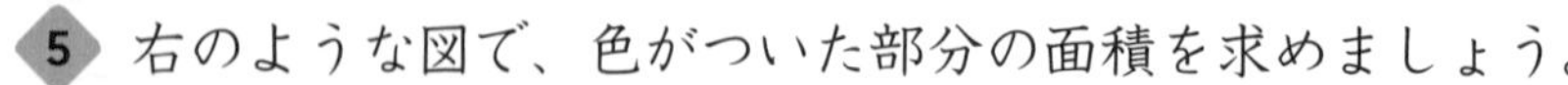

教科書117ページ

5 右のような図で、色がついた部分の面積を求めましょう。

考え方 次の 2 通りの考え方があります。

・1 辺が 4cm の正方形の面積から、半径が 4cm の円の $\frac{1}{4}$ の面積をひきます。

$4\times4-4\times4\times3.14\times\frac{1}{4}=16-12.56=3.44$

・1 辺が 8cm の正方形の面積から、半径が 4cm の円の面積をひいて、$\frac{1}{4}$ にします。

$(8\times8-4\times4\times3.14)\times\frac{1}{4}=(64-50.24)\times\frac{1}{4}=13.76\times\frac{1}{4}=3.44$

答え 〔式〕 考え方　〔答え〕 3.44cm^2

いろいろな形の
面積が求められるね。

教科書118ページ

1 右の円の必要なところの長さをはかって、面積を求めましょう。

考え方 この円の半径の長さは 2cm だから、

「円の面積＝半径×半径×円周率」の式にあてはめて、

$2 \times 2 \times 3.14 = 12.56 (cm^2)$

答え **$12.56 cm^2$** 〔上から順に〕 **半径、2、2、12.56**

〔わくの中〕 **半径、半径、円周率**

教科書118ページ

ひもでつくった円の面積

考え方 円の形に巻(ま)いたひもを半径で切って広げると、底辺が円周、高さが半径の長さの三角形になります。

答え **三角形の面積＝底辺×高さ÷2＝円周×半径÷2**
＝直径×円周率×半径÷2
＝直径÷2×半径×円周率
＝半径×半径×円周率
＝円の面積

こんなふうにも
考えられるんだね。

教科書119ページ

1 ㋐、㋑の長さは、それぞれ円のどの部分の長さと等しくなるでしょうか。

考え方 円の上半分と下半分に分けて見てみましょう。

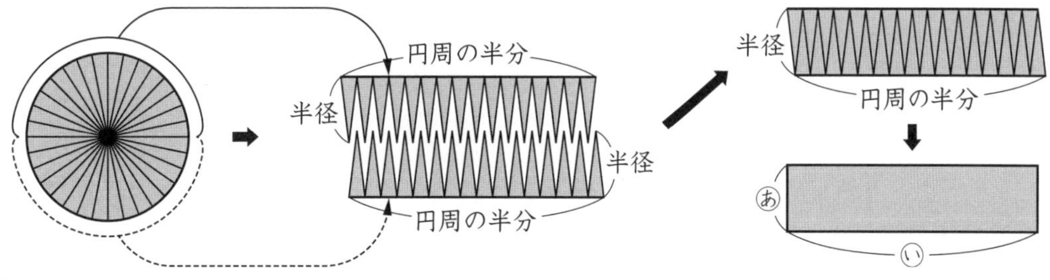

答え ㋐ **半径** ㋑ **円周の半分**

教科書119ページ

❷ 次のような図形の面積を求めましょう。

考え方 ① 半径が5cmの円の面積を求めます。

$5 \times 5 \times 3.14 = 78.5$

② 半径が $8 \div 2 = 4$ の円の $\frac{1}{2}$ の面積を求めます。単位に注意しましょう。

$4 \times 4 \times 3.14 \times \frac{1}{2} = 25.12$

答え ① 〔式〕 $5 \times 5 \times 3.14 = 78.5$ 〔答え〕 $78.5cm^2$

② 〔式〕 $8 \div 2 = 4$ $4 \times 4 \times 3.14 \times \frac{1}{2} = 25.12$

〔答え〕 $25.12m^2$

教科書119ページ

❸ 次のような図で、色がついた部分の面積を求めましょう。

考え方 ① 白い部分は、半径が $6 \div 2 = 3$ の円の $\frac{1}{2}$ が2つ分なので、半径が3cmの円の面積と同じです。1辺が6cmの正方形の面積から、半径が3cmの円の面積をひけば求められます。

$6 \times 6 - 3 \times 3 \times 3.14 = 36 - 28.26 = 7.74$

② 右の図のように、半径が5cmの円の $\frac{1}{2}$ を斜線(しゃせん)部分に移動させると、1つの大きな円の $\frac{1}{2}$ になります。色がついた部分の面積は、この大きな円の $\frac{1}{2}$ の面積と等しくなります。

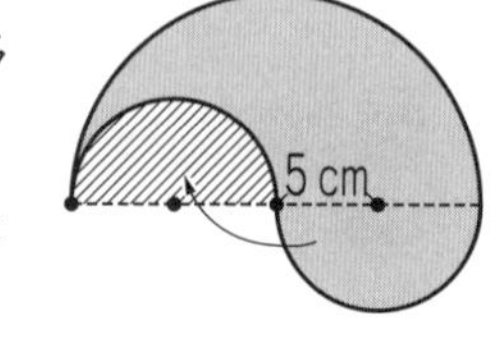

したがって、大きな円の面積の $\frac{1}{2}$ を求めることになります。

大きな円の半径は $5 \times 2 = 10$ より、10cmだから、

$10 \times 10 \times 3.14 \times \frac{1}{2} = 157$

答え ① 〔式〕 $6 \div 2 = 3$ $6 \times 6 - 3 \times 3 \times 3.14 = 7.74$

〔答え〕 $7.74cm^2$

② 〔式〕 $5 \times 2 = 10$ $10 \times 10 \times 3.14 \times \frac{1}{2} = 157$

〔答え〕 $157cm^2$

教科書120～121ページ

算数ワールド　ピザの面積を比べよう

考え方　❶ 1　予想なので、自分の考えたことを答えましょう。

2　Ⓐのピザの半径は 60÷2＝30 より、30cm だから、1枚分の面積は、

30×30×3.14＝2826

Ⓘのピザの半径は 60÷4＝15 より、15cm だから、4枚分の面積は、

15×15×3.14×4＝2826

3　ゆきさんは、Ⓘのピザ4枚分の面積の式で、4を2×2として、かける順番を入れかえて、Ⓐのピザ1枚分の面積の式になることを示しています。

15×15×3.14×4＝15×15×3.14×2×2

＝(15×2)×(15×2)×3.14

＝30×30×3.14

❷ 1　ピザの直径の3倍、つまり半径の 2×3＝6 より、6倍が60cmです。

60÷6＝10

2　Ⓤのピザ9枚分の面積の式は 10×10×3.14×9 です。❶の3と同じように考えます。9＝3×3 です。

10×10×3.14×9＝10×10×3.14×3×3

＝(10×3)×(10×3)×3.14

＝30×30×3.14

これはⒶのピザ1枚分の面積の式だから、Ⓤのピザ9枚分の面積とⒶのピザ1枚分の面積が等しいといえます。

3　Ⓐのピザ1枚を9等分すると、Ⓤのピザ1枚分の面積になります。そのように切り分けるため、中心のまわりの角360°を9等分します。

360÷9＝40

答え　❶ 1〔予想の例〕

・Ⓐが大きい。　・Ⓘが大きい。　・同じ。

2〔Ⓐのピザ1枚分〕 2826cm²　〔Ⓘのピザ4枚分〕 2826cm²

〔上から順に〕 2826、15、15、2826

3〔説明〕考え方の❶3　〔左から順に〕 2、2

❷ 1〔式〕 2×3＝6　60÷6＝10〔答え〕 10cm

2　考え方の❷2

3　40度　〔どんちゃん〕 360

ピザが食べたくなっちゃった！

8 比例と反比例

教科書122ページ

画用紙の全部の枚数を調べるには、どんなことを調べればよいでしょうか。下のあからおを見て、話し合いましょう。

あ画用紙１枚の大きさ	縦297mm、横210mm
い画用紙10枚の重さ	94g
う画用紙10枚の高さ	2.5mm
え画用紙の全部の重さ	2444g
お画用紙の全部の高さ	65mm

答え　**いから画用紙１枚あたりの重さを求めて、えから重さが2444gとなるときの枚数を求めます。または、うから画用紙１枚あたりの高さを求めて、おから高さが65mmとなるときの枚数を求めます。**

教科書123～125ページ

1 画用紙がたくさんあります。これを１枚ずつ数えずに、全部で何枚あるかを調べる方法を考えましょう。

1 ゆりさんは、画用紙の重さに着目して、画用紙が20枚、30枚のときの重さも調べました。この結果から、画用紙全部の枚数の求め方を考えましょう。

2 あおいさんの考えを式に表しました。下のさとしさんの式と、あおいさんの表を結びつけて、答えの求め方を説明しましょう。

3 ゆりさんは、画用紙の枚数x枚と重さygの関係を式に表しました。ゆりさんの答えの求め方を説明しましょう。

4 学習をふり返りましょう。

考え方 1 教科書124〜125ページのあおいさん、ゆりさんのように求められます。ゆりさんと同じことを、1枚あたりの重さに着目して考えることもできます。

10枚で94gだから、1枚あたりの重さは、94÷10=9.4

(20枚や30枚で求めても同じ重さになります。)

全部で2444gだから、その枚数は、2444÷9.4=260

なお、10枚ずつ調べるのは、1枚の重さが軽く正確にはかりにくいからです。

2 枚数と重さが比例することから、まず重さが何倍になったかを求め、それを使って枚数が何倍になったかを考えて、答えを求めています。

重さが94gから2444gで□倍になったとすると、

94×□=2444　□=2444÷94=26

枚数と重さが比例するので、重さが26倍のときは、枚数も26倍です。

10枚の26倍の枚数を求めます。10×26=260

3 重さを枚数でわると、1枚あたりの重さが9.4gとわかります。枚数をx枚、重さをygとすると、1枚あたりの重さに枚数をかけると重さが求められるので、$y=9.4\times x$となることがわかります。yが2444のとき、

$2444=9.4\times x$

$x=2444\div 9.4$

$x=260$

4 比例の関係を使うことのよさを考えてみましょう。

答え 1 〔式〕(例) 94÷10=9.4　2444÷9.4=260

〔答え〕 260枚

2 〔説明〕 考え方の2

〔あおいさん　説明〕 26　〔表　上から順に〕 26、26

〔さとしさん〕 260　〔答え〕 260枚

3 〔求め方〕 考え方の3　〔答え〕 260枚

4 (例) **紙全部の枚数を直接数えるのは大変ですが、比例の関係を使えば、重さをはかることで枚数が調べられ便利です。**

教科書125ページ

1 画用紙の枚数と高さは比例の関係にあるとみて、全部の画用紙の枚数を求めましょう。

考え方 枚数と高さが比例することから、まず高さが何倍になったかを求め、それを使って枚数が何倍になったかを考えて、答えを求めています。

高さが 2.5 mm から 65 mm で□倍になったとすると、

2.5×□＝65　　□＝65÷2.5＝26

枚数と高さが比例するので、高さが 26 倍のときは、枚数も 26 倍です。

10 枚の 26 倍の枚数を求めます。10×26＝260

答え 260 枚

教科書128〜131ページ

2 高さが 32 cm の直方体の形をした水そうがあります。

この水そうに、一定の量で水を入れていくと、何分後にいっぱいになるでしょうか。

1 ゆきさんは、水を入れる時間と水の深さの関係を調べて、下の表に整理しました。

この結果から、どんなことがいえるでしょうか。

2 水を入れる時間が $\frac{1}{2}$ 倍、$\frac{1}{3}$ 倍、$\frac{1}{4}$ 倍、……になると、それにともなって水の深さはどのように変わるでしょうか。

3 時間を x 分、水の深さを y cm と表すとき、x の値(あたい)とそれに対応する y の値の関係は、どのような式に表せるでしょうか。

4 x の値が 7、8 のときの y の値をそれぞれ求めましょう。

5 水を 10 分間入れると、水の深さは何 cm になるでしょうか。また、水の深さが 32 cm になるのは、水を入れ始めてから何分後でしょうか。

考え方 **1** 1 分から 2 分にかけて時間が 2 倍になると、水の深さは 2 cm から 4 cm になるので 2 倍となります。

同じように、1 分から時間が 3 倍、4 倍、……になると、水の深さも 3 倍、4 倍、……になります。

（時間：2 倍、3 倍、4 倍 → 水の深さ：2 倍、3 倍、4 倍）

時間　　　(分)	1	2	3	4	5	6	
水の深さ(cm)	2	4	6	8	10	12	

また、2 分から 4 分にかけて時間が 2 倍になると、水の深さは 4 cm から 8 cm になり、やはり 2 倍になります。このように、表のほかのところで調べても同じことがいえます。

水の深さは時間に **比例** します。

2 6分から3分にかけて時間が$\frac{1}{2}$倍になると、水の深さは12cmから6cmになるので$\frac{1}{2}$倍となります。

6分から2分にかけて時間が$\frac{1}{3}$倍になると、水の深さは12cmから4cmになるので$\frac{1}{3}$倍となります。

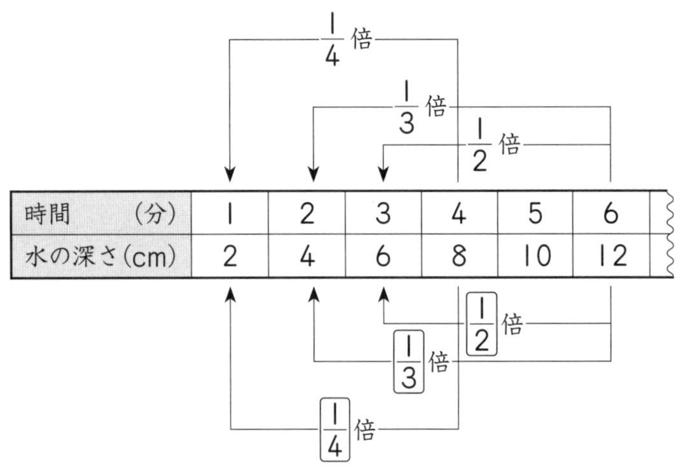

時間　(分)	1	2	3	4	5	6
水の深さ(cm)	2	4	6	8	10	12

4分から1分にかけて時間が$\frac{1}{4}$倍になると、水の深さは8cmから2cmになるので$\frac{1}{4}$倍となります。

3 〔はるさんの考え〕

水の深さは、いつも時間を表す数の2倍になっています。これを言葉の式で表すと、
「時間×2＝水の深さ」です。

言葉の式にx、yをあてはめます。

「時間×2＝水の深さ」 → $x \times 2 = y$

時間　x(分)	1	2	3
水の深さy(cm)	2	4	6
	$\boxed{2}$倍	$\boxed{2}$倍	$\boxed{2}$倍

xの値の$\boxed{2}$倍は、いつもyの値になります。だから、$x \times \boxed{2} = y$

〔ゆきさんの考え〕

水の深さを時間でわると、商はいつも2になります。これを言葉の式で表すと、
「水の深さ÷時間＝2」です。

言葉の式にx、yをあてはめます。

「水の深さ÷時間＝2」 → $y \div x = 2$

時間　x(分)	1	2	3
水の深さy(cm)	2	4	6
	$2 \div 1 = \boxed{2}$	$4 \div 2 = \boxed{2}$	$6 \div 3 = \boxed{2}$

yの値をxの値でわった商は、いつも$\boxed{2}$になります。
だから、$y \div x = \boxed{2}$

$x \times 2 = y$の式も$y \div x = 2$の式も、$y = 2 \times x$と書きかえられます。

4 $y = 2 \times x$のxに7、8をあてはめてyの値を求めます。

xの値が7のとき、$2 \times 7 = 14$

xの値が8のとき、$2 \times 8 = 16$

5 $y = 2 \times x$のxに10をあてはめます。

$y = 2 \times 10 = 20$

$y = 2 \times x$のyに32をあてはめます。

$32 = 2 \times x$

$x=32\div2=16$

答え **1** **水の深さは時間に比例します。**

〔表　上から順に〕 **2、3、4**

〔説明文　上から順に〕 **比例、2**

2 $\frac{1}{2}$**倍、**$\frac{1}{3}$**倍、**$\frac{1}{4}$**倍、……になります。**

〔表　上から順に〕 $\frac{1}{2}$、$\frac{1}{3}$、$\frac{1}{4}$

3 $x\times2=y$ $(y\div x=2)$

はるさんの考え　〔表　左から順に〕 **2、2、2**

〔説明文　上から順に〕 **2、2**

ゆきさんの考え　〔表　左から順に〕 **2、2、2**

〔説明文　上から順に〕 **2、2**

4 〔x の値が 7 のときの y の値〕 **14**

〔x の値が 8 のときの y の値〕 **16**

5 〔水を 10 分間入れるときの水の深さ〕 **20cm**

〔水の深さが 32cm になるのは〕 **16 分後**

教科書131ページ

2 下の表は、直方体の形をした水そうに、一定の量で水を入れたときの、時間 x 分と水の深さ $y$cm の関係を調べたものです。

① 水の深さは時間に比例しているでしょうか。
理由も説明しましょう。

② x と y の関係を式に表しましょう。

③ 水の深さが 45cm になるのは、水を入れ始めてから何分後でしょうか。

考え方 ①　x の値が□倍になると、それにともなって y の値も□倍になるか、を調べます。

②　y が x に比例するとき、x の値でそれに対応する y の値をわった商は、きまった数になります。このきまった数を使って、y=きまった数$\times x$ と表せます。
ここでは、きまった数は $3\div1=3$ と求められて、$y=3\times x$ となります。

③　$y=3\times x$ の y に 45 をあてはめます。

$45=3\times x$

$x=45\div3=15$

答え ①　**時間が 2 倍、3 倍、4 倍、……になると、水の深さも 2 倍、3 倍、4 倍、……になるので、水の深さは時間に比例します。**

② $y=3\times x$

③ 15 分後

教科書132〜134ページ

3 (教科書)128 ページの 2 の、水の深さ $y$cm が時間 x 分に比例する関係をグラフに表しましょう。

1 上の表を見て、対応する x、y の値(あたい)の組を表す点を、下のグラフにとりましょう。

2 $y=2\times x$ の式を使って、x の値が 0 のときや、0.5、1.5、2.5、……のときの y の値を求めて、グラフに点をとりましょう。

3 グラフを見て、気がついたことをいいましょう。

4 (教科書)133 ページのグラフを見て、水の深さが 15cm になる時間を答えましょう。

考え方 1 グラフは、横軸(じく)が時間を、縦軸が水の深さを表しています。

水を入れた時間が 1 分のとき水の深さが 2cm だから、横軸の 1 分を表すめもりの線と、縦軸の 2cm を表すめもりの線の交わったところに点をとります。

次に、横軸の 2 分を表すめもりの線と、縦軸の 4cm を表すめもりの線の交わったところにも点をとります。

同じように、ほかの 4 個の点もかいていきます。

2 x の値が 0 のとき、$2\times 0=0$

x の値が 0.5 のとき、$2\times 0.5=1$

x の値が 1.5 のとき、$2\times 1.5=3$

x の値が 2.5 のとき、$2\times 2.5=5$

⋮

x の値が 5.5 のとき、$2\times 5.5=11$

小数だって
あてはめられる！

比例する 2 つの数量をグラフに点で表すと、点は一直線上に並(なら)んでいます。

3 比例する x、y では、x の値が 0 のとき y の値も 0 になるので、グラフは 0 の点を通る直線になります。

4 縦軸の 15cm を表すめもりを横にたどり、グラフと交わった点の下のめもり 7.5 分をよみ取ります。

答え　1 下のグラフ　　2 下のグラフ

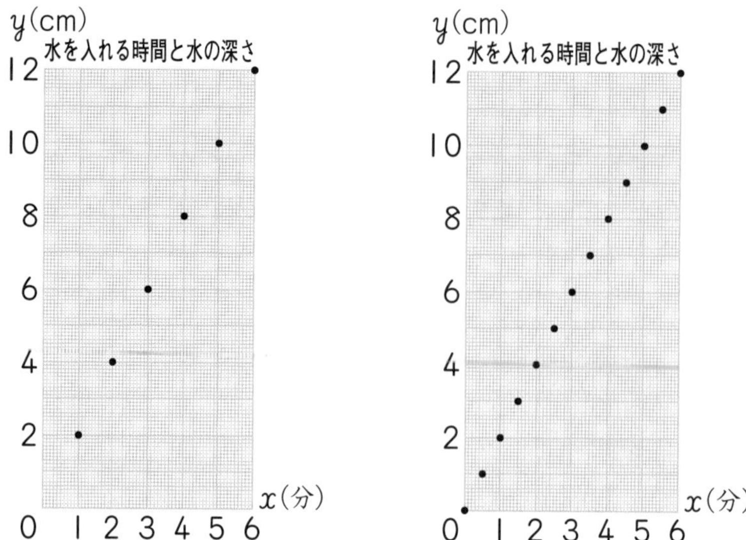

3 グラフは 0 の点を通る直線になっています。

4 7.5 分

教科書134ページ

3 下の表は、針金(はりがね)の長さ xm と重さ yg の関係を表しています。

① x と y の関係をグラフに表しましょう。

② 針金の長さが 8m のとき、重さは何 g でしょうか。

③ 針金の重さが 35g のとき、長さは何 m でしょうか。

考え方　①　グラフは、横軸が針金の長さを、縦軸が針金の重さを表しています。

針金の長さが 1m のとき針金の重さは 5g だから、横軸の 1m を表すめもりの線と、縦軸の 5g を表すめもりの線の交わったところに点をとります。

次に、横軸の 2m を表すめもりの線と、縦軸の 10g を表すめもりの線の交わったところに点をとります。

同じように、ほかの 3 個の点もかいていくと、点は 0 の点を通り、一直線上に並んでいます。

②　横軸の 8m を表すめもりを縦にたどり、グラフと交わった点の横のめもり 40g をよみ取ります。

③　縦軸の 35g を表すめもりを横にたどり、グラフと交わった点の下のめもり 7m をよみ取ります。

答え ① 右のグラフ

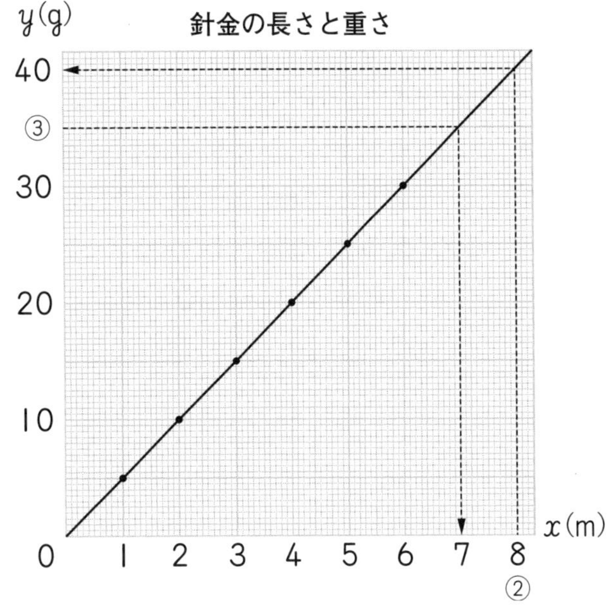

② 40g　③ 7m

教科書135ページ

4 下のグラフは、電車と自動車が同時に出発したときの時間と進んだ道のりの関係を表しています。

このグラフから、どんなことがよみ取れるでしょうか。

1 自動車が2時間で進んだ道のりを求めましょう。
また、電車が150km進むのにかかった時間を求めましょう。

2 グラフを見て、電車と自動車の時速をそれぞれ答えましょう。

考え方 **1** 〔自動車〕

横軸の2時間を表すめもりを縦にたどり、グラフと交わった点の横のめもり100kmをよみ取ります。

〔電車〕 縦軸の150kmを表すめもりを横にたどり、グラフと交わった点の下のめもり1.5時間をよみ取ります。

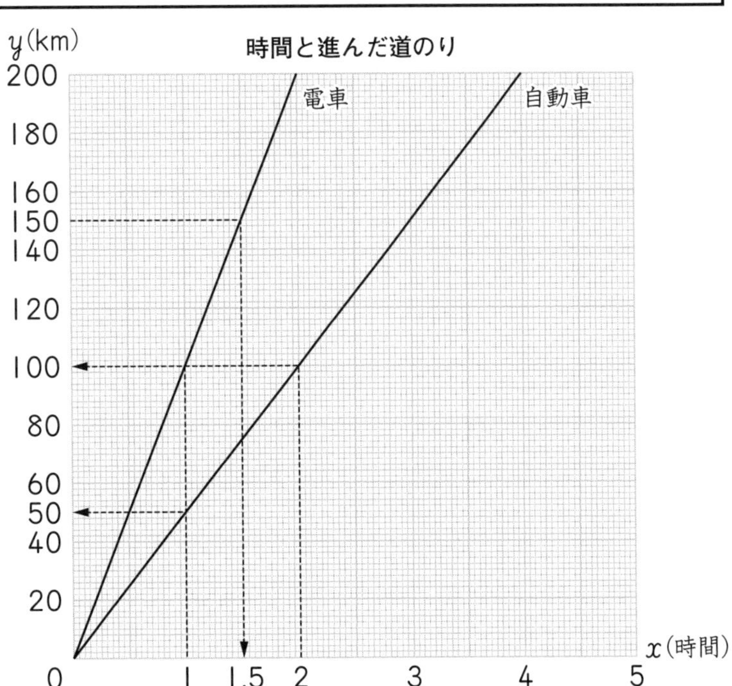

2 時速とは、1時間に進む道のりで表した速さです。横軸の1時間を表すめもりを縦にたどり、グラフと交わった点の横のめもりをよみ取ると、電車は100km、自動車は50kmです。

答え **1** 〔自動車が2時間で進んだ道のり〕 100km
〔電車が150km進むのにかかった時間〕 **1.5時間**
2 〔電車〕 **時速100km**
〔自動車〕 **時速50km**
〔はるさん　上から順に〕 100、50

教科書136〜137ページ

5 面積が24cm² の長方形について、縦（たて）の長さと横の長さの関係を考えましょう。

1 縦の長さを1cm、2cm、3cm、……と変えたときの横の長さを求めましょう。

2 縦の長さが2倍、3倍、4倍、……になると、それにともなって横の長さはどのように変わるでしょうか。

3 縦の長さが$\frac{1}{2}$倍、$\frac{1}{3}$倍、$\frac{1}{4}$倍、……になると、それにともなって横の長さはどのように変わるでしょうか。

考え方 **1** 「長方形の面積＝縦×横」の式にあてはめます。
面積が24cm² であるとき、縦の長さが4cmのとき、横の長さは6cm
縦の長さが5cmのとき、横の長さは4.8cm
縦の長さが6cmのとき、横の長さは4cm

2

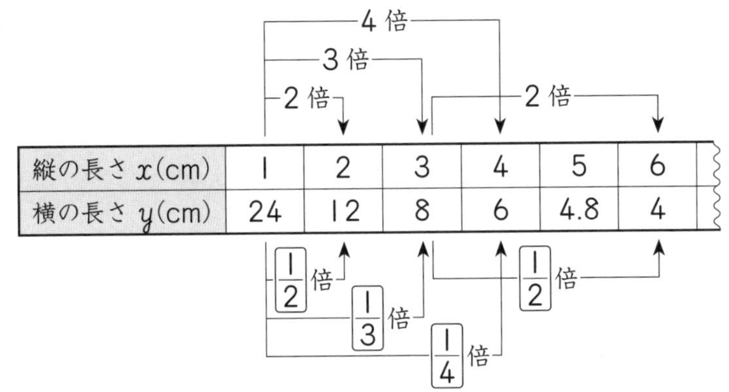

縦の長さ x(cm)	1	2	3	4	5	6
横の長さ y(cm)	24	12	8	6	4.8	4

1cmから2cmと縦の長さが2倍になると、横の長さは24cmから12cmになるので、$\frac{1}{2}$倍になります。

1cmから3cmと縦の長さが3倍になると、横の長さは24cmから8cmになるので、$\frac{1}{3}$倍になります。

1cmから4cmと縦の長さが4倍になると、横の長さは24cmから6cmになるので、$\frac{1}{4}$倍になります。

3cmから6cmと縦の長さが2倍になると、横の長さは8cmから4cmになるので、$\frac{1}{2}$倍になります。

3 2cmから1cmと縦の長さが$\frac{1}{2}$倍になると、横の長さは12cmから24cmになるので、2倍になります。

3cmから1cmと縦の長さが$\frac{1}{3}$倍になると、横の長さは8cmから24cmになるので、3倍になります。

4cmから1cmと縦の長さが$\frac{1}{4}$倍になると、横の長さは6cmから24cmになるので、4倍になります。

答え **1**

縦の長さ x(cm)	1	2	3	4	5	6
横の長さ y(cm)	24	12	8	6	4.8	4

2 横の長さは$\frac{1}{2}$倍、$\frac{1}{3}$倍、$\frac{1}{4}$倍、……になります。

〔□にあてはまる数〕 **考え方** の表

左から$\frac{1}{2}$、$\frac{1}{3}$、$\frac{1}{4}$、$\frac{1}{2}$

3 横の長さは2倍、3倍、4倍、……になります。

教科書137ページ

4 下の㋐、㋑について、それぞれ2つの数量が反比例しているかどうか調べましょう。

㋐ ろうそくを燃やす時間 x 分と残りの長さ y cm

㋑ 36 m の道のりを進むときの分速 x m と時間 y 分

考え方 ㋐ 時間が2倍、3倍、4倍、……になっても、ろうそくの長さは $\frac{1}{2}$ 倍、$\frac{1}{3}$ 倍、$\frac{1}{4}$ 倍、……になっていないので、反比例していません。

㋑ 分速が2倍、3倍、4倍、……になると、進むのにかかる時間は $\frac{1}{2}$ 倍、$\frac{1}{3}$ 倍、$\frac{1}{4}$ 倍、……になっているので、反比例しています。

答え ㋐ **反比例していません。** ㋑ **反比例しています。**

教科書138～139ページ

6 (教科書)136ページの 5 の、横の長さが縦の長さに反比例する関係について、くわしく調べましょう。

1 縦の長さを x cm、横の長さを y cm と表すとき、x の値とそれに対応する y の値の関係は、どのような式に表せるでしょうか。

2 x の値が8のときの y の値を求めましょう。

3 縦の長さが12 cm のとき、横の長さは何 cm になるでしょうか。
また、横の長さが10 cm のとき、縦の長さは何 cm になるでしょうか。

考え方 1 縦の長さと横の長さをかけると、積はいつも24になっています。これを言葉の式で表すと「縦×横＝24」です。

縦の長さ x(cm)	1	2	3
横の長さ y(cm)	24	12	8
	1×24＝24	2×12＝24	3×8＝24

x と y を使って表すと、$x \times y = 24$ です。これを書きかえると、$y = 24 \div x$ になります。

2 x の値が8のとき、y の値は、$y = 24 \div x$ の x に8をあてはめて、$24 \div 8 = 3$ です。

比例の式は、「y＝きまった数×x」、反比例の式は、「y＝きまった数÷x」となっていて、比例の式は、x の値でそれに対応する y の値をわった商、反比例の式は、x の値とそれに対応する y の値との積が、きまった数になっています。

3 縦の長さが 12cm のとき、横の長さは、$y=24\div x$ の x に 12 をあてはめて、$24\div 12=2$ より、2cm です。

$y=24\div x$ の式は、$x\times y=24$ とも表せるので、横の長さが 10cm のとき、$x\times y=24$ の y に 10 をあてはめて、

$x\times 10=24$

$x=24\div 10=2.4$

だから、横の長さが 10cm のとき、縦の長さは 2.4cm です。

答え 1 $x\times y=24$ または $y=24\div x$

〔ゆきさん 上から順に〕 24、24、24、24、24

2 3

3 〔縦の長さが 12cm のときの横の長さ〕 2cm

〔横の長さが 10cm のときの縦の長さ〕 2.4cm

教科書139ページ

5 $6\,m^3$ の水が入る水そうについて、1 時間あたりに入れる水の体積 $x\,m^3$ と水そうがいっぱいになる時間 y 時間の関係を調べます。

① 上の表のあいているところに、あてはまる数を書きましょう。

② x と y の関係を式に表しましょう。

③ 1 時間あたりに $1.5\,m^3$ の水を入れるとき、水そうがいっぱいになるのにかかる時間は何時間でしょうか。

考え方 ① 「かかる時間＝水そうの容積÷1 時間あたりに入れる水の体積」の式にあてはめます。

$6\,m^3$ の水そうをいっぱいにするには、

- 1 時間あたりに入れる水の体積が $1\,m^3$ のとき、$6\div 1=6$ より水そうがいっぱいになる時間は 6 時間です。
- 1 時間あたりに入れる水の体積が $2\,m^3$ のとき、$6\div 2=3$ より水そうがいっぱいになる時間は 3 時間です。
- 1 時間あたりに入れる水の体積が $4\,m^3$ のとき、$6\div 4=1.5$ より水そうがいっぱいになる時間は 1.5 時間です。
- 1 時間あたりに入れる水の体積が $5\,m^3$ のとき、$6\div 5=1.2$ より水そうがいっぱいになる時間は 1.2 時間です。

② 水を入れる量が $1m^3$ から $2m^3$ と2倍になると、水そうがいっぱいになる時間は6時間から3時間と $\frac{1}{2}$ 倍に、$1m^3$ から $3m^3$ と3倍になると、6時間から2時間と $\frac{1}{3}$ 倍に、$1m^3$ から $4m^3$ と4倍になると、6時間から1.5時間と $\frac{1}{4}$ 倍に、……なっています。

このように、x の値が2倍、3倍、4倍、……になると、それにともなって y の値が $\frac{1}{2}$ 倍、$\frac{1}{3}$ 倍、$\frac{1}{4}$ 倍、……になっているので、y は x に反比例しています。

x の値とそれに対応する y の値との積が、いつも6になっているので、x と y の関係を式に表すと、$x \times y = 6$ となります。この式は、$y = 6 \div x$ とも書けます。

③ $y = 6 \div x$ の x に1.5をあてはめて、$6 \div 1.5 = 4$ より、4時間です。

答え ①

体積　x(m^3)	1	2	3	4	5	6	…
時間　y(時間)	6	3	2	1.5	1.2	1	…

② $y = 6 \div x$

③ 4時間

教科書139ページ

6 下のあ、いについて、それぞれ x と y の関係は、比例と反比例のどちらでしょうか。また、x と y の関係を式に表しましょう。

あ 60個のあめを x 人で分けるときの、1人分のあめの個数 y 個

い 1辺 $x$cm の正方形の周りの長さ $y$cm

考え方 それぞれについて、x の値が1、2、3、……のときの y の値を求めて表に整理してみます。

あ 「1人分の個数 ＝ 全部の個数 ÷ 人数」だから、

・x の値が1のとき、$60 \div 1 = 60$ より、y の値は60

・x の値が2のとき、$60 \div 2 = 30$ より、y の値は30

・x の値が3のとき、$60 \div 3 = 20$ より、y の値は20

⋮

このように調べて、右の表のようにまとめられます。

人数　x(人)	1	2	3	4	5	6	…
1人分の個数 y(個)	60	30	20	15	12	10	…

x と y の関係を式で表すと $y=60÷x$ となり、反比例です。

㋑「正方形の周りの長さ＝1辺の長さ×4」だから、

・x の値が1のとき、1×4＝4 より、y の値は4
・x の値が2のとき、2×4＝8 より、y の値は8
・x の値が3のとき、3×4＝12 より、y の値は12
⋮

このように調べて、右の表のようにまとめられます。

1辺の長さ x(cm)	1	2	3	4	5	6
周りの長さ y(cm)	4	8	12	16	20	24

x と y の関係を式で表すと $y=4×x$ となり、比例です。

答え ㋐ **反比例**　〔式〕 $y=60÷x$
㋑ **比例**　〔式〕 $y=4×x$

教科書140〜141ページ

7（教科書）136ページの**5**の、横の長さが縦の長さに反比例する関係をグラフに表しましょう。

1 上の表を見て、対応する x、y の値の組を表す点を、下のグラフにとりましょう。

2 x と y の関係を表す式 $y=24÷x$ を使って、x の値が10、15、20のときの y の値を求めて、グラフに点をとりましょう。

考え方 **1** グラフは、横軸に縦の長さを、縦軸に横の長さを表します。縦の長さが1cmのとき横の長さは24cmだから、横軸の1cmを表すめもりの線と、縦軸の24cmを表すめもりの線の交わったところに点をとります。

次に、横軸の2cmを表すめもりの線と、縦軸の12cmを表すめもりの線の交わったところに点をとります。

同じように、ほかの7個の点もかいていきます。

点をとると、教科書136ページの図の長方形の右上の頂点にあたる点が並びます。

2 $y=24÷x$ の x に10、15、20をあてはめます。

x の値が10のとき、24÷10＝2.4
x の値が15のとき、24÷15＝1.6
x の値が20のとき、24÷20＝1.2

点をとると次のページのようになるよ。

答え　1　右のグラフ

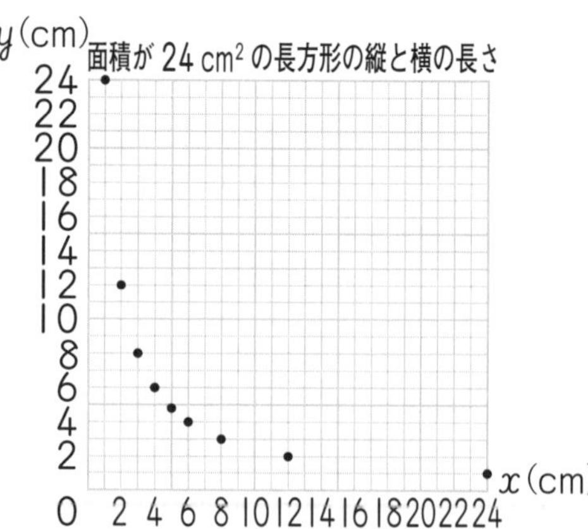

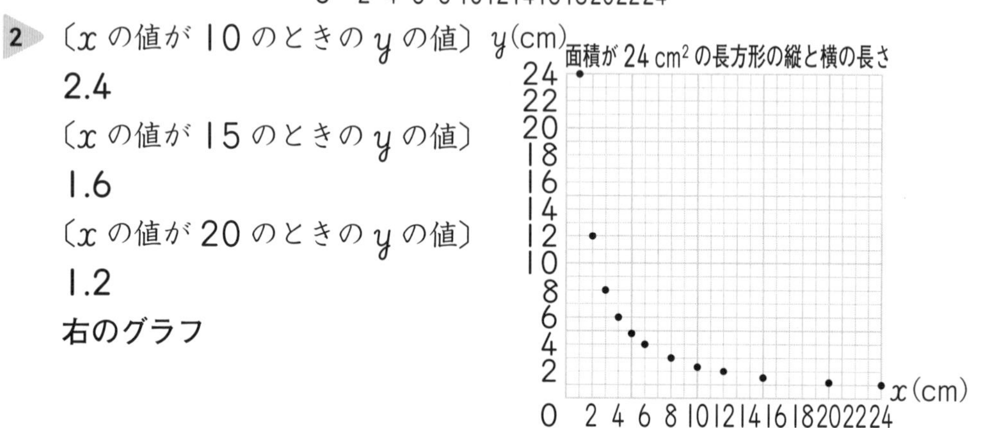

2　〔x の値が 10 のときの y の値〕
2.4
〔x の値が 15 のときの y の値〕
1.6
〔x の値が 20 のときの y の値〕
1.2
右のグラフ

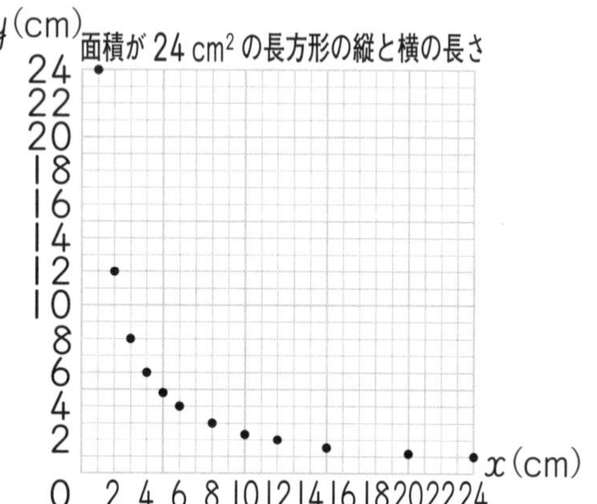

教科書141ページ

反比例のグラフ

考え方　・教科書 140 ページにとった点をなめらかな曲線になるように結びます。

・$y=24\div x$ の x に 7 をあてはめて、
$y=24\div 7=3.42\cdots$

・$y=24\div x$ の x に 9 をあてはめて、
$y=24\div 9=2.66\cdots$
これらの組の点が右のグラフの上にあることを確かめましょう。

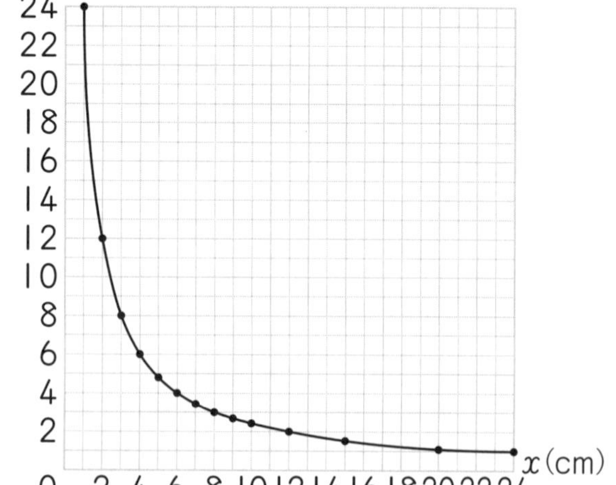

答え　〔グラフ〕 右の図

x の値が 7 や 9 のときの y の値も、グラフの曲線の上にあります。

教科書142ページ

待ち時間はどれくらい？

考え方 ❶ 例えば自分の前に6人が並んでいて、1人が買うのに2分かかる場合、待ち時間は $2\times6=12$ より、12分と求められます。このように、前に並ぶ人数と1人が買うのにかかる時間がわかれば、待ち時間の見当をつけることができます。1人が買うのにかかる時間のかわりに、次の❷のように、何人かが買うのにかかる時間を使っても、待ち時間の見当をつけることができます。

❷ 待ち時間が、前に並ぶ人数に比例すると考えます。

3人買い終わるのに4分かかったことから、前に3人並ぶときの待ち時間は4分です。前に12人並ぶときの待ち時間を求めます。

前に並ぶ人数 x(人)	3	12
待ち時間 y(分)	4	

・右上の表を横に見ると、$12\div3=4$ より、人数 x 人が4倍なので、待ち時間 y 分も4倍になります。$4\times4=16$

・表を縦に見ると、$4\div3=\frac{4}{3}$ より、$y=\frac{4}{3}\times x$ という比例の式になります。

この式の x に12をあてはめて、y の値を求めます。$y=\frac{4}{3}\times12=16$

答え **❶ 前に並ぶ人数、1人が買うのにかかる時間(何人かが買うのにかかる時間)**

❷〔式〕 $4\times(12\div3)=16$ または $(4\div3)\times12=16$

〔答え〕 16分

まとめ

教科書143ページ

下のⓐからⓤで、比例しているものと反比例しているものを選びましょう。

Ⓐ 周りの長さが16cmの長方形の、縦(たて)の長さ $x$cmと横の長さ $y$cm

Ⓘ 面積が 18cm^2 の長方形の、縦の長さ $x$cmと横の長さ $y$cm

Ⓤ 横の長さが12cmの長方形の、縦の長さ $x$cmと面積 $y\text{cm}^2$

考え方 Ⓐ 縦の長さが2倍、3倍、4倍、……になっても、横の長さは2倍、3倍、4倍、……にも、$\frac{1}{2}$倍、$\frac{1}{3}$倍、$\frac{1}{4}$倍、……にもなっていないので、比例も反比例もしていません。

Ⓘ 縦の長さが2倍、3倍、4倍、……になると、横の長さが$\frac{1}{2}$倍、$\frac{1}{3}$倍、$\frac{1}{4}$倍、……になっているので、反比例しています。

縦の長さと横の長さとの積はいつも 18 なので、式は、$y=18\div x$ です。

㋒ 縦の長さが 2 倍、3 倍、4 倍、……になると、面積も 2 倍、3 倍、4 倍、……になっているので、比例しています。

面積は、いつも縦の長さの 12 倍になっているので、式は、$y=12\times x$ です。

答え 〔比例しているもの〕 ㋒

〔反比例しているもの〕 ㋑

〔説明文　上から順に〕 2、3、$\frac{1}{2}$、$\frac{1}{3}$、㋒、㋑

xの値を 2 倍、3 倍、……して、対応するyの値を調べてみよう。

教科書144ページ

1 時速 60 km で走る自動車について、走る時間 x 時間と進む道のり y km の関係を調べます。

① 表のあいているところに、あてはまる数を書きましょう。

② x と y の関係を式に表しましょう。

考え方 ① 「道のり＝速さ×時間」の式にあてはめます。

時速 60 km だから

3 時間走ると、進む道のりは $60\times3=180$ より 180 km

4 時間走ると、進む道のりは $60\times4=240$ より 240 km

5 時間走ると、進む道のりは $60\times5=300$ より 300 km

6 時間走ると、進む道のりは $60\times6=360$ より 360 km

② 表を見ると、x の値が 2 倍、3 倍、4 倍、……になると、それにともなって y の値も 2 倍、3 倍、4 倍、……になっているので、y は x に比例しています。

x の値でそれに対応する y の値をわった商が、いつも 60 になっているので、x と y の関係を式に表すと、$y=60\times x$ となります。

答え ①

時間　x(時間)	1	2	3	4	5	6	
道のり　y(km)	60	120	180	240	300	360	

② $y=60\times x$

教科書144ページ

2 右のグラフは、針金(はりがね)の長さ $x$cm と重さ yg の関係を表しています。

① 針金の長さが 20cm のとき、重さは何 g でしょうか。

② 針金の重さが 20g のとき、長さは何 cm でしょうか。

③ 針金の長さが 100cm のとき、重さは何 g でしょうか。

考え方 グラフは、横軸に針金の長さを、縦軸に針金の重さを表しています。

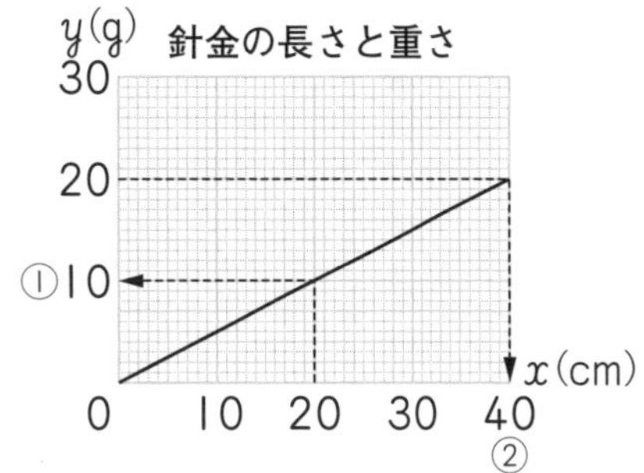

① 横軸の 20cm を表すめもりを縦にたどり、グラフと交わった点の横のめもり 10g をよみ取ります。

② 縦軸の 20g を表すめもりを横にたどり、グラフと交わった点の下のめもり 40cm をよみ取ります。

③ グラフが 0 の点を通る直線なので、y は x に比例しています。

①から、x の値が 20 のとき、y の値は 10 です。x の値が 100 のときの y の値を求めます。次の 2 つの方法があります。

・$100 \div 20 = 5$ より、x の値が 5 倍になるので、y の値も 5 倍になります。
$10 \times 5 = 50$

・y が x に比例する関係を式に表します。$10 \div 20 = 0.5$ より、きまった数が 0.5 だから、$y = 0.5 \times x$ となります。この式の x に 100 をあてはめます。
$y = 0.5 \times 100 = 50$

答え ① 10g ② 40cm

③〔式〕 $10 \times (100 \div 20) = 50$ または $(10 \div 20) \times 100 = 50$

〔答え〕 50g

教科書144ページ

3 下のあからえで、比例しているものと反比例しているものを選び、それぞれ x と y の関係を式に表しましょう。

あ 1 本 80 円のボールペンを x 本買ったときの代金 y 円

い 面積が 6cm^2 の三角形の、底辺の長さ $x$cm と高さ $y$cm

う 1 本に 1.8L ずつ入れたジュースのびんの本数 x 本とジュースの量 yL

え 20km の道のりを時速 $x$km で進むときにかかる時間 y 時間

考え方 あ 「代金＝1 本の値段(ねだん)×本数」の式にあてはめると、$y = 80 \times x$ です。この式の x に 1、2、3、4 をそれぞれあてはめて y の値を求めると、

$y=80\times1=80$
$y=80\times2=160$
$y=80\times3=240$
$y=80\times4=320$
となり、右の表のようにまとめられます。

x	1	2	3	4
y	80	160	240	320

xの値が□倍になるとyの値も□倍になり、yはxに比例します。

（なお、xとyの式をつくる前に、1本の代金、2本の代金、3本の代金、4本の代金を求める式をつくり、それらの式を見てxとyの式をつくってもよいです。）

Ⓘ「三角形の面積＝底辺×高さ÷2」の式にあてはめると、$6=x\times y\div2$ です。

この式は $x\times y=12$ と表すことができて、さらに $y=12\div x$ とも表すことができます。$y=12\div x$ の式で、xに1、2、3、4をそれぞれあてはめてyの値を求めると、

$y=12\div1=12$
$y=12\div2=6$
$y=12\div3=4$
$y=12\div4=3$
となり、右の表のようにまとめられます。

x	1	2	3	4
y	12	6	4	3

xの値が□倍になるとyの値は$\frac{1}{□}$倍になり、yはxに反比例します。

Ⓤ「ジュースの量＝1本に入れた量×本数」の式にあてはめると、$y=1.8\times x$ です。この式のxに1、2、3、4をそれぞれあてはめてyの値を求めると、

$y=1.8\times1=1.8$
$y=1.8\times2=3.6$
$y=1.8\times3=5.4$
$y=1.8\times4=7.2$
となり、右の表のようにまとめられます。

x	1	2	3	4
y	1.8	3.6	5.4	7.2

xの値が□倍になるとyの値も□倍になり、yはxに比例します。

Ⓔ「時間＝道のり÷速さ」の式にあてはめると、$y=20\div x$ です。この式のxに1、2、3、4をそれぞれあてはめてyの値を求めると、

$y=20\div1=20$
$y=20\div2=10$
$y=20\div3=\frac{20}{3}\left(6\frac{2}{3}\right)$
$y=20\div4=5$
となり、右の表のようにまとめられます。

x	1	2	3	4
y	20	10	$6\frac{2}{3}$	5

xの値が□倍になるとyの値は$\frac{1}{□}$倍になり、yはxに反比例します。

答え　〔比例しているもの〕

あ　〔式〕　$y=80\times x$

う　〔式〕　$y=1.8\times x$

〔反比例しているもの〕

い　〔式〕　$y=12\div x$

え　〔式〕　$y=20\div x$

〔考えるヒントの答え〕

前のページの表

比例と反比例の
ちがいが
わかったね！

教科書145ページ

復習　⑥

考え方　❶　①　人数のらんの数が最も多いのは30人で、これは140cm以上150cm未満です。

②　身長が140cm以上の人数は、140cm以上150cm未満、150cm以上160cm未満、160cm以上170cm未満の3つの階級を合わせた人数で、30＋15＋3＝48 より、48人です。

全体の60人をもとにした割合を百分率で表します。

48÷60×100＝80 より、80％です。

❷　「円の面積＝半径×半径×円周率」です。②は、まず半径を求めます。

①　半径が6cmだから、円の面積は、6×6×3.14＝113.04

②　半径は 20÷2＝10 より、10mです。

円の面積は、10×10×3.14＝314

❸　①は底辺と高さをはかります。cmの単位で整数になる長さのところを使うと計算しやすいです。②は、2つの三角形に分けます。①、②とも、はかり方で答えが少しちがってもかまいません。

①　「三角形の面積
＝底辺×高さ÷2」
だから、
3×3÷2＝4.5
または
5×1.8÷2＝4.5

①

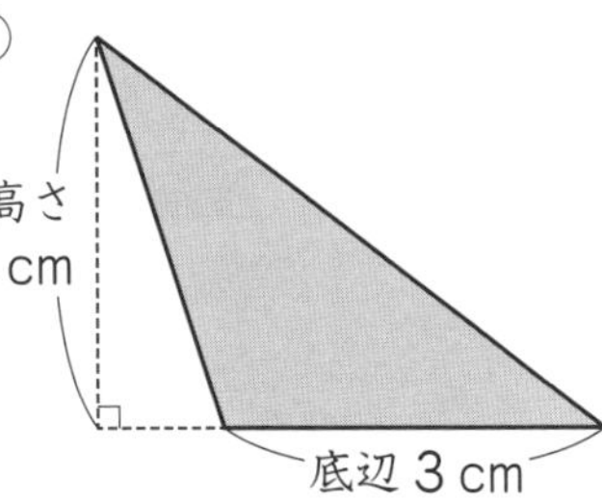

または

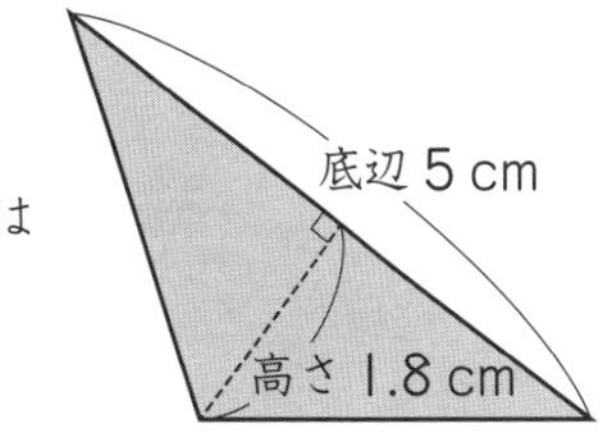

②　底辺が5cm、高さが2.4cmの三角形と底辺が5cm、高さが2cmの三角形に分けられます。

5×2.4÷2＋5×2÷2
＝6＋5
＝11

②

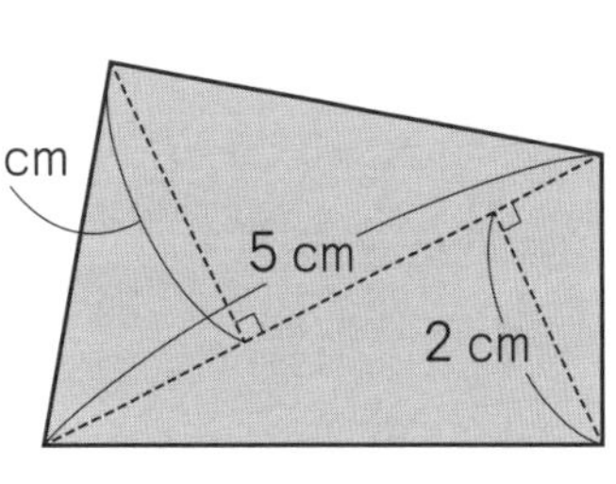

❹ ①「直方体の体積 ＝ 縦 × 横 × 高さ」だから、3×5×2＝30

②「立方体の体積 ＝1 辺 ×1 辺 ×1 辺」だから、4×4×4＝64

答え ❶ ① 140cm 以上 150cm 未満

② 〔式〕 (30＋15＋3)÷60×100＝80 〔答え〕 80％

❷ ① 〔式〕 6×6×3.14＝113.04 〔答え〕 113.04 cm^2

② 〔式〕 20÷2＝10 10×10×3.14＝314

〔答え〕 314 m^2

❸ ① 〔式〕（例） 3×3÷2＝4.5 または 5×1.8÷2＝4.5

〔答え〕 4.5 cm^2

（4 cm^2 から 5 cm^2 の間であれば正答です。）

② 〔式〕（例） 5×2.4÷2＋5×2÷2＝11

〔答え〕 11 cm^2

（10.5 cm^2 から 11.5 cm^2 の間であれば正答です。）

❹ ① 〔式〕 3×5×2＝30 〔答え〕 30 m^3

② 〔式〕 4×4×4＝64 〔答え〕 64 cm^3

体積の復習は
次の学習の準備だよ。

9 角柱と円柱の体積

教科書146ページ

上のあからおの立体で、体積の求め方をまだ学習していない図形はどれでしょうか。

考え方 直方体と立方体の体積の求め方は学習しています。

答え い、え、お

教科書147～148ページ

1 右のような四角柱の体積の求め方を考えましょう。

1 高さを1cm、2cm、3cm、……と変えたときの体積を表に書きましょう。
また、高さを $x$cm、体積を $y$cm^3 として、x と y の関係を式に表しましょう。

2 $y=\square\times x$ の□にあてはまる数は、どのような数と同じになるでしょうか。

3 1の四角柱の高さが5cmのとき、四角柱の体積は何cm^{3}でしょうか。

考え方 1 底面が長方形の四角柱だから、直方体とみて、「縦(たて)×横×高さ」で体積を求めることができます。高さが2倍、3倍、4倍、……になると、体積も2倍、3倍、4倍、……になります。x が1のとき、y が12より、式は $y=12\times x$ となります。

2 高さが1cmのときの体積　$2\times6\times1=12$ より、12cm^3
底面の面積(底面積(ていめんせき))　$2\times6=12$ より、12cm^2
単位はちがいますが、どちらも12になります。
この四角柱の体積は、高さが1cmのときの体積の x 倍なので、底面積の x 倍と同じ値(あたい)になります。ですから、体積は「底面積×高さ」の式で求められます。

3 底面積は $2\times6=12$、高さは5cmなので、$2\times6\times5=60$ より、60cm^3

答え 1

高さ x(cm)	1	2	3	4	
体積 y(cm^3)	12	24	36	48	

$y=\boxed{12}\times x$

2 **底面の面積(底面積)**　〔図　左から順に〕 $\boxed{12}$、$\boxed{12}$

3 60cm^3

教科書148ページ

1 右のような直方体を四角柱とみて、体積を求めましょう。

考え方 「四角柱の体積＝底面積×高さ」の式にあてはめます。

底面積＝3.1×4＝12.4

四角柱の体積＝底面積×高さ＝12.4×2.5＝31

1つの式で表すと、3.1×4×2.5＝31

計算のきまり　$(a \times b) \times c = a \times (b \times c)$　を利用すると簡単（かんたん）に計算できます。

3.1×4×2.5＝3.1×(4×2.5)＝3.1×10＝31

答え 〔式〕 3.1×4×2.5＝31　　〔答え〕 31 cm^3

教科書148〜149ページ

2 下のような三角柱㋐と四角柱㋑の体積の求め方を考えましょう。

1 三角柱㋐の体積を求めましょう。

2 四角柱㋑の体積を求めましょう。

考え方 1 右の図のような、底面積が2倍の直方体を考えると、三角柱の体積は、この直方体の体積の半分になります。

2×5×4÷2＝20

なお、上の式は、次のように書きかえることができます。

5×2÷2×4＝20

5×2÷2は、底面の三角形の面積を表す式と同じで、4は高さを表すので、この三角柱の体積は「底面積 × 高さ」の式で求められることがわかります。

2 底面の四角形は対角線で2つの三角形に分けられるので、この四角柱の体積は、三角柱を2つ合わせた体積と等しくなります。

(10×3÷2)×5＋(10×4÷2)×5＝75＋100＝175

なお、上の式は、計算のきまり $a \times c + b \times c = (a + b) \times c$ を使って、次のように書きかえることができます。

(<u>10×3÷2＋10×4÷2</u>)×5

10×3÷2＋10×4÷2は、底面の四角形の面積を表す式と同じなので、この四角柱の体積は「底面積×高さ」の式で求められることがわかります。

答え 1 〔式〕 2×5×4÷2、20

または　5×2÷2×4、20

〔答え〕 20 cm^3

2 〔式〕 10×3÷2×5＋10×4÷2×5、175

または　(10×3÷2＋10×4÷2)×5、175

〔答え〕 175 cm^3

教科書149ページ

◆2 右のような角柱あ、いの体積が等しくなるわけを、「底面積」と「高さ」という言葉を使って説明しましょう。

考え方 「角柱の体積＝底面積×高さ」の式で考えます。

底面積は、あが 9×4÷2＝18、いが 3×6＝18 で等しく、高さはどちらも 7cm です。だから、体積はどちらも 18×7＝126 より、126cm³ となります。

答え （例） **あといは、底面積が 18cm² で等しく、高さが 7cm で等しいので、体積も等しくなります。**

教科書150ページ

3 右のような円柱の体積の求め方を考えましょう。

1 この円柱の底面積は何 cm² でしょうか。

2 高さが 1cm のときの円柱の体積は、角柱と同じように、底面積と同じ数になります。

このことを使って、上の円柱の体積を求めましょう。

考え方 1 半径 10cm の円の面積を求めます。

「円の面積＝半径×半径×円周率」の式にあてはめます。

10×10×3.14＝314

2 高さが 1cm の円柱の体積の 5 倍が、この円柱の体積になります。高さが 1cm の円柱の体積は底面積と同じ数なので、この円柱の体積は底面積に 5 をかけて求めることができます。つまり、「円柱の体積＝底面積×高さ」となります。

314×5＝1570

答え 1 314cm² 〔みなとさん〕 314

2 〔式〕 314×5、1570 〔答え〕 1570cm³

〔かえでさん〕 314

教科書151ページ

◆3 次のような円柱の体積を求めましょう。

考え方 底面の円の半径は 10÷2＝5 より、5cm です。「円柱の体積＝底面積×高さ」の式にあてはめます。

5×5×3.14×4＝314

答え 〔式〕 10÷2＝5　5×5×3.14×4＝314 〔答え〕 314cm³

教科書151ページ

4 次のような角柱や円柱の体積を求めましょう。

考え方 角柱も円柱も、体積は「底面積×高さ」の式で求められます。

① 底面の形は台形で、その面積は「台形の面積 ＝(上底＋下底)×高さ÷2」で求められます。また、角柱の体積は、「角柱の体積＝底面積×高さ」で求められます。

よって、この四角柱の体積は、(6＋8)×4÷2×5＝140 より、140 cm^3 です。

② この立体は三角柱で、底面と高さは右の図のようになっています。底面は、合同で平行な 2 つの面です。

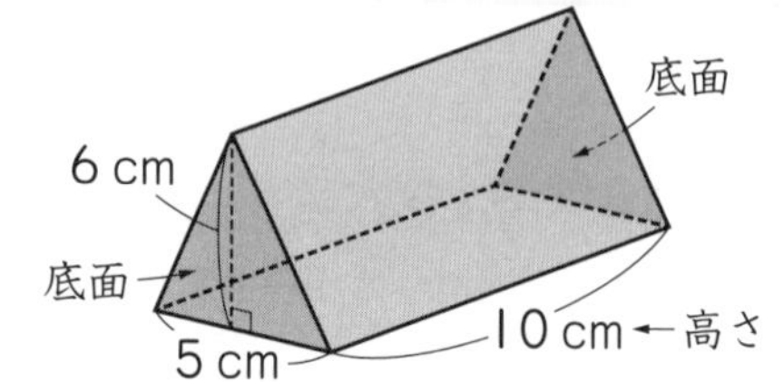

底面積を求める式は、5×6÷2

よって、この三角柱の体積は、

5×6÷2×10＝150 より、150 cm^3 です。

③ 底面の形は円で、その面積は「円の面積＝半径×半径×円周率」で求められます。

また、円柱の体積は、「円柱の体積＝底面積×高さ」で求められます。

よって、この円柱の体積は、6×6×3.14×7＝791.28 より、791.28 cm^3 です。

④ 底面の形は円で、その半径は 3÷2＝1.5 より、この円柱の体積は、1.5×1.5×3.14×15＝105.975 より、105.975 cm^3 です。

答え
① 〔式〕 (6＋8)×4÷2×5＝140 〔答え〕 140 cm^3
② 〔式〕 5×6÷2×10＝150 〔答え〕 150 cm^3
③ 〔式〕 6×6×3.14×7＝791.28 〔答え〕 791.28 cm^3
④ 〔式〕 1.5×1.5×3.14×15＝105.975 〔答え〕 105.975 cm^3

教科書152ページ

円柱と角柱を比べよう！

考え方 **1** ㋐の底面積 314 cm^2 は、10×10×3.14＝314 で求められます。

また、㋑の底面積 314 cm^2 は、15.7×20＝314 で求められます。

㋐と㋑は、どちらも底面積が 314 cm^2、高さが 20 cm です。

よって、どちらの体積も 314×20＝6280 より 6280 cm^3 となり、等しいことがわかります。

❷ それぞれの立体の周りの面積を、展開図（てんかいず）をもとに計算し、比べます。

㋐　底面の円の半径は 10cm です。

$20\times62.8+10\times10\times3.14\times2$

$=1256+628$

$=1884$

㋑　$20\times71.4+15.7\times20\times2$

$=1428+628$

$=2056$

答え 

❶ 考え方 の❶

❷〔円柱㋐の周りの面積〕〔式〕 $20\times62.8+10\times10\times3.14\times2=1884$

〔答え〕 1884 cm^2

〔四角柱㋑の周りの面積〕〔式〕 $20\times71.4+15.7\times20\times2=2056$

〔答え〕 2056 cm^2

まとめ

教科書153ページ

 次のような角柱や円柱の体積を求めましょう。

考え方　「角柱、円柱の体積＝底面積×高さ」の式にあてはめます。

①の底面積は、$6\times3\div2=9$ だから体積は、$9\times4=36$ より、36 cm^3

②の底面積は、$2\times2\times3.14=12.56$

だから体積は、$12.56\times4=50.24$ より、50.24 cm^3

答え　①〔上から順に〕 6、3、2、9、9、4、36　〔答え〕 36 cm^3

②〔上から順に〕 2、2、12.56、12.56、4、50.24

〔答え〕 50.24 cm^3

〔わくの中　左から順に〕 **底面積、高さ**

教科書154ページ

 次のような角柱や円柱の体積を求めましょう。

考え方　「角柱、円柱の体積＝底面積×高さ」の式にあてはめます。

①　この立体は三角柱で、直角三角形の面が底面です。

底面積は、$4\times3\div2=6$

三角柱の高さは 6cm だから、体積は、$6\times6=36$ より、36 cm^3

②　底面の形は台形で、その面積は「台形の面積＝(上底＋下底)×高さ÷2」で求められます。

底面積は、$(8+20)\times15\div2=210$

だから体積は、$210\times15=3150$ より、3150 cm^3

③　底面の形はひし形で、その面積は「ひし形の面積＝一方の対角線×もう一方の対角線÷2」で求められます。2つの対角線の長さは、$3+3=6$、$2+2=4$ です。

底面積は、$6\times4\div2=12$

だから体積は、$12\times4=48$ より、48 cm^3

④　底面の形は円で、その面積は「円の面積＝半径×半径×円周率」で求められます。半径は $8\div2=4$ です。

底面積は、$4\times4\times3.14=50.24$

だから体積は、$50.24\times5=251.2$ より、251.2 cm^3

答え　①〔式〕$4\times3\div2=6$　$6\times6=36$　〔答え〕36 cm^3

②〔式〕$(8+20)\times15\div2=210$　$210\times15=3150$

〔答え〕3150 cm^3

③〔式〕$(3+3)\times(2+2)\div2=12$　$12\times4=48$

〔答え〕48 cm^3

④〔式〕$8\div2=4$　$4\times4\times3.14=50.24$　$50.24\times5=251.2$

〔答え〕251.2 cm^3

〔考えるヒントの答え〕〔名前〕**三角柱**　〔底面積〕6 cm^2

教科書154ページ

2　右のような展開図(てんかいず)を組み立てます。

①　何という立体ができるでしょうか。

②　できる立体の底面積は何 cm^2 でしょうか。

③　できる立体の体積は何 cm^3 でしょうか。

考え方　①　底面が三角形の角柱ができます。三角柱です。

②　底面の三角形は、底辺が3cm、高さが2cmです。

底面積は、$3\times2\div2=3$ より、3 cm^2

③　三角柱の高さは4cmです。体積は、$3\times4=12$ より、12 cm^3

答え　①　**三角柱**

②〔式〕$3\times2\div2=3$　〔答え〕3 cm^2

③〔式〕$3\times4=12$　〔答え〕12 cm^3

教科書155ページ

復習 ⑦

考え方 **1** あ　1辺の長さが2倍、3倍、4倍、……になると、周りの長さも2倍、3倍、4倍、……になっているので、比例しています。周りの長さは、いつも1辺の長さの4倍になっているので、式は、$y=4\times x$ です。

い　買った金額が2倍、3倍、4倍、……になっても、残りの金額は2倍、3倍、4倍、……にも、$\frac{1}{2}$倍、$\frac{1}{3}$倍、$\frac{1}{4}$倍、……にもなっていないので、比例も反比例もしていません。

う　底辺の長さが2倍、3倍、4倍、……になると、高さが$\frac{1}{2}$倍、$\frac{1}{3}$倍、$\frac{1}{4}$倍、……になっているので、反比例しています。

底辺の長さと高さの積はいつも48なので、式は、$y=48\div x$ です。

2 分数の分母と分子に同じ数をかけても(分母と分子を同じ数でわっても)、分数の大きさは変わりません。例えば、次のようになります。

① $\frac{1\times2}{6\times2}=\frac{2}{12}$、$\frac{1\times3}{6\times3}=\frac{3}{18}$、$\frac{1\times4}{6\times4}=\frac{4}{24}$

② $\frac{5\times2}{7\times2}=\frac{10}{14}$、$\frac{5\times3}{7\times3}=\frac{15}{21}$、$\frac{5\times4}{7\times4}=\frac{20}{28}$

③ $\frac{13\times2}{3\times2}=\frac{26}{6}$、$\frac{13\times3}{3\times3}=\frac{39}{9}$、$\frac{13\times4}{3\times4}=\frac{52}{12}$

④ $\frac{5\times2}{22\times2}=\frac{10}{44}$、$\frac{5\times3}{22\times3}=\frac{15}{66}$、$\frac{5\times4}{22\times4}=\frac{20}{88}$

3 わり算では、わられる数とわる数に同じ数をかけても、同じ数でわっても、商は変わりません。

① $200\div50$
↓÷10　↓÷10
$=20\div\boxed{5}$
$=4$

② $125\div25$
↓×4　↓×4
$=\boxed{500}\div100$
$=5$

③ $48\div12$
↓÷6　↓÷6
$=\boxed{8}\div2$
$=4$

4 次の2通りの求め方が考えられます。

・兄のもらう枚数(まいすう)は、270枚の60%だから、$270\times0.6=162$
弟は残りをもらうので、$270-162=108$

・弟のもらう割合(わりあい)は、$1-0.6$ となるので、弟のもらう枚数は、
$270\times(1-0.6)=270\times0.4=108$

答え **1** 〔比例しているもの〕 あ　〔式〕 $y=4\times x$
〔反比例しているもの〕 う　〔式〕 $y=48\div x$

2 ① (例) $\frac{2}{12}$、$\frac{3}{18}$、$\frac{4}{24}$　② (例) $\frac{10}{14}$、$\frac{15}{21}$、$\frac{20}{28}$

③ （例） $\frac{26}{6}$、$\frac{39}{9}$、$\frac{52}{12}$　④ （例） $\frac{10}{44}$、$\frac{15}{66}$、$\frac{20}{88}$

3 ① 〔□にあてはまる数〕 5　〔答え〕 4

② 〔□にあてはまる数〕 500　〔答え〕 5

③ 〔□にあてはまる数〕 8　〔答え〕 4

4 〔式〕 270×0.6＝162　270－162＝108

または 270×(1－0.6)＝108

〔答え〕 108 枚

割合について
思い出せたかな？

10 比

教科書156ページ

ミルクをカップ4はいにして、あやかさんと同じ味のミルクコーヒーを作ります。コーヒーは、カップ何はいにすればよいでしょうか。

考え方 ミルクが2倍になるので、コーヒーも2倍にすると同じ味になります。

3×2=6

答え 6はい

教科書157〜159ページ

1 れおさんとゆきさんは、それぞれ下のように考えてあやかさんと同じ味のミルクコーヒーを作ろうとしています。どちらの考えが正しいでしょうか。

1 あやかさんが作ったミルクコーヒーのミルクの量を2とみると、コーヒーの量はいくつとみられるでしょうか。

2 れおさん、ゆきさんの作り方でミルクコーヒーを作ると、ミルクとコーヒーの量の割合は、それぞれどのようになるでしょうか。比で表しましょう。

3 カップ2はいを1とみると、ミルクとコーヒーの量の比が、あやかさんが作ったミルクコーヒーと同じになるのは、れおさんとゆきさんのどちらの作り方でしょうか。

4 あやかさんが作ったミルクコーヒーでは、ミルクはコーヒーの何倍の量になっているでしょうか。

また、ゆきさんの作り方では、どうなるでしょうか。

考え方 **1** ミルクの量はカップ2はい分で、コーヒーの量はカップ3ばい分ですから、2と3の割合になっています。

2 〔れおさんの作り方〕

ミルクの量はカップ4はい分で、コーヒーの量はカップ5はい分ですから、4と5の割合になっています。

〔ゆきさんの作り方〕

ミルクの量はカップ4はい分で、コーヒーの量はカップ6はい分ですから、4と6の割合になっています。

れおさん

4：5

ゆきさん

4：6

3 〔れおさんの作り方〕

カップ2はいを1とみると、ミルクはカップ4はいなので、2はいの2倍で、2となります。また、コーヒーはカップ5はいなので、2はいの2.5倍で、2.5になります。

比で表すと、2：2.5になります。

〔ゆきさんの作り方〕

カップ2はいを1とみると、ミルクはカップ4はいなので、2となります。コーヒーはカップ6はいなので、2はいの3倍で、3となります。

比で表すと、2：3になります。

だから、ミルクとコーヒーの量の比が、あやかさんのミルクコーヒーと同じになるのは、ゆきさんの作り方です。

4 あやかさんが作ったミルクコーヒーでは、ミルクがカップ2はいで、コーヒーはカップ3ばいなので、ミルクはコーヒーの $2 \div 3 = \boxed{\frac{2}{3}}$ より、$\frac{2}{3}$ 倍です。

ゆきさんの作り方では、ミルクがカップ4はいで、コーヒーはカップ6はいなので、ミルクはコーヒーの $\boxed{4} \div \boxed{6} = \boxed{\frac{2}{3}}$ より、$\frac{2}{3}$ 倍です。

どちらも、コーヒーの量を1とみると、ミルクの量は $\frac{2}{3}$ です。

答え 〔れおさん〕 5　〔ゆきさん〕 6

1 3

2 〔れおさん〕 4：5　〔ゆきさん〕 4：6

〔上から順に〕 5、4：6

3 **ゆきさんの作り方**

4 〔上から順に〕 $\frac{2}{3}$、4、6、$\frac{2}{3}$

教科書159ページ

1 比の値（あたい）を使って、4：5と等しい比をすべて選びましょう。

㋐ 6：8　㋑ 8：10　㋒ 12：9　㋓ 20：25

考え方 2つの比が等しいとき、比の値も等しくなります。それで、比が等しいかどうかは、比の値を求めて、同じ割合であるかを調べます。$a:b$ の比の値は、$a \div b$ の商になります。㋐から㋓の比の値は、

㋐ $6 \div 8 = \frac{6}{8} = \frac{3}{4}$

㋑ $8 \div 10 = \frac{8}{10} = \frac{4}{5}$

$a:b$ の比の値は $\frac{a}{b}$ になるね。比の値が同じものを調べるんだね。

㋒　$12 \div 9 = \frac{12}{9} = \frac{4}{3}$

㋓　$20 \div 25 = \frac{20}{25} = \frac{4}{5}$

4：5の比の値は $4 \div 5 = \frac{4}{5}$ だから、4：5と等しい比になっているのは、㋑と㋓です。

答え　㋑、㋓

教科書160ページ

2 ミルクとコーヒーの割合を2：3と等しいままで、ミルクの量を10に変えます。下の㋐にあてはまる数を考えましょう。

2：3　　10：㋐

1 上の2つの等しい比の間には、どんな関係があるでしょうか。

2 ほかにも、2：3と等しい比をつくりましょう。

考え方　1 〔みなとさん〕 2を5倍すると10になります。3を5倍すると㋐になります。

〔かえでさん〕 10を5でわると2になります。㋐を5でわると3になります。

2 2：3の2と3に同じ数をかけたり、同じ数でわったりすると、等しい比をいくつでもつくることができます。

2：3の両方の数に3をかけると、6：9になります。

2：3の両方の数を2でわると、1：1.5になります。

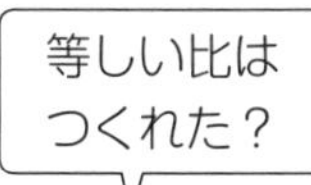

2：3の比の値は $2 \div 3 = \frac{2}{3}$

6：9の比の値は $6 \div 9 = \frac{6}{9} = \frac{2}{3}$

1：1.5の比の値は $1 \div 1.5 = \frac{1}{1} \div \frac{15}{10} = \frac{1}{1} \times \frac{2}{3} = \frac{2}{3}$

となり、6：9と1：1.5は、どちらも2：3と等しい比となっています。

答え　㋐　15

1 〔上から順に〕 5、5

2：3の両方の数に5をかけると10：15になり、10：15の両方の数を5でわると2：3になります。

2 （例） 6：9、1：1.5

教科書160ページ

◆2 10：12と等しい比を3つ書きましょう。
また、比の値を求めて、10：12と等しいことを確かめましょう。

考え方 10：12の10と12に同じ数をかけたり、同じ数でわったりすれば、等しい比をつくることができます。

10：12の10と12に2をかけると、20：24

10：12の10と12に3をかけると、30：36

10：12の10と12を2でわると、5：6

また、それぞれの比の値を求めると、

10：12では、$10 \div 12 = \frac{10}{12} = \frac{5}{6}$　　20：24では、$20 \div 24 = \frac{20}{24} = \frac{5}{6}$

30：36では、$30 \div 36 = \frac{30}{36} = \frac{5}{6}$　　5：6では、$5 \div 6 = \frac{5}{6}$

となって、20：24、30：36、5：6は、どれも10：12と等しい比です。

答え 〔等しい比〕（例） 20：24、30：36、5：6

〔確かめ〕 考え方

教科書160ページ

◆3 2：4と5：10は等しい比です。
□にあてはまる数を考えましょう。

考え方 $2 \times \square = 5$ だから、

$\square = 5 \div 2 = \frac{5}{2}\left(2\frac{1}{2}、2.5\right)$

となります。

$4 \times \square = 10$ で考えても、同じ数が入ることがわかります。

$\square = 10 \div 4 = \frac{10}{4} = \frac{5}{2}\left(2\frac{1}{2}、2.5\right)$

×□
2：4＝5：10
×□

答え $\frac{5}{2}\left(2\frac{1}{2}、2.5\right)$

教科書161ページ

3 6：8と9：12が等しい比かどうか調べましょう。

考え方 〔ゆきさんの考え〕

比の値を求めて比べています。比の値が等しければ、等しい比です。

$6 \div 8 = \frac{6}{8} = \boxed{\frac{3}{4}}$

$9 \div 12 = \frac{9}{12} = \boxed{\frac{3}{4}}$

どちらも比の値が$\boxed{\frac{3}{4}}$となるので、6：8と9：12は等しい比です。

〔れおさんの考え〕

比の性質を使って$a:b$のaとbを同じ数でわっています。できるだけ小さい整数の比にしたとき同じ比になれば、等しい比です。

$6:8=(6\div 2):(8\div 2)=\boxed{3}:\boxed{4}$

$9:12=(9\div \boxed{3}):(12\div \boxed{3})=3:4$

となるので、6：8と9：12は等しい比です。

答え **6：8と9：12は等しい比です。**

〔ゆきさん　上から順に〕 $\frac{3}{4}$、$\frac{3}{4}$、$\frac{3}{4}$

〔れおさん　左から順に〕 3、4、3、3

教科書161ページ

4 次の比を簡単(かんたん)にしましょう。

① 12：20　② 16：14　③ 45：27

考え方 比を、それと等しい比で、できるだけ小さい整数どうしの比になおすことを、比を簡単にするといいます。

① 12と20を同じ数でわっていきます。12と20の最大公約数4でわると、一度でいちばん小さい整数どうしの比になります。

$12:20=(12\div 4):(20\div 4)=3:5$

② $16:14=(16\div 2):(14\div 2)=8:7$

③ $45:27=(45\div 9):(27\div 9)=5:3$

答え ① 3：5　② 8：7　③ 5：3

教科書161ページ

比の性質と似ている関係

答え **・$a:b$のaとbに同じ数をかけてできる比は、すべて等しい比になります。**

$2:3=4:6$（2→4 ×2、3→6 ×2）

・わり算では、わられる数とわる数に同じ数をかけても、商は変わりません。

$$2 \div 3 = \frac{2}{3}$$

↓×2 ↓×2

$$4 \div 6 = \frac{\overset{2}{\cancel{4}}}{\underset{3}{\cancel{6}}} = \frac{2}{3}$$

似ている関係に気づくことは、算数を学習するときにとても重要なことなんだよ。

・分数の分母と分子に同じ数をかけても、分数の大きさは変わりません。

$$\frac{2}{3} = \frac{2 \times 2}{3 \times 2} = \frac{4}{6}$$

・比例する２つの数量では、一方の数量を２倍すると、もう一方の数量も２倍になります。

教科書162ページ

4 小数や分数で表された比を簡単（かんたん）にする方法を考えましょう。

① 1.5：2.4　　② $\frac{3}{4}:\frac{2}{3}$

考え方 $a:b$ の a と b に同じ数をかけたり、a と b を同じ数でわったりして、比を簡単にします。

① 1.5と2.4に10をかけて、整数の比で表してから考えます。

1.5：2.4＝(1.5×[10])：(2.4×[10])＝15：[24]

＝(15÷3)：(24÷3)＝[5]：[8]

② $\frac{3}{4}$ と $\frac{2}{3}$ に、分母の4と3の最小公倍数をかけて、整数の比にします。

$\frac{3}{4}:\frac{2}{3}=\left(\frac{3}{4}\times\boxed{12}\right):\left(\frac{2}{3}\times\boxed{12}\right)=9:\boxed{8}$

答え ① 〔上から順に〕 10、10、24、5、8

② 〔上から順に〕 12、12、8

教科書162ページ

5 次の比を簡単にしましょう。

① 1.2：2　② 0.15：1.5　③ $\frac{5}{6}:\frac{7}{12}$　④ $\frac{1}{3}:\frac{3}{2}$

考え方 ① 1.2：2＝(1.2×10)：(2×10)＝12：20

＝(12÷4)：(20÷4)＝3：5

② $0.15:1.5=(0.15\times100):(1.5\times100)=15:150$
$=(15\div15):(150\div15)=1:10$

③ $\frac{5}{6}:\frac{7}{12}=\left(\frac{5}{6}\times12\right):\left(\frac{7}{12}\times12\right)=10:7$

④ $\frac{1}{3}:\frac{3}{2}=\left(\frac{1}{3}\times6\right):\left(\frac{3}{2}\times6\right)=2:9$

答え ① 3：5　② 1：10　③ 10：7　④ 2：9

教科書163〜164ページ

5 クラスで長方形の形をした旗を作ります。

縦(たて)と横の長さの比が3：4で、横の長さを60cmにするとき、縦の長さは何cmにすればよいでしょうか。

1 求める数をxとして、場面を図に表しましょう。

2 縦の長さの求め方を考えましょう。

3 2人の考え方を説明しましょう。

考え方 1 横の長さを60cmにするので、図の□には60が入ります。

2 〔つばささんの求め方〕

横の長さを1とみると、縦の長さは、横の長さの $3\div4=\frac{3}{4}$ より、$\frac{3}{4}$倍です。

$60\times\frac{3}{4}=45$　答え　45cm

〔はるさんの求め方〕

縦の長さを$x$cmとして、比で表しています。4に15をかけると60になるので、xは3に15をかけた数になります。

$$3:4=x:60$$
(×15、×15)

式で表すと次のようになります。

$x=3\times(60\div4)=3\times15=45$　答え　45cm

3 〔つばささんの考え方〕

割合を使います。横の長さを1として、縦の長さを考えます。

〔はるさんの考え方〕

比を使います。横の長さが何倍になっているかを考えて、縦の長さを求めます。

答え 1 60

2 〔つばささん〕 45　〔答え〕 45cm

〔はるさん　図　上から順に〕 15、15　〔答え〕 45cm

3 **考え方**の3

教科書164ページ

6 酢とサラダ油の量の比を $2:3$ の割合で混ぜて、ドレッシングを作ります。サラダ油の量を 150mL にするとき、酢は何 mL 入れればよいでしょうか。

考え方 酢とサラダ油の量の比が $2:3$ となるように、入れる酢の量を xmL とすると、次のような式になります。

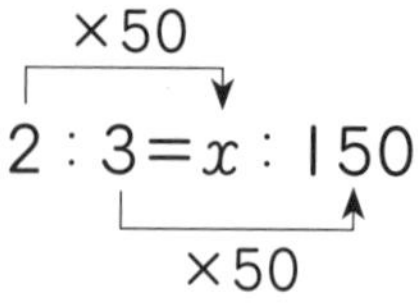

$$2:3=x:150$$

$150\div3=50$ より、150 は 3 に 50 をかけた数なので、x は 2 に 50 をかけた数になります。

$$x=2\times(150\div3)=2\times50=100$$

または、x は 150 の $\frac{2}{3}$ 倍だから、$150\times\frac{2}{3}=100$ と求めることもできます。

答え 〔式〕 $2\times(150\div3)=100$ 　または 　$150\times\frac{2}{3}=100$

〔答え〕 100mL

教科書164ページ

7 x にあてはまる数を求めましょう。

① $3:2=x:8$ 　② $20:12=5:x$ 　③ $18:x=12:10$

考え方 ① $3:2=x:8$

$$x=3\times(8\div2)=12$$

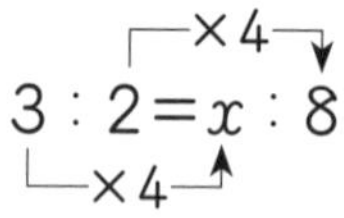

② $20:12=5:x$

$$x=12\times(5\div20)=3$$

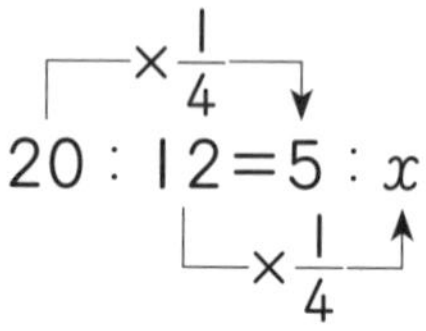

③ $18:x=12:10$

$$x=10\times(18\div12)=15$$

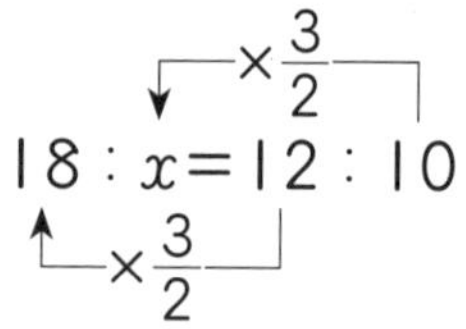

答え ① 12 　② 3 　③ 15

教科書165ページ

6 当たりくじとはずれくじの数の比が3：7になるようにくじを作ります。
くじの数を全部で120枚（まい）にするとき、当たりくじの数は何枚にすればよいでしょうか。

1 場面を図に表して、当たりくじと全部のくじの数の比を求めましょう。

2 当たりくじの数の求め方を考えましょう。

考え方 **1** 当たりくじの数とはずれくじの数を合わせると全部のくじの数になります。
当たりくじの数：全部のくじの数＝3：(3＋7)＝3：10

2 〔みなとさんの考え〕
当たりくじの数と全部のくじの数の比は3：10なので、当たりくじの数は全部のくじの数の $3\div10=\frac{3}{10}$ より、$\frac{3}{10}$ 倍だから、

$120\times\frac{3}{10}=\boxed{36}$

〔かえでさんの考え〕
当たりくじ x 枚と全部のくじ120枚の比を3：10にするから、

$3:10=x:120$

120は、10に12をかけた数になっているので、x は3に12をかけた数になります。

$x=3\times(120\div10)=3\times12=36$

$$\overset{\times\boxed{12}}{3:10=x:120}\quad(\times\boxed{12})$$

答え **1** **当たりくじの数：全部のくじの数＝3：10**
〔図〕 120　〔説明文〕 10

2 〔みなとさん〕 36　〔答え〕 36枚
〔かえでさん　図　上から順に〕 12、12　〔答え〕 36枚

教科書165ページ

8 面積が $72\,m^2$ の土地があります。
この土地を、面積の比が3：5になるように2つに分けると、それぞれの面積は何 m^2 になるでしょうか。

考え方 土地全体を3：5の比に分けるとき、3の広さの土地の面積を $x\,m^2$ とすると、土地全体の面積は $72\,m^2$ で、
3の広さの土地の面積：土地全体の面積＝3：(3＋5)＝3：8 となるから、

$3:8=x:72$

72は8に9をかけた数になっているので、x は3に9をかけた数になります。

$x=3\times(72\div8)=3\times9=27$

3：5の5の広さの土地の面積は、

$72-27=45$

または、3の広さの土地の面積は、土地全体の面積の$\frac{3}{8}$倍だから、$72\times\frac{3}{8}=27$

として求めることもできます。

答え　$27m^2$と$45m^2$

教科書166ページ

写真から身長を求めよう！

考え方　❶ 実際の長さと写真の中の長さを比べると考えて、そのために使えるものを選びましょう。

校門の高さと写真の中の校門の高さの比は、かえでさんが入学した時の身長と写真の中のかえでさんの身長の比と等しくなります。

❷ 校門の高さと写真の中の校門の高さの比　200：20＝10：1

かえでさんが入学した時の身長 x cm と写真の中のかえでさんの身長の比

x：11.6

この2つの比が等しいので、

10：1＝x：11.6

11.6は1に11.6をかけた数になっているので、xは10に11.6をかけた数になります。

$x=10\times(11.6\div1)=10\times11.6=116$

❸ 卒業式の日にとる写真の中での、かえでさんの身長を y cm とします。

❷と同じように、実際の長さと写真の中の長さの比を考えます。

校門の高さについて、200：20＝10：1

かえでさんの身長について、150：y

この2つの比が等しいので、

10：1＝150：y

150は10に15をかけた数になっているので、yは1に15をかけた数になります。

$y=1\times(150\div10)=1\times15=15$

答え　❶ ㋑、㋒、㋓

❷〔左から順に〕 200、20、11.6　〔答え〕 116cm

❸〔式〕 200：20＝10：1　$1\times(150\div10)=15$

〔答え〕 15cm

まとめ

教科書167ページ

1 右のようなミルクとコーヒーがあります。

① ミルクとコーヒーの量の割合(わりあい)を比で表しましょう。

② 下のあからうの中から、①と等しい比を選びましょう。

あ 1：2　い 4：5　う 6：8

考え方 ① コップに、ミルクが3ばい分、コーヒーが4はい分あります。

ミルクの量を3とみたときの、コーヒーの量が4だから、ミルクとコーヒーの量の割合は3：4となります。

② 2つの比が等しいとき、比の値も等しくなります。あからうの比の値は、

あ $1 \div 2 = \frac{1}{2}$

い $4 \div 5 = \frac{4}{5}$

う $6 \div 8 = \frac{6}{8} = \frac{3}{4}$

3：4の比の値は $3 \div 4 = \frac{3}{4}$ だから、3：4と等しい比になっているのは、比の値の等しいうです。

答え ① 3：4　② う

〔上から順に〕 **4、3：4、比、比の値、商、3、4、$\frac{3}{4}$**

教科書167ページ

2 35：42の比を簡単(かんたん)にしましょう。

考え方 a：b の a、b に同じ数をかけたり、同じ数でわったりしてできる比は、すべて等しい比になります。35と42を同じ数でわっていきます。このとき、35と42の最大公約数7でわると、いちばん小さい整数どうしの比になります。このような比を求めることを、比を簡単にするといいます。

(35÷7)：(42÷7)＝5：6

答え 5：6

〔説明文　上から順に〕 **等しい比、7、7、5、6**

教科書168ページ

1 次の比の値（あたい）を求めましょう。

① 2：5　② 12：36　③ 14：6　④ 18：6

考え方　$a:b$ で表された比で、b を1とみたときに a がいくつにあたるかを表した数を、比の値といいます。

$a:b$ の比の値は、$a \div b$ の商になります。

① $2 \div 5 = \frac{2}{5}$　② $12 \div 36 = \frac{\overset{1}{\cancel{12}}}{\underset{3}{\cancel{36}}} = \frac{1}{3}$

③ $14 \div 6 = \frac{\overset{7}{\cancel{14}}}{\underset{3}{\cancel{6}}} = \frac{7}{3}\left(2\frac{1}{3}\right)$　④ $18 \div 6 = \frac{\overset{3}{\cancel{18}}}{\underset{1}{\cancel{6}}} = 3$

答え　① $\frac{2}{5}$　② $\frac{1}{3}$　③ $\frac{7}{3}\left(2\frac{1}{3}\right)$　④ 3

教科書168ページ

2 次の①、②と等しい比を、それぞれ下のあからえの中から、すべて選びましょう。

① 6：4

あ 9：7　い 3：2　う 21：14　え 20：30

② 0.2：0.3

あ 1.2：1.3　い 2：3　う $\frac{1}{2}:\frac{1}{3}$　え $\frac{1}{3}:\frac{1}{2}$

考え方　比の値を調べてもわかりますが、ここでは比を簡単にしてみます。$a:b$ の a と b に同じ数をかけたり、a と b を同じ数でわったりして、比を簡単にします。

① 6：4 を簡単にすると、6：4＝(6÷2)：(4÷2)＝3：2

また、あ～えを簡単にすると、

あ 9：7のまま。

い 3：2のまま。

う 21：14＝(21÷7)：(14÷7)＝3：2

え 20：30＝(20÷10)：(30÷10)＝2：3

よって、い、うです。

② 小数や分数の比を簡単にするときは、まず整数の比で表すとよいです。

0.2：0.3 を簡単にすると、0.2：0.3＝(0.2×10)：(0.3×10)＝2：3

また、あ～えを簡単にすると、

㋐ $1.2:1.3=(1.2\times10):(1.3\times10)=12:13$

㋑ $2:3$のまま。

㋒ $\frac{1}{2}:\frac{1}{3}=\left(\frac{1}{2}\times6\right):\left(\frac{1}{3}\times6\right)=3:2$

㋓ $\frac{1}{3}:\frac{1}{2}=\left(\frac{1}{3}\times6\right):\left(\frac{1}{2}\times6\right)=2:3$

よって、㋑、㋓です。

答え ① ㋑、㋒　② ㋑、㋓

教科書168ページ

3 次の比を簡単(かんたん)にしましょう。

① $16:18$　② $4.5:3$　③ $\frac{5}{9}:\frac{2}{3}$　④ $\frac{1}{4}:1$

考え方 同じ数でわったり、同じ数をかけたりします。

① $16:18=(16\div2):(18\div2)=8:9$

② $4.5:3=(4.5\times10):(3\times10)=45:30$
$=(45\div15):(30\div15)=3:2$

③ $\frac{5}{9}:\frac{2}{3}=\left(\frac{5}{9}\times9\right):\left(\frac{2}{3}\times9\right)=5:6$

④ $\frac{1}{4}:1=\left(\frac{1}{4}\times4\right):(1\times4)=1:4$

答え ① $8:9$　② $3:2$　③ $5:6$　④ $1:4$

教科書168ページ

4 xにあてはまる数を求めましょう。

① $3:5=x:25$　② $4:6=60:x$

③ $14:x=21:9$　④ $x:8=0.3:0.8$

考え方 2つの比が等しくなるように、xの値を求めます。

① $25\div5=5$ より、25は5の5倍の数なので、xは3に5をかけた数になります。

$3:5=x:25$（×5）

$3:5=x:25$

$x=3\times(25\div5)$

$=15$

② $60\div4=15$ より、60は4の15倍の数なので、xは6に15をかけた数になります。

$4:6=60:x$（×15）

$4:6=60:x$

$x=6\times(60\div4)$

$=90$

③　$14\div21=\frac{2}{3}$ より、14は21の $\frac{2}{3}$ 倍の数なので、x は9に $\frac{2}{3}$ をかけた数になります。

（図：$14:x=21:9$、21→14 が $\times\frac{2}{3}$、9→x が $\times\frac{2}{3}$）

$14:x=21:9$

$x=9\times(14\div21)$

$=6$

④　$8\div0.8=10$ より、8は0.8の10倍の数なので、x は0.3に10をかけた数になります。

（図：$x:8=0.3:0.8$、0.8→8 が $\times10$、0.3→x が $\times10$）

$x:8=0.3:0.8$

$x=0.3\times(8\div0.8)$

$=3$

答え　①　15　②　90　③　6　④　3

教科書168ページ

5　長さが60cmのひもで長方形を作ります。
縦（たて）と横の長さの比を3：2にするには、縦の長さを何cmにすればよいでしょうか。

考え方　図1のように、縦と横の長さの和は、長方形の周りの長さの半分です。つまり、ひもの長さの半分になります。$60\div2=30$ より、30cmです。

縦と横の長さの比が3：2だから、図2のように表すことができます。

図1

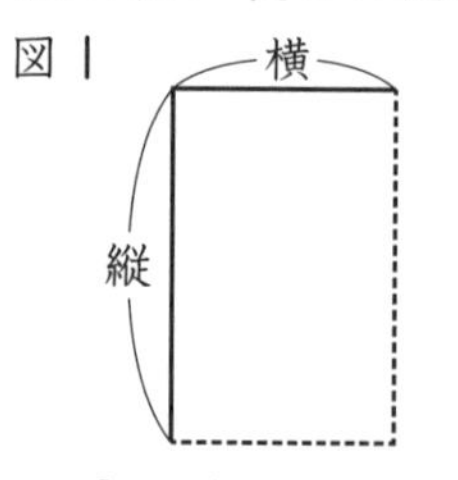

図2

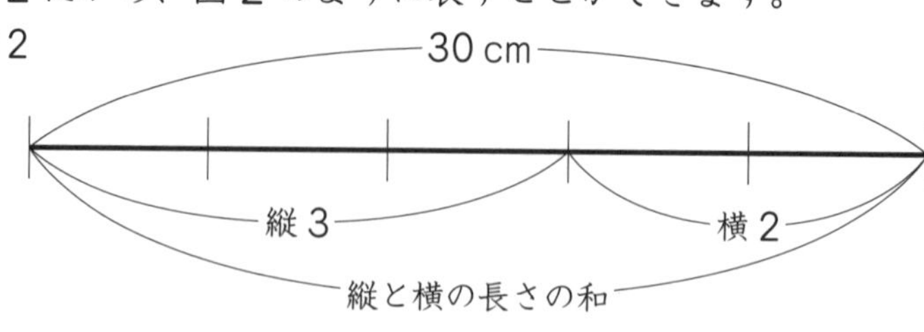

図2から、

縦の長さ：縦と横の長さの和＝3：(3＋2)＝3：[5]

となることがわかります。

縦の長さを x cmとすると、縦と横の長さの和が30cmだから、等しい比を次のように表すことができます。

$3:5=x:30$

ここから x にあてはまる数を求めると、

（図：$3:5=x:30$、5→30 が $\times6$、3→x が $\times6$）

$x=3\times(30\div5)$
$=18$

または、図2から縦の長さが30cmの$\frac{3}{5}$だと考えて、$30\times\frac{3}{5}=18$

答え 〔式〕 $3+2=5$　$3\times(30\div5)=18$
または、$3+2=5$　$30\times\frac{3}{5}=18$

〔答え〕 18cm
〔考えるヒントの答え〕 5

教科書169ページ

算数ワールド　うさぎとかめ

考え方 1 **1** 〔うさぎ〕10分で400m進むから　$400\div10=40$ で分速40m。
〔かめ〕 10分で200m進むから　$200\div10=20$ で分速20m。

2 うさぎが800m進むのにかかる時間は $800\div40=20$ より、20分です。この間にかめは、$20\times20=400$ より、400m進みます。また、かめが800m進むのにかかる時間は $800\div20=40$ より、40分だから、その差は $40-20=20$ より20分です。

3 かめは出発してからゴールまで40分かかります。うさぎは昼寝(ひるね)を始めたとき、スタートから600m進んだ位置にいるので、ゴールまでの残りの道のりは $800-600=200$ より、200mです。この道のりをうさぎは $200\div40=5$ より、5分で進みます。かめがゴールする時間より5分前からうさぎが再び走り始めると、うさぎとかめが同時にゴールします。うさぎが再び走り始めるのは、$40-5=35$ より、出発してから35分後です。この場合の昼寝の時間は $35-15=20$ より20分です。つまり昼寝の時間が20分より長いとかめが勝つことができます。

答え 1 **1** 〔うさぎ〕 分速40m　〔かめ〕 分速20m
2 〔かめが進む道のり〕 400m　〔ちがい〕 20分
3 20分

11 拡大図と縮図

教科書170ページ

上の①から③で、もとの画像データと同じ形といえるのはどれでしょうか。

考え方 もとの画像データと対応する辺の比と、対応する角の大きさがそれぞれ等しいと、同じ形といえます。

答え ③

教科書171～173ページ

1 下の図で、(あ)と大きさはちがっても同じ形といえるのはどれでしょうか。

1 (あ)と(え)の形を比べましょう。

2 「拡大図(かくだいず)」、「縮図(しゅくず)」、「合同」という言葉を□にあてはめて、下の(か)、(き)、(く)、(け)の関係をいいましょう。

考え方 **1** (え)は、(あ)を縦(たて)方向に2倍、横方向に2倍にした形で、大きさは(あ)とちがいますが、形は(あ)と同じです。

（(い)は、(あ)の縦方向はそのままで、横方向に2倍した形です。(う)は、(あ)の横方向はそのままで、縦方向に2倍した形です。）

・(あ)と(え)で、対応する辺は次の通りです。
辺アイと対応する辺は辺コサ、
辺アウと対応する辺は辺コシ、
辺イウと対応する辺は辺サシ

・方眼の数を利用して比で表します。
辺アイ：辺コサ＝4：8　この比を簡単(かんたん)にすると、1：2
辺アウ：辺コシ＝6：12　この比を簡単にすると、1：2
(え)の辺は、(あ)の辺のすべて2倍の長さになっています。

・対応する角は次の通りです。
角アと対応する角は角コ、
角イと対応する角は角サ、
角ウと対応する角は角シ
対応する角の大きさは、それぞれ等しくなっています。

2 もとの図を大きくした図を拡大図、小さくした図を縮図といいます。(き)は(か)の$\frac{1}{2}$に小さくなっているので縮図、(く)は(か)の2倍に大きくなっているので拡大図です。(け)は(か)と同じ大きさなので合同です。

答え 〔Ⓐと同じ形〕 ㋓

1 **対応する辺の長さの比は、すべて 1：2 になっています。**
対応する角の大きさは、それぞれ等しくなっています。

2 〔左から順に〕 **縮図、合同、拡大図**

教科書173ページ

1 下の㋚と㋛は、拡大図と縮図の関係です。

① ㋛は、㋚の何倍の拡大図でしょうか。

②「縮図」という言葉を使って、㋚と㋛の関係をいいましょう。

③ 辺 BC の長さは何 cm でしょうか。

④ 角ウは何度でしょうか。

考え方 ① 対応する辺の比から求めます。辺アオは 4 マス、辺 AE は 12 マスなので、12÷4＝3 より、辺 AE は辺アオの 3 倍になっています。だから、㋛は㋚の 3 倍といえます。

② 小さくした図を縮図というので、大きいほうの図をもとの図とします。

③ 対応する辺の長さは 3 倍になります。辺 BC は辺イウに対応しているので、1.4×3＝4.2 で 4.2 cm となります。

④ 対応する角の大きさは等しいです。角ウは角 C と対応しているので 90° です。

答え ① **3 倍** ② **㋚は㋛の $\frac{1}{3}$ の縮図** ③ **4.2 cm** ④ **90°**

教科書174～175ページ

2 右の三角形アイウの拡大図と縮図のかき方を考えましょう。

1 三角形アイウの拡大図を途中(とちゅう)までかきました。
何倍の拡大図をかこうとしているでしょうか。

2 頂点(ちょうてん)アに対応する頂点 A をとって、1 の拡大図を完成させましょう。

3 三角形アイウの $\frac{1}{2}$ の縮図をかきましょう。

考え方 1 三角形アイウの辺イウに対応する辺 BC がかかれています。長さの比は辺イウが 10 マスに対し、辺 BC は 20 マス分の長さです。

辺イウ：辺 BC＝10：20＝1：2 だから、2 倍の拡大図をかこうとしています。

2 方眼のマスを使って考えます。

頂点アは、頂点イから右に 2 マス、上に 6 マス進んだ点だから、頂点 A は、頂点 B から右に 4 マス、上に 12 マス進んだ点になります。

頂点Bと頂点A、頂点Cと頂点Aを直線で結んでできた図形が 答え となります。

3 $\frac{1}{2}$の縮図を三角形DEFとすると、辺イウが10マスより、辺イウに対応する辺EFを5マスの長さにとります。

頂点アは、頂点イから右に2マス、上に6マス進んだ点だから、頂点Dは、頂点Eから右に1マス、上に3マス進んだ点になります。

頂点Eと頂点D、頂点Fと頂点Dを直線で結んでできた図形が 答え となります。

答え 1 2倍

2

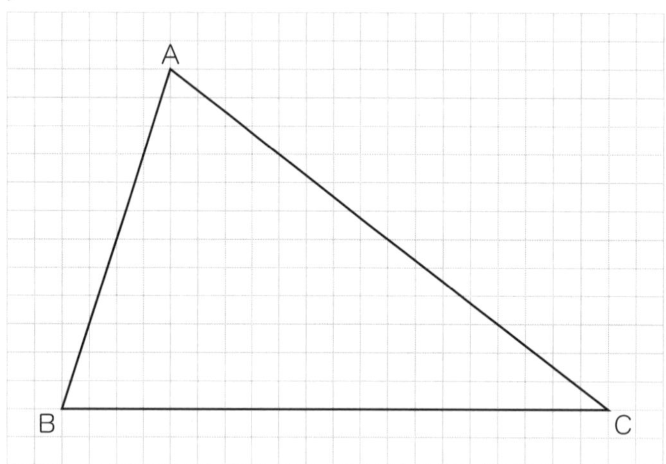

3

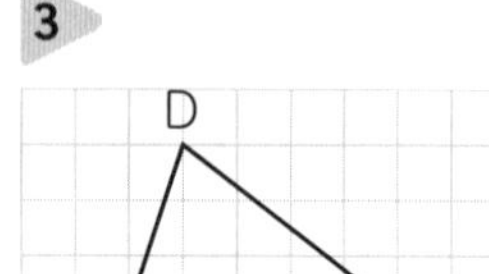

教科書175ページ

2 右のⓐの2倍の拡大図をかきましょう。

考え方 2 2 と同じように、方眼のマスを使って考えます。

ⓐの図で、ある頂点が、ある頂点から右に○マス、上に△マス進んだ点であるとき、2倍の拡大図では、対応する頂点から右に○×2マス、上に△×2マス進んだ点となります。このようにして対応する頂点の位置を決めていき、それらを直線で結んでできた図形が 答え となります。

答え

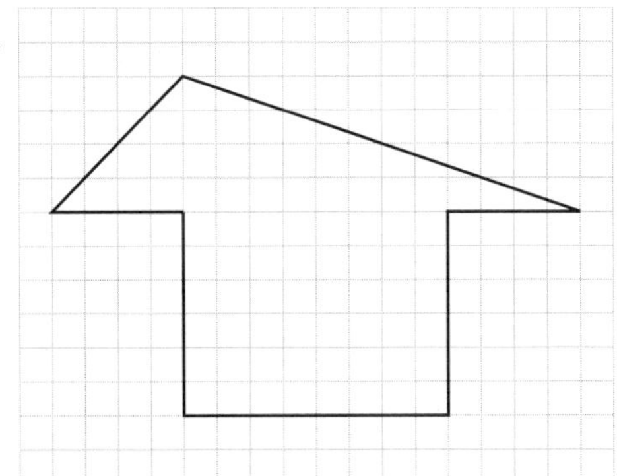

教科書176～177ページ

3 右の三角形アイウを２倍に拡大(かくだい)した三角形ABCのかき方を考えましょう。

1 三角形アイウの２倍の拡大図のかき方を説明しましょう。

2 かいた三角形が、もとの三角形の２倍の拡大図になっていることを確かめましょう。

考え方 1 ここでは方眼を使わないで拡大図をかくことを考えます。

まず、コンパスを使って辺イウの２倍の長さをとって、辺BCをとります。そのあとは、合同な三角形のかき方と同じように、次の①から③のような方法でかきます。

① ３つの辺の長さを考える。

コンパスを使って、頂点B、頂点Cから辺アイ、辺アウの２倍の長さをとって、その交わる点を頂点Aとします。頂点Aと頂点B、頂点Aと頂点Cを結びます。

② ２つの辺の長さとその間の角の大きさを考える。

頂点Bに角イと同じ大きさの角をつくり、つくった辺の長さを辺アイの２倍の長さにとったところが頂点Aになります。頂点Aと頂点Cを結びます。

③ １つの辺の長さとその両はしの角の大きさを考える。

頂点B、頂点Cに、角イ、角ウと同じ大きさの角をそれぞれつくり、つくったときの直線の交わる点が頂点Aになります。

2 もとの三角形とかいた三角形のそれぞれの辺の長さをはかって、それぞれの辺の長さが２倍になっていることを確かめます。

答え 1 **まず、コンパスを使って辺イウの２倍の長さをとって、辺BCをとります。**

〔ゆきさん〕

コンパスを使って、頂点B、頂点Cから辺アイ、辺アウの２倍の長さをそれぞれかいて、その交わる点を頂点Aとします。頂点Aと頂点B、頂点Aと頂点Cを結びます。

〔はるさん〕

分度器を使って、頂点 B に角イと同じ大きさの角をつくり、つくった直線を辺アイの 2 倍の長さにとったところを頂点 A とします。頂点 A と頂点 C を直線で結びます。

〔つばささん〕

分度器を使って頂点 B、頂点 C に、角イ、角ウと同じ大きさの角をそれぞれつくり、つくった直線の交わる点を頂点 A とします。

2 かいた三角形は辺 AB が 5.6 cm、辺 BC が 8 cm、辺 CA が 5 cm です。もとの三角形は辺アイが 2.8 cm、辺イウが 4 cm、辺ウアが 2.5 cm なので、それぞれの辺の長さが 2 倍になっていることがわかります。

教科書177ページ

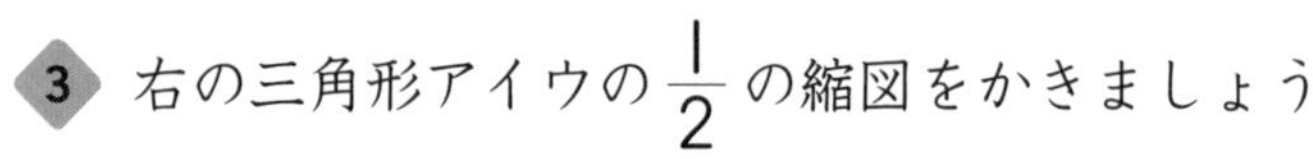

3 右の三角形アイウの $\frac{1}{2}$ の縮図をかきましょう。

考え方 三角形アイウの辺の長さと角の大きさを調べると、次のようになります。
辺アイが 8.4 cm、辺イウが 9 cm、辺ウアが 6 cm、
角アが 75°、角イが 40°、角ウが 65°

- 辺の長さを $\frac{1}{2}$ にした 4.2 cm、4.5 cm、3 cm
- 角の大きさ 75°、40°、65°

のうちいくつかを使い、**3** のように考えて、**答え** の例の図のようにかきます。
（教科書 177 ページの三角形アイウの図を使って、辺アイのまん中の点と辺イウのまん中の点を直線で結ぶようなかき方もあります。）

答え （例）

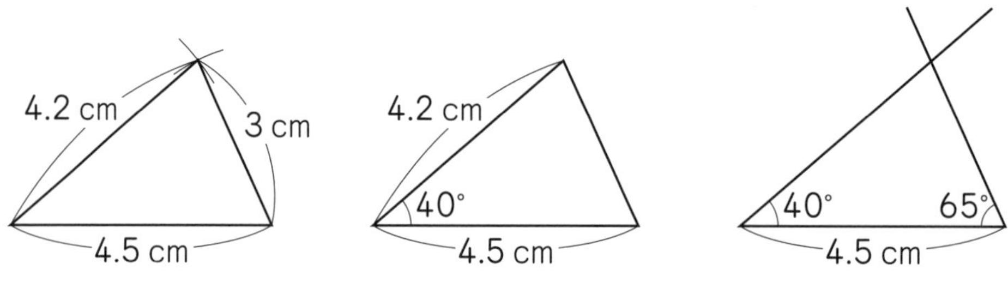

教科書178ページ

4 右の三角形ABCの辺AB、辺ACをのばして、2倍に拡大(かくだい)した三角形のかき方を考えましょう。

1 頂点(ちょうてん)Bに対応する頂点D、頂点Cに対応する頂点Eの位置は、どのように決めればよいでしょうか。

2 辺DEの長さをはかって、辺BCの長さの2倍になっていることを確かめましょう。

考え方 辺ABの2倍の長さが辺ADなので、BDの長さは辺ABの長さと等しいです。ですから、頂点Bから辺ABとBDが同じ長さになるように頂点Dをとります。同じように、頂点Cから辺ACとCEが同じ長さになるように頂点Eをとります。

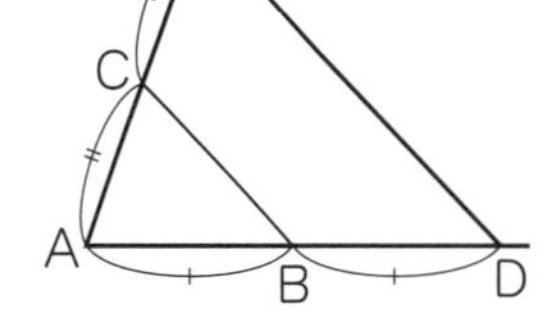

答え **1** **ABとBD、ACとCEがそれぞれ等しくなるように、頂点D、頂点Eをとり、頂点Dと頂点Eを直線で結びます。三角形ADEが三角形ABCの2倍の拡大図です。**

2 **辺DEの長さは6.4cmで、辺BCの長さ3.2cmの2倍です。**

教科書179ページ

5 右の四角形ABCDについて、頂点Aを中心にして2倍にした拡大図のかき方を考えましょう。

考え方 **4**の三角形の2倍の拡大図のかき方と同じように考えます。

四角形ABCDに対角線ACをひき、三角形ABCと三角形ACDに分けます。それぞれの辺を頂点Aから2倍の長さにのばして、対応する点をとります。

それぞれ2倍の長さにするので、ABとBE、ACとCF、ADとDGがそれぞれ等しくなるように、頂点Eと頂点Fと頂点Gをとります。

答え **辺AB、辺AC、辺ADをのばして、ABとBE、ACとCF、ADとDGがそれぞれ等しくなるように頂点E、頂点F、頂点Gをとります。最後に、頂点E、頂点F、頂点Gを直線で結びます。四角形AEFGが四角形ABCDの2倍の拡大図です。**

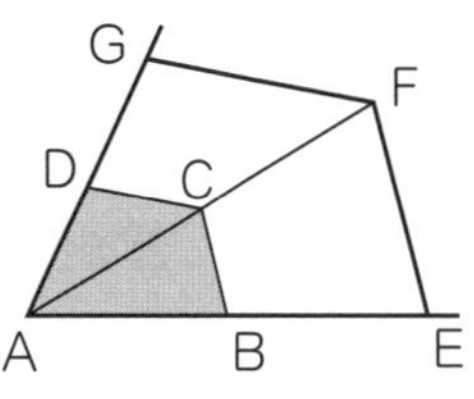

対角線で
三角形に
分けよう。

教科書179ページ

4 5 の四角形ABCDについて、頂点Aを中心にして3倍にした拡大図をかきましょう。

また、頂点Aを中心にして$\frac{1}{2}$にした縮図(しゅくず)をかきましょう。

考え方 5 の四角形の2倍の拡大図のかき方と同じように考えます。

〔3倍の拡大図のかき方〕

四角形ABCDに対角線ACをひき、三角形ABCと三角形ACDに分けます。それぞれの辺を与えられた三角形の3倍の長さにのばして、対応する頂点Eと頂点Fと頂点Gをとります。

〔$\frac{1}{2}$の縮図のかき方〕

四角形ABCDに対角線ACをひき、三角形ABCと三角形ACDに分けます。それぞれの辺を与えられた三角形の$\frac{1}{2}$倍の長さになるように対応する頂点Hと頂点Iと頂点Jをとります。

答え 〔3倍の拡大図〕

辺AB、辺AC、辺ADをのばして、AEをABの3倍に、AFをACの3倍に、AGをADの3倍になるように頂点E、頂点F、頂点Gをとります。最後に、頂点Eと頂点F、頂点Fと頂点Gを直線で結びます。

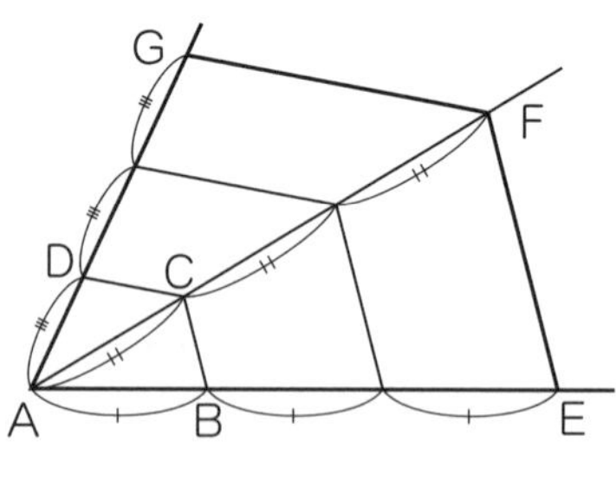

四角形AEFGが頂点Aを中心にして3倍にした拡大図です。

〔$\frac{1}{2}$の縮図〕

AHとHB、AIとIC、AJとJDがそれぞれ等しくなるように頂点H、頂点I、頂点Jをとります。最後に、頂点Hと頂点I、頂点Iと頂点Jを直線で結びます。

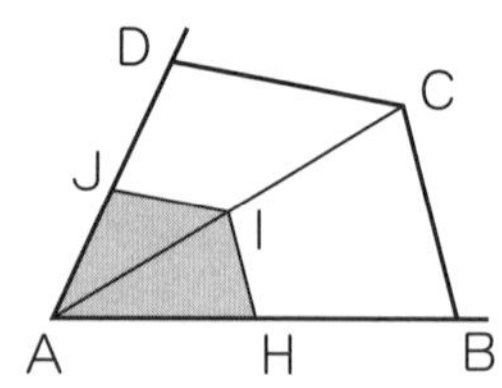

四角形AHIJが頂点Aを中心にして$\frac{1}{2}$にした縮図です。

教科書180ページ

6 これまでに学習した多角形を、いろいろかきました。それぞれの多角形について、拡大図(かくだいず)と縮図(しゅくず)の関係になっているか調べましょう。

1 いつも拡大図と縮図の関係になっている多角形はどれでしょうか。

考え方 拡大図や縮図は、対応する辺の長さの比と、対応する角の大きさがそれぞれ等しいです。

1 辺の長さがすべて等しく、角度が決まっている図形だと、対応する辺の長さの比と、対応する角の大きさがそれぞれ等しくなります。

答え 1 **正三角形、正方形、正五角形、正六角形**

教科書181ページ

7 右の図は、学校のしき地を縮図で表したものです。
縮図から実際の長さを求めましょう。

1 この縮図では、ADの実際の長さ100mを5cmに縮(ちぢ)めて表しています。この縮図は、実際の長さを何分の一に縮めているでしょうか。また、縮めた割合(わりあい)を比で表しましょう。

2 AB、BC、CDの実際の長さは、それぞれ何mでしょうか。

考え方 1 〔つばささん〕 100m＝10000cm です。この縮図は、実際の長さの10000cmを5cmに縮めています。つまり、実際の長さを $\frac{5}{10000}=\frac{1}{\boxed{2000}}$ に縮めています。

〔はるさん〕 $\frac{5}{10000}$ を比で表すと 5：10000＝1：$\boxed{2000}$ です。

2 縮図でAB、BC、CDの長さをはかると、ABは5.5cm、BCは3.5cm、CDは5.7cmです。

この縮図の縮尺(しゅくしゃく)(実際の長さを縮めた割合)が $\frac{1}{2000}$ だから、実際の長さは縮図での長さの2000倍です。実際の長さを求めると、次のようになります。

ABは、5.5×2000＝11000 より、11000cm → 110m
BCは、3.5×2000＝7000 より、7000cm → 70m
CDは、5.7×2000＝11400 より、11400cm → 114m

答え 1 〔左から順に〕 2000、2000 〔答え〕 $\frac{1}{2000}$、1：2000

2 〔ABの実際の長さ〕 110m
〔BCの実際の長さ〕 70m

〔CD の実際の長さ〕 114m

教科書181ページ

5 右の地図で1cm の長さは、実際には何 km でしょうか。また、飛行場がある地点からA地点までの実際のきょりは、約何 km でしょうか。

考え方 縮尺が1：1500000だから、1cm を1500000倍します。

1×1500000＝1500000　　1500000cm＝15000m＝15km

飛行場がある地点からA地点までの長さは、地図では約3cm です。

15×3＝45

答え 15km、約45km

教科書182～183ページ

縮図を使って木の高さを求めよう！

考え方 ❶ 下の図にかき入れます。

Ⓐの 10m、Ⓘの 35° は図のようになります。点 C は、はかる人の目と同じ高さの点で、CD の実際の長さは 140cm です。

❷ 木の実際の高さを知るためには、AC の実際の長さが必要です。そのため、直角三角形 ABC に着目して、この直角三角形の縮図をかきます。

$\frac{1}{100}$ の縮図では、BC の実際の長さ 10m を、10cm に表しています。

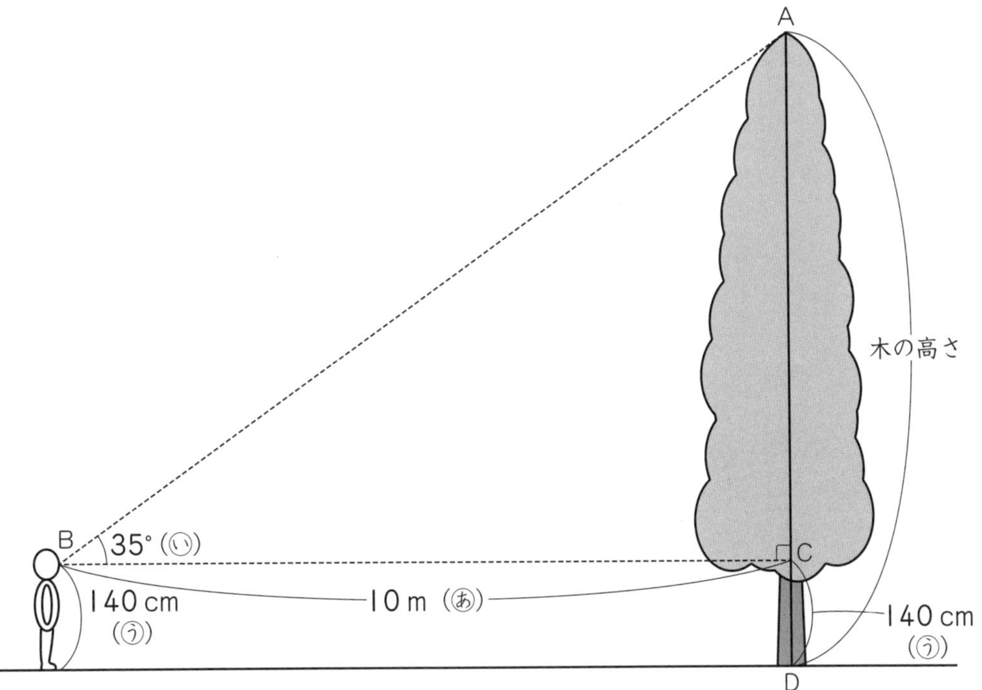

❸ 上の縮図で AC の長さをはかると 7cm です。

$\frac{1}{100}$ の縮図なので、AC の実際の長さは、7×100＝700

木の高さは、これに CD の長さ 140cm をたして、700＋140＝840

答え ❶、❷ 考え方 の図

❸ 840cm 〔図　上から順に〕 700、140

教科書183ページ

6 ななみさんが校舎から12mはなれたところに立って、屋上を見上げると、見上げた角度は50°でした。

ななみさんの目までの高さは130cmです。

校舎の高さは何mでしょうか。

考え方 校舎の屋上のはしの点をA、ななみさんの目の位置をB、そこから12mはなれた校舎のかべの点(地面からの高さ130cm)をCとして、直角三角形ABCの縮図をかきます。$\frac{1}{100}$の縮図をかくと、BCの長さ12mは12cmに表されます。

$\left(12\text{m}=1200\text{cm}\quad 1200\times\frac{1}{100}=12\text{ より、}12\text{cm}\right)$

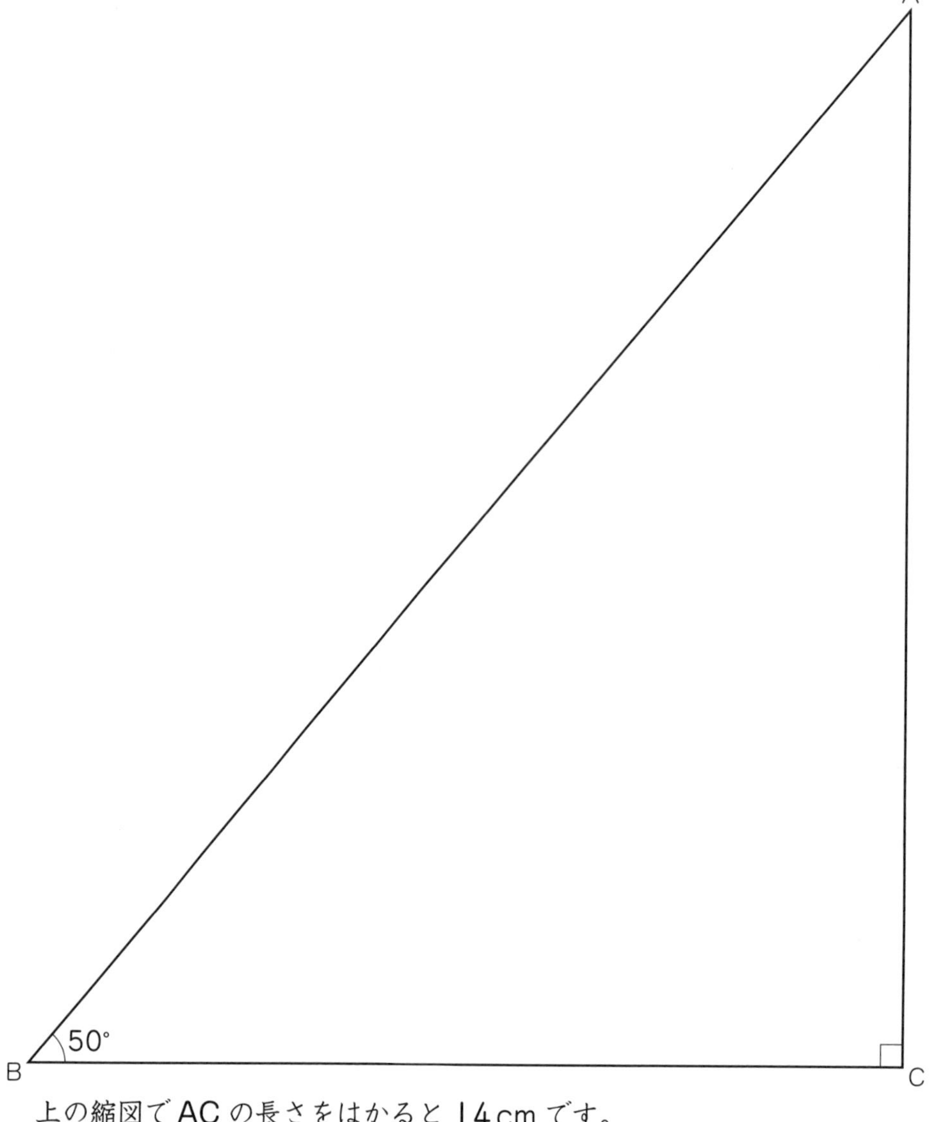

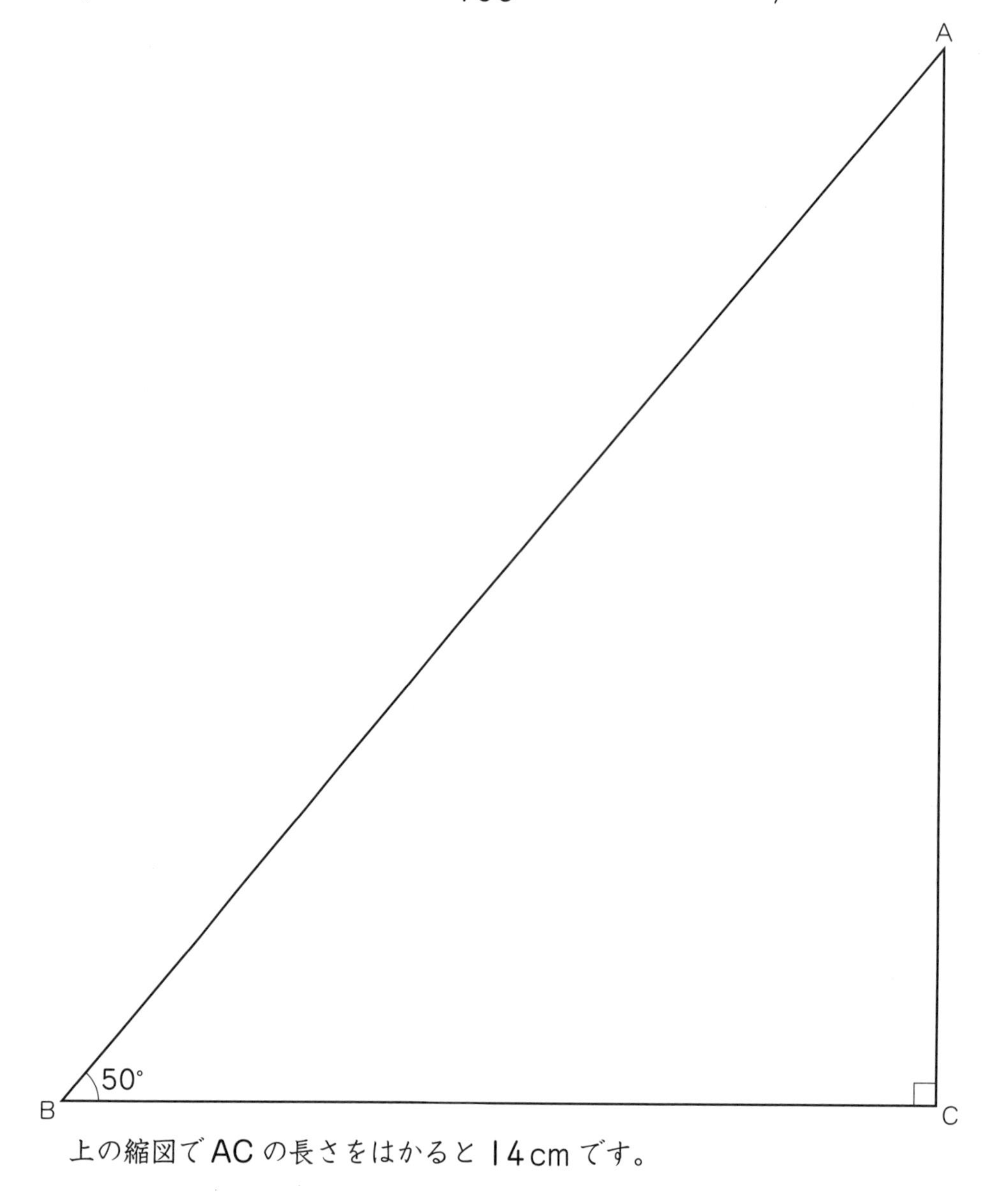

上の縮図でACの長さをはかると14cmです。

$\frac{1}{100}$の縮図なので、ACの実際の長さは14mです。

(14×100＝1400 より、1400cm → 14m)

これにななみさんの目までの高さ130cm(1.3m)をたして、校舎の高さは、

14＋1.3＝15.3

答え 15.3m

❶ あの拡大図(かくだいず)、縮図(しゅくず)を、下のいからおの中から選びましょう。

考え方 対応する辺の長さの比が等しく、対応する角の大きさが等しくなっている図をさがします。(辺の長さの比は、あの長さを：の右側に表しています。)

い　縦方向の辺の長さの比は1：2になっていますが、横方向の辺の長さの比は5：6で、対応する辺の長さの比が等しくないので、拡大図でも縮図でもありません。

う　対応する辺の長さの比は2：1で、対応する角の大きさも等しくなっているので、うはあの2倍の拡大図です。

え　縦方向の辺の長さの比は3：2になっていますが、横方向の辺の長さの比は6：6＝1：1 で、対応する辺の長さの比が等しくないので、拡大図でも縮図でもありません。

お　対応する辺の長さの比は1：2で、対応する角の大きさも等しくなっているので、おはあの$\frac{1}{2}$の縮図です。

答え 〔拡大図〕 う　〔縮図〕 お

〔左から順に〕 **比、角**

教科書185ページ

❷ ❶のおの3倍の拡大図をかきましょう。

考え方 ❶のおの図形のすべての辺の長さを3倍にし、対応する角の大きさが等しくなるように拡大図をかきます。

方眼のマス目を
数えるんだ！

答え

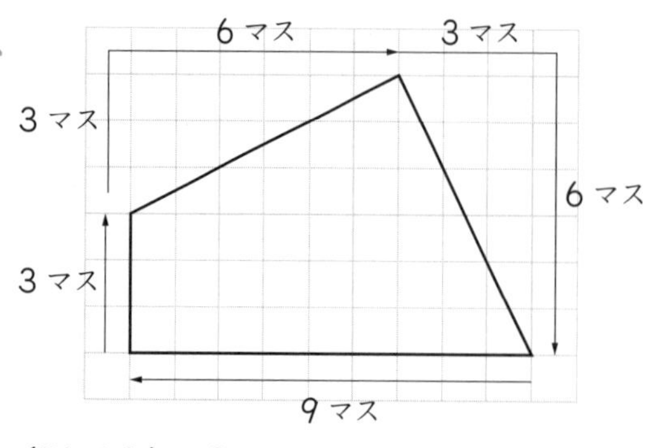

〔説明文〕 3

教科書186ページ

1 右の三角形の2倍の拡大図(かくだいず)をノートにかきましょう。

考え方 もとの三角形をABCとします。答えの図において、辺ABの2倍の長さが辺ADなので、BDの長さは辺ABの長さと等しいです。ですから、頂点Bから辺ABとBDが同じ長さになるように頂点Dをとります。同じように、頂点Cから辺ACとCEが同じ長さになるように頂点Eをとります。

答え (例) 右の三角形ADE

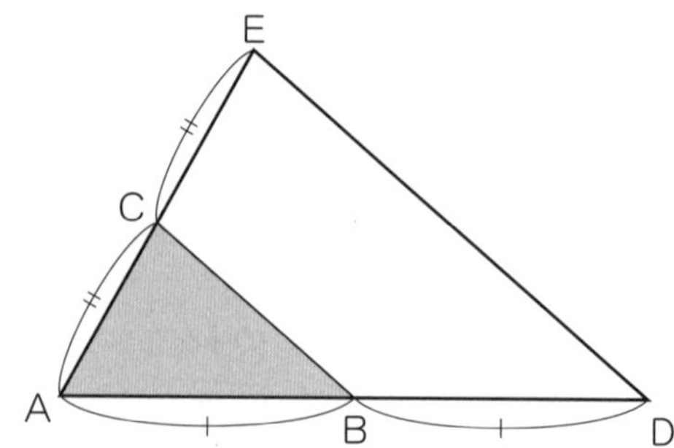

教科書186ページ

2 右の図は、四角形ABCDとその2倍の拡大図の四角形AEFGです。

① 角C、角E、角Gはそれぞれ何度になるでしょうか。

② 辺AG、辺CDの長さはそれぞれ何cmになるでしょうか。

考え方 ① 拡大図ともとの図では、対応する角の大きさがそれぞれ等しくなります。角Cは角Fに対応する角だから120°、角Eは角Bに対応する角だから80°、角Gは角Dに対応する角だから90°です。

② 四角形ABCDと四角形AEFGで、対応する辺の比はすべて1：2です。

辺AGの長さは、辺ADの長さの2倍だから、$2.5\times2=5$

辺CDの長さは、辺FGの長さの$\frac{1}{2}$だから、$4.4\times\frac{1}{2}=2.2$

答え ① 〔角C〕 120°　〔角E〕 80°　〔角G〕 90°
② 〔辺AG〕 5cm　〔辺CD〕 2.2cm

教科書186ページ

❸ 縮尺(しゅくしゃく)が $\frac{1}{1000}$ の縮図があります。
この縮図で5cmの長さは、実際には何mになるでしょうか。

考え方 実際の長さを $\frac{1}{1000}$ に縮めた図なので、縮図の長さを1000倍すると実際の長さが求められます。

5×1000＝5000　5000cm＝50m

答え 50m

教科書186ページ

❹ 右のように池に2本の木AとBがあります。
C地点から実際のきょりや角度を調べると、ACは20m、BCは15mで、ACとBCの間の角度は90°でした。
ABの実際のきょりを、縮図をかいて求めましょう。

考え方 三角形ABCの縮図をかくときの縮尺を $\frac{1}{100}$ にすると、縮図での長さはACが20cm、BCが15cmです。少し大きくなりすぎるので、縮尺を $\frac{1}{500}$ にしてみます。

縮図での長さは、

ACが、$20\times100\times\frac{1}{500}=4$

BCが、$15\times100\times\frac{1}{500}=3$

ACとBCの間の角度が90°だから直角三角形をかきます。ACとBCをノートの方眼の線に合わせるとかきやすいです。

右の縮図でABの長さをはかると5cmです。

ABの実際のきょりは、

5×500＝2500 より、2500cm → 25m

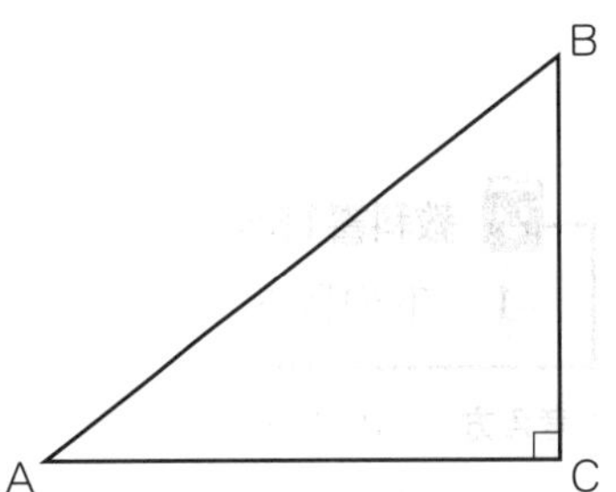

答え 25m 〔縮図〕 **考え方** の図

およその面積と体積

教科書187〜188ページ

1 下の図は、横浜市の縮図です。

この図を使って、横浜市のおよその面積の求め方を考えましょう。

1 横浜市は、およそどんな形とみることができるでしょうか。

2 横浜市のおよその面積を求めましょう。

3 (教科書)187ページの地図で、泉区や港北区のおよその面積を求めましょう。

考え方 1 横浜市の形は、平行四辺形とみることができます。

2 「平行四辺形の面積＝底辺×高さ」の式にあてはめます。

底辺(左側の辺)のマス目が25マス、高さが18マスです。

・1マスの縦、横の長さは1kmだから、横浜市のおよその面積は、

25×18＝450 より、約450km^2 です。

3 〔泉区のおよその面積〕

泉区の形は、直角三角形とみることができます。

底辺(左側の辺)のマス目が8マス、高さが6マスだから、泉区の面積は、

8×6÷2＝24 より、約24km^2 です。

〔港北区のおよその面積〕

港北区の形は、平行四辺形とみることができます。

底辺(下側の辺)のマス目が5マス、高さが7マスだから、港北区の面積は、

5×7＝35 より、約35km^2 です。

答え 1 **平行四辺形**

2 〔式〕 25×18＝450　〔答え〕 約450km^2

3 〔泉区〕〔式〕 8×6÷2＝24　〔答え〕 約24km^2

〔港北区〕〔式〕 5×7＝35　〔答え〕 約35km^2

教科書188ページ

1 下の図を使って、湖のおよその面積を求めましょう。

考え方 山中湖の形を三角形とみて、およその面積を求めます。底辺が5km、高さが2.5kmの三角形とみることができるので、

5×2.5÷2＝6.25 より、およその面積は、6.25km^2 です。

答え 〔式〕 5×2.5÷2＝6.25　〔答え〕 約6.25km^2

教科書189ページ

2 右のようなとび箱のおよその体積の求め方を考えましょう。

1 とび箱は、およそどんな形とみることができるでしょうか。

2 とび箱のおよその体積を求めましょう。

考え方 1 れおさんのいうように、底面が台形の四角柱とみることができます。

2 底面の台形は、上底が35cm、下底が70cm、高さが100cmです。また、四角柱の高さは80cmです。およその体積は、

(35＋70)×100÷2×80＝420000 より、約420000cm^{3}です。

答え 1 **底面が台形の四角柱**

2 〔式〕 (35＋70)×100÷2×80、420000

〔答え〕 **約420000cm^3(約0.42m^3)**

教科書189ページ

2 およその体積を求めましょう。

① 食パン　② メニュースタンド　③ トイレットペーパー

考え方 ① 直方体とみて、19×10×10＝1900

② 三角柱とみて、7×6÷2×14＝294

③ 円柱から円柱をぬいた形とみることができます。底面の半径は、それぞれ、12÷2＝6 より、6cm　4÷2＝2 より、2cmです。

およその面積や体積の場合、円周率を約3として計算することがあります。

6×6×3×11−2×2×3×11＝(6×6−2×2)×3×11＝32×33＝1056

答え ① 〔式〕 19×10×10＝1900　〔答え〕 **約1900cm^3**

② 〔式〕 7×6÷2×14＝294　〔答え〕 **約294cm^3**

③ 〔式〕 12÷2=6　4÷2=2　6×6×3×11−2×2×3×11＝1056

〔答え〕 **約1056cm^3(円周率3.14を使うと約1105.28cm^3)**

教科書189ページ

3 右のような形をしたビルを円柱とみて、およその体積を求めましょう。

考え方 ビルの形を円柱とみて、およその体積を求めます。ビルの底面の直径は40m(半径は20m)、高さは150mです。「円柱の体積＝底面積×高さ」の式にあてはめます。円周率を3とすると、20×20×3×150＝180000より、約180000m^3(円周率3.14を使うと、188400m^3)です。

答え 〔式〕 20×20×3×150＝180000　〔答え〕 **約180000m^3**

教科書192～193ページ

復習 ⑧

考え方 ❶ 「角柱、円柱の体積＝底面積×高さ」にあてはめます。①は三角柱で、底面積は$6\times3\div2$(cm^2)、高さは 12cm です。

① $6\times3\div2\times12=108$

② $(12\times8\div2)\times8=384$

③ $4\times4\times3.14\times6=301.44$

❷ a：bのaとbを、公約数でわっていって、できるだけ小さい整数どうしの比にします。分数や小数で表された比は、2つの分母の公倍数をかけたり、10や100をかけたりして、整数の比になおしてから簡単にします。

① $8:6=(8\div2):(6\div2)=4:3$

② $1.8:9=(1.8\times10):(9\times10)=18:90$
$=(18\div18):(90\div18)=1:5$

③ $0.25:0.05=(0.25\times100):(0.05\times100)=25:5$
$=(25\div5):(5\div5)=5:1$

④ $\frac{3}{4}:\frac{2}{5}=\left(\frac{3}{4}\times20\right):\left(\frac{2}{5}\times20\right)=15:8$

❸ ① $3:4=x:20$
$x=3\times(20\div4)$
$=15$

$3:4=x:20$（上：4 →×5→ 20、下：3 →×5→ x）

② $5:1=110:x$
$x=1\times(110\div5)$
$=22$

$5:1=110:x$（上：1 →×22→ x、下：5 →×22→ 110）

③ $x:6=9:2$
$x=9\times(6\div2)$
$=27$

$x:6=9:2$（上：2 →×3→ 6、下：9 →×3→ x）

❹ 兄の枚数(まいすう)：全部の枚数 $=5:(5+4)=5:9$
兄の枚数を x 枚とすると、
$5:9=x:270$
$x=5\times(270\div9)$
$=150$

❺ 対応する辺の長さの比と対応する角がすべて等しいものを選びます。
㋔は辺の長さと高さが2倍になっています。
㋓は辺の長さと高さが$\frac{1}{2}$になっています。

❻ 青のテープの長さ$\frac{2}{3}$mが1にあたるので、その何倍かを見て、式をつくります。

① $\frac{2}{3}$mの$\frac{3}{2}$倍の長さを求めます。式は$\frac{2}{3}\times\frac{3}{2}$です。$x$mは1mです。

② $\frac{2}{3}$mの$\frac{4}{7}$倍の長さを求めます。式は$\frac{2}{3}\times\frac{4}{7}$です。$y$mは$\frac{8}{21}$mです。

答え

1 ① 〔式〕 $6\times3\div2\times12=108$ 〔答え〕 108cm^3

② 〔式〕 $(12\times8\div2)\times8=384$ 〔答え〕 384cm^3

③ 〔式〕 $4\times4\times3.14\times6=301.44$ 〔答え〕 301.44cm^3

2 ① 4：3 ② 1：5 ③ 5：1 ④ 15：8

3 ① 15 ② 22 ③ 27

4 150枚

5 〔2倍の拡大図〕 ㋔ 〔$\frac{1}{2}$の縮図〕 ㋓

6 ① ㋒ ② ㋖

12 並べ方と組み合わせ

教科書194ページ

ド、レ、ミの3つの音を、それぞれ同じ長さでⒹⓇⓂやⓂⓇⒹのように順番を変えてひくと、全部で何種類のメロディーができるでしょうか。

考え方 まず1番めにひく音を決め、次にそのときの2番めの音を決め、さらに3番めの音を決める、というように順序よく調べます。この問題は次の 1 と同じ問題なので、1 の 考え方 を見てください。

答え 6種類

教科書195ページ

1 ド、レ、ミの3つの音をひく順番をすべて書きましょう。

1 1番めにひく音がⒹの場合を調べましょう。

2 1番めにひく音がⓇの場合と、1番めにひく音がⓂの場合をそれぞれ調べましょう。

3 ド、レ、ミの3つの音をひく順番は、全部で何通りあるでしょうか。

考え方 1 2番めはⓇかⓂです。2番めがⓇの場合、3番めはⓂに決まります。また、2番めがⓂの場合、3番めはⓇに決まります。「1番め—2番め—3番め」の順に書くと、次のようになります。

Ⓓ—Ⓡ—Ⓜ
Ⓓ—[Ⓜ]—[Ⓡ]

2 ・1番めがⓇの場合
Ⓡ—Ⓓ—Ⓜ
Ⓡ—Ⓜ—Ⓓ

・1番めがⓂの場合
Ⓜ—Ⓓ—Ⓡ
Ⓜ—Ⓡ—Ⓓ

3 1番めを決めると、1、2 のように2通りずつあります。1番めの決め方が3通りあることから、ひく順番は全部で6通りあります。

答え （「1番め—2番め—3番め」の順に）

Ⓓ—Ⓡ—Ⓜ　Ⓓ—Ⓜ—Ⓡ　Ⓡ—Ⓓ—Ⓜ　Ⓡ—Ⓜ—Ⓓ
Ⓜ—Ⓓ—Ⓡ　Ⓜ—Ⓡ—Ⓓ

1 考え方 の 1　〔左から順に〕 Ⓜ、Ⓡ

2 考え方 の 2

3 6通り

教科書196〜197ページ

2 ド、レ、ミ、ファの4つの音を、それぞれ同じ長さで1回ずつひきます。4つの音をひく順番をすべて書きましょう。

1 1番めにひく音が(ド)の場合を調べましょう。

2 2人の考えを説明しましょう。

3 1番めにひく音が(レ)、(ミ)、(ファ)の場合は、音をひく順番はどのようになるでしょうか。図をかいて調べましょう。

4 4つの音をひく順番は、全部で何通りあるでしょうか。

考え方 **1** 1番めが(ド)の場合、2番めは(レ)か(ミ)か(ファ)です。

1番めが(ド)で2番めが(レ)の場合、3番めは(ミ)か(ファ)になり、それぞれについて4番めが1つずつ決まります。つまり、つばささんの図で、次のようになります。

1番め　2番め　3番め　4番め

(ド)――(レ)――(ミ)――(ファ)

(ド)――(レ)――(ファ)――(ミ)

つづけて、2番めが(ミ)の場合、2番めが(ファ)の場合を表していくことで、1番めが(ド)の場合を順序よくすべて調べることができます。

2 〔つばささん〕

1 のように、まず2番めの音を順序よくすべて調べ、そのそれぞれについて3番めの音を順序よくすべて調べ、さらに4番めの音を調べています。表し方は、4つの音をそのつど全部書いています。

〔はるさん〕

調べ方は、つばささんと同じです。表し方は、同じ音がくる場合を1つにまとめて、枝分かれした木のように簡潔（かんけつ）にしています。（樹形図（じゅけいず）といいます。）

3 はるさんのかき方では、次のようになります。

1番め　2番め　3番め　4番め　1番め　2番め　3番め　4番め　1番め　2番め　3番め　4番め

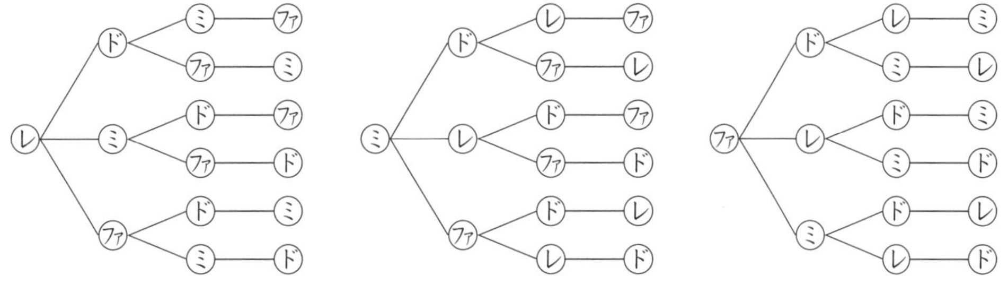

4 1番めが(ド)の場合が6通り、1番めが(レ)、(ミ)、(ファ)の場合もすべて6通りずつです。全部で、$6 \times 4 = 24$ より、24通り。

答え （4つの音をひく順番は、次のページの図と **考え方** の **3** の図）

1 6通りあります。
〔はるさん〕 右の図

2 考え方 の 2

3 6通りずつあります。
〔図〕 考え方 の 3

4 24通り

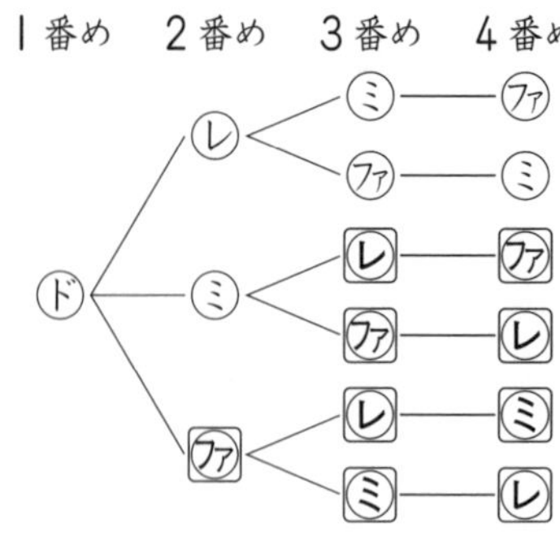

教科書197ページ

1 あつしさん、かいとさん、さとしさん、たつきさんの4人でリレーの順番を決めます。
4人の名前をあ、か、さ、たとして、走る順番の決め方をすべて書きましょう。

考え方 1番めがあ、か、さ、たの4つの場合について樹形図をかきます。

1番め 2番め 3番め 4番め

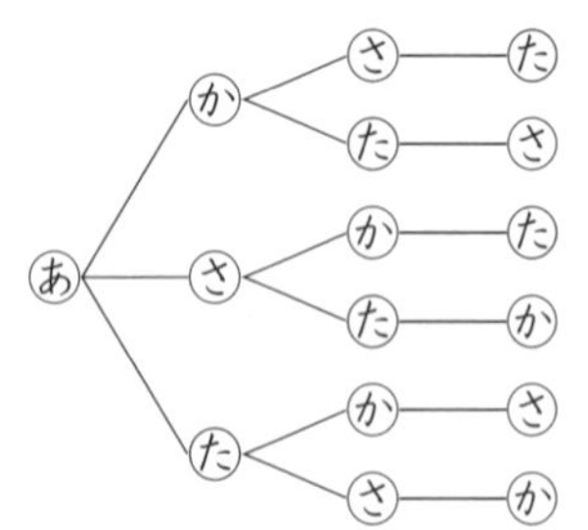

1番め 2番め 3番め 4番め

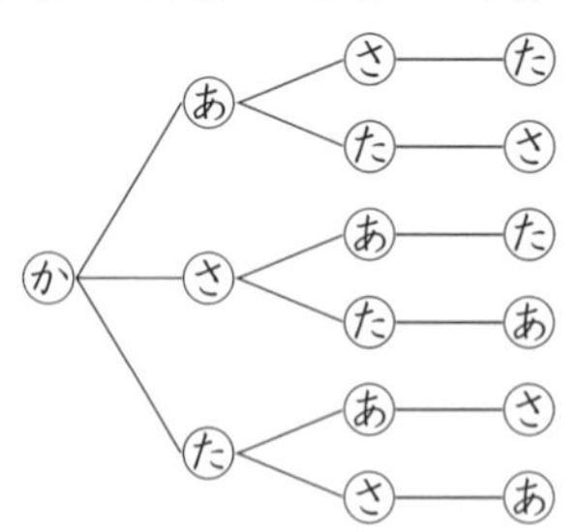

1番め 2番め 3番め 4番め

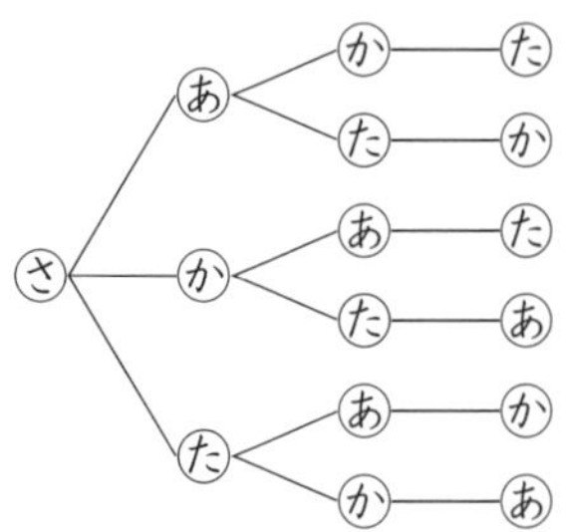

1番め 2番め 3番め 4番め

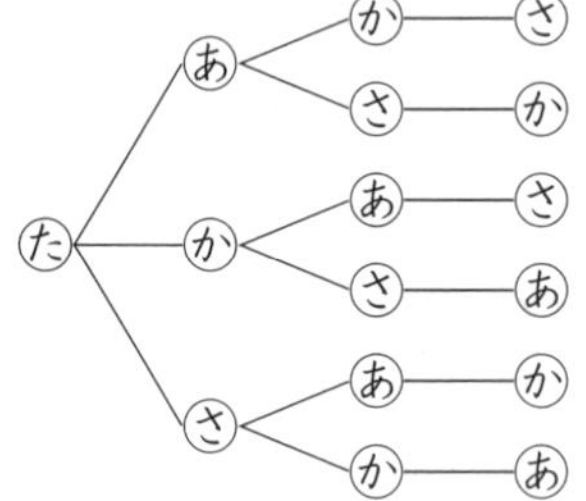

これを答えにしてもかまいません。

答え (「1番め—2番め—3番め—4番め」の順に)

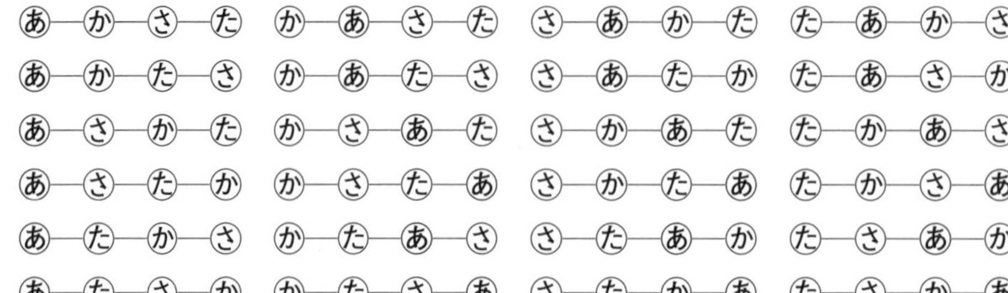

あ—か—さ—た　か—あ—さ—た　さ—あ—か—た　た—あ—か—さ
あ—か—た—さ　か—あ—た—さ　さ—あ—た—か　た—あ—さ—か
あ—さ—か—た　か—さ—あ—た　さ—か—あ—た　た—か—あ—さ
あ—さ—た—か　か—さ—た—あ　さ—か—た—あ　た—か—さ—あ
あ—た—か—さ　か—た—あ—さ　さ—た—あ—か　た—さ—あ—か
あ—た—さ—か　か—た—さ—あ　さ—た—か—あ　た—さ—か—あ

教科書197ページ

2 [0]、[1]、[2]、[3]の４枚（まい）の数字カードがあります。

① [1]、[2]、[3]のカードを１枚ずつ使って、３けたの整数をつくります。
できる３けたの整数をすべて書きましょう。

② [0]、[1]、[2]、[3]のカードを１枚ずつ使って、４けたの整数をつくります。
できる４けたの整数をすべて書きましょう。

考え方 ①　百の位を[1]、[2]、[3]として、それぞれ樹形図をかきます。

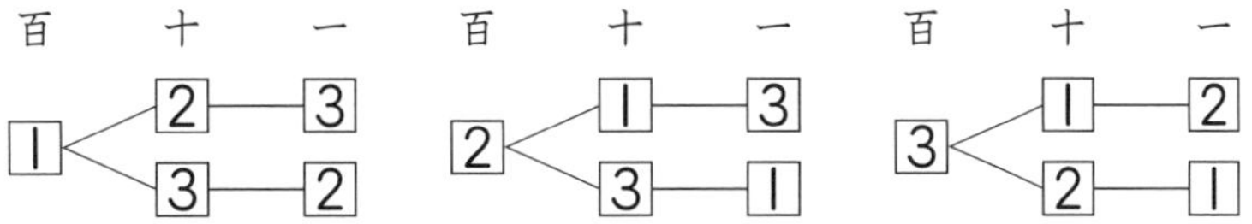

②　千の位に[0]のカードを使うと４けたの整数にはなりません。千の位を[1]、[2]、[3]として、それぞれ樹形図をかきます。

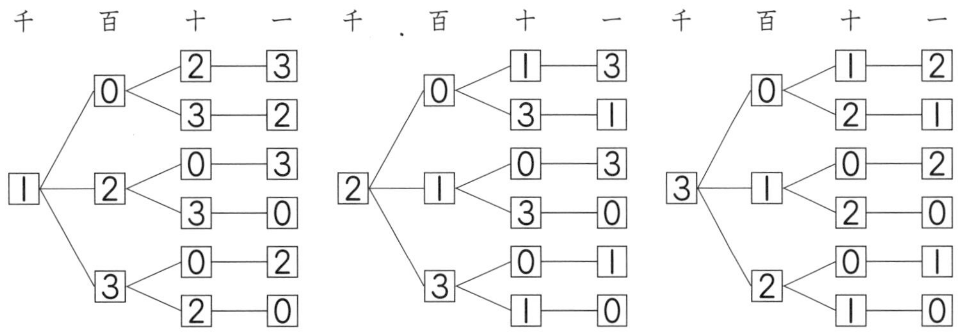

答え ①　123、132、213、231、312、321

②　1023、1032、1203、1230、1302、1320、
2013、2031、2103、2130、2301、2310、
3012、3021、3102、3120、3201、3210

教科書198ページ

3 れおさん、ゆきさん、みなとさん、かえでさんの４人の中から、班長（はんちょう）と副班長を決めます。

班長と副班長の決め方をすべて書きましょう。

1 はじめに班長を決めてから、副班長の決め方を順序よく調べましょう。

2 全部で何通りあるでしょうか。

考え方 班長、副班長の順に、樹形図をかいて調べます。

答え 1

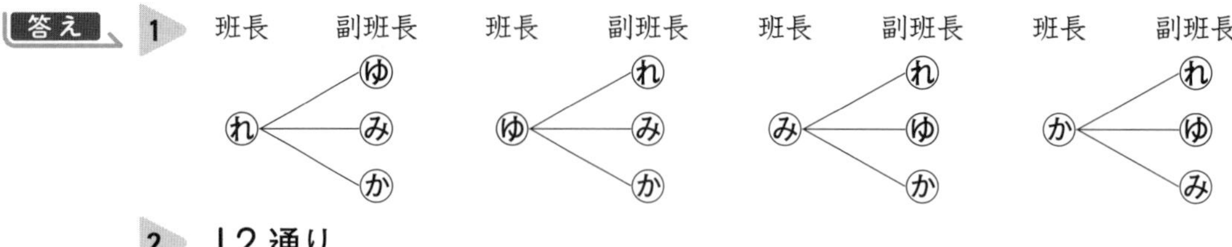

2 12通り

教科書198ページ

3 1、2、3、4の4枚(まい)の数字カードがあります。
この数字カードから2枚を使って、2けたの整数をつくります。
できる2けたの整数をすべて書きましょう。全部で何通りあるでしょうか。

考え方 十の位、一の位の順に、樹形図をかいて調べます。

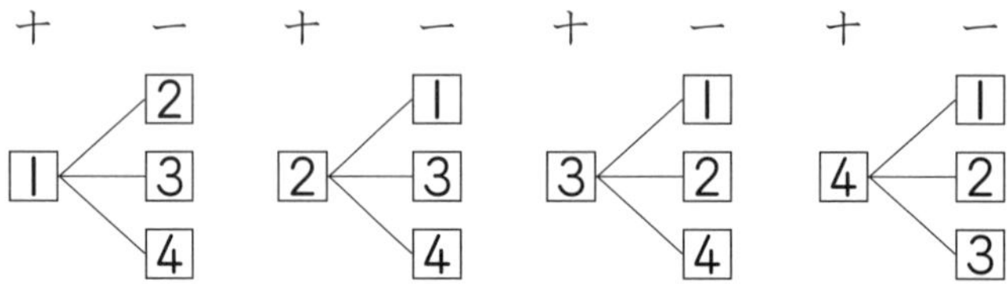

答え 〔2けたの整数〕 12、13、14、21、23、24、31、32、34、41、42、43

12通り

教科書199〜200ページ

4 アローズ、ベアーズ、チャンピオンズ、ダンクスの4チームでバスケットボールの試合をします。
どのチームとも1回ずつ対戦するとき、試合は全部で何試合あるでしょうか。

1 アローズをA、ベアーズをB、チャンピオンズをC、ダンクスをDとして、それぞれが試合をする相手チームをすべて書きましょう。

2 試合の組み合わせの調べ方を考えましょう。

3 右の表のつづきを書いて、試合の組み合わせを調べましょう。

4 4チームの試合の組み合わせは、全部で何通りあるでしょうか。

考え方 1 どのチームも、他の3チームと1回ずつ試合をします。

2 組み合わせでは、書き出した順番は関係ないので、同じ組み合わせを消します。

3 表の横1列に1組の組み合わせが書かれるように○をつけます。
1段(だん)めは、A—Bの試合なのでAとBに○をつけています。2段めは、A—C

の試合なのでＡとＣに○をつけています。同じように３段めはＡ—Ｄの試合で、Ａ と Ｄ に○をつけます。

次に、表の上から４段めにはＢの組み合わせを書きますが、Ａ—Ｂの組み合わせは表の１段めに書かれているので、ＡとＢに○をつけないで、ＢとＣに○をつけます。同じように下の段にも○をつけていきます。

4 表を見て数えます。

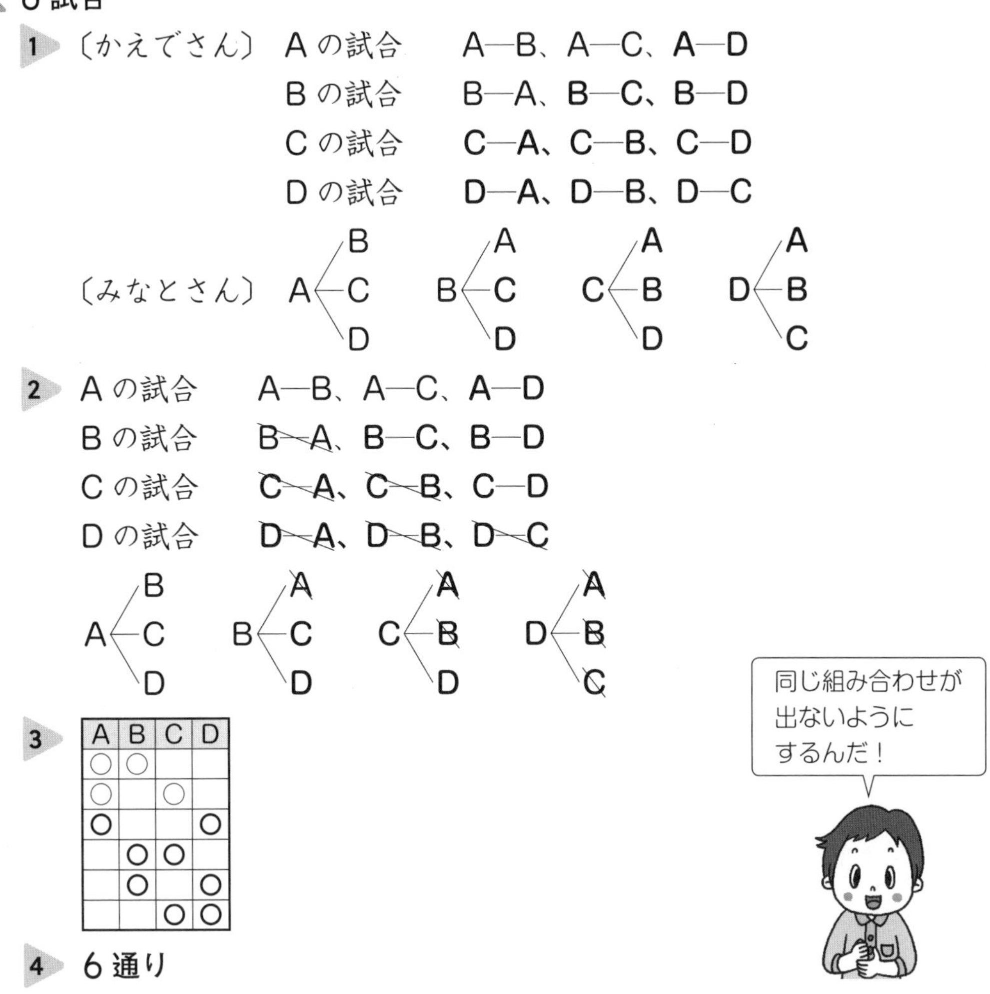

答え 6試合

1 〔かえでさん〕 Ａの試合　Ａ—Ｂ、Ａ—Ｃ、Ａ—Ｄ
Ｂの試合　Ｂ—Ａ、Ｂ—Ｃ、Ｂ—Ｄ
Ｃの試合　Ｃ—Ａ、Ｃ—Ｂ、Ｃ—Ｄ
Ｄの試合　Ｄ—Ａ、Ｄ—Ｂ、Ｄ—Ｃ

〔みなとさん〕 Ａ＜Ｂ・Ｃ・Ｄ　Ｂ＜Ａ・Ｃ・Ｄ　Ｃ＜Ａ・Ｂ・Ｄ　Ｄ＜Ａ・Ｂ・Ｃ

2 Ａの試合　Ａ—Ｂ、Ａ—Ｃ、Ａ—Ｄ
Ｂの試合　~~Ｂ—Ａ~~、Ｂ—Ｃ、Ｂ—Ｄ
Ｃの試合　~~Ｃ—Ａ~~、~~Ｃ—Ｂ~~、Ｃ—Ｄ
Ｄの試合　~~Ｄ—Ａ~~、~~Ｄ—Ｂ~~、~~Ｄ—Ｃ~~

Ａ＜Ｂ・Ｃ・Ｄ　Ｂ＜~~Ａ~~・Ｃ・Ｄ　Ｃ＜~~Ａ~~・~~Ｂ~~・Ｄ　Ｄ＜~~Ａ~~・~~Ｂ~~・~~Ｃ~~

3

A	B	C	D
○	○		
○		○	
○			○
	○	○	
	○		○
		○	○

4 6通り

教科書201ページ

4 バニラ、チョコ、ストロベリー、メロン、オレンジの５種類のアイスクリームの中から２種類を選びます。

２種類の組み合わせをすべて書きましょう。全部で何通りあるでしょうか。

考え方　組み合わせを全部書き出して、同じ組み合わせを消すか、4の3のように表を使って数えます。

バニラ	チョコ	ストロベリー	メロン	オレンジ
○	○			
○		○		
○			○	
○				○
	○	○		
	○		○	
	○			○
		○	○	
		○		○
			○	○

答え　〔アイスクリームの組み合わせ〕

バニラとチョコ、バニラとストロベリー、バニラとメロン、バニラとオレンジ、チョコとストロベリー、チョコとメロン、チョコとオレンジ、ストロベリーとメロン、ストロベリーとオレンジ、メロンとオレンジ

10通り

参考　教科書200ページの〈**2つを選ぶ組み合わせの調べ方**〉のように、表や図を使って求めることもできます。

バニラをA、チョコをB、ストロベリーをC、メロンをD、オレンジをEとします。

① 表を利用すると、

	A	B	C	D	E
A		○	○	○	○
B			○	○	○
C				○	○
D					○
E					

○のところが、アイスクリームの組み合わせを表しています。

② 図を利用すると、

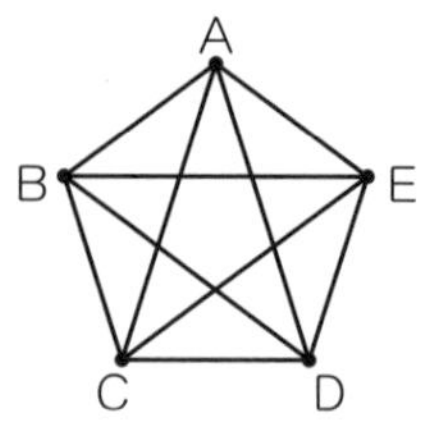

頂点(ちょうてん)と頂点を結ぶ線がアイスクリームの組み合わせを表しています。

教科書201ページ

5 クッキー、チョコレート、キャラメル、ゼリーの4種類のおかしがあります。

このおかしの中から3種類を選んでふくろに入れます。

おかしの組み合わせをすべて書きましょう。

1 下の表を使って、おかしの組み合わせを調べましょう。

2 みなとさんは**1**で使った表を見て、右のようなことに気がつきました。

みなとさんの考えは、表のどこを見るとよみとれるでしょうか。

3 おかしの組み合わせは全部で何通りあるでしょうか。

考え方　クッキーを㋗、チョコレートを㋠、キャラメルを㋖、ゼリーを㋝で表します。

1 表の横1段に1組の組み合わせが書かれるように○をつけて調べます。

㋗	㋠	㋖	㋝゙
○	○	○	
○	○		○
○		○	○
	○	○	○

2 4種類のおかしから3種類を選ぶということは、残す１種類を選ぶことと同じです。どのおかしを残すかを考えて、おかしの組み合わせを調べます。

3 残す１種類の選び方は、クッキー、チョコレート、キャラメル、ゼリーの4通りです。

答え （クッキーを㋗、チョコレートを㋠、キャラメルを㋖、ゼリーを㋝゙と表して）

㋗と㋠と㋖、㋗と㋠と㋝゙、㋗と㋖と㋝゙、㋠と㋖と㋝゙

1 **右上の表**

2 **○印の書かれていない4か所**

3 **4通り**

教科書202ページ

5 青、白、黄、緑、赤の5枚(まい)の折り紙の中から4枚を選びます。折り紙の組み合わせを調べましょう。全部で何通りあるでしょうか。

青	白	黄	緑	赤
○	○	○	○	
○	○	○		○
○	○		○	○
○		○	○	○
	○	○	○	○

考え方 青、白、黄、緑、赤の5枚の折り紙の中から4枚を選ぶ組み合わせは、表で調べると右の表から5通りです。

または、どの折り紙を残すかを考えて折り紙の組み合わせを調べるときは、残す１種類の選び方を考えればよいので、青、白、黄、緑、赤の5通りです。

答え 〔折り紙の組み合わせ〕 **青と白と黄と緑、青と白と黄と赤、青と白と緑と赤、青と黄と緑と赤、白と黄と緑と赤**

5通り

教科書202ページ

◆6 A、B、C、D、Eの5チームから3チームを選びます。
組み合わせをすべて書きましょう。全部で何通りあるでしょうか。

考え方 3チームの組み合わせを調べるため、右のように表にまとめます。10通りあることがわかります。

または、残す2チームの組み合わせのほうに○をつけて調べていき、○印の書かれていない3チームの組み合わせを答えます。

A	B	C	D	E
○	○	○		
○	○		○	
○	○			○
○		○	○	
○		○		○
○			○	○
	○	○	○	
	○	○		○
	○		○	○
		○	○	○

答え 〔3チームの組み合わせ〕

ABC、ABD、ABE、ACD、ACE、ADE、BCD、BCE、BDE、CDE

10通り

〔どんちゃん〕 2

教科書202ページ

リーグ戦とトーナメント戦

考え方 〔6チームの場合の別の組み合わせ〕

右の図でも、試合の数は全部で5試合です。優勝(ゆうしょう)が決まるまでの試合数は、「試合数＝チーム数－1」の式にあてはめると 6－1＝5 で、たしかに5試合となっています。

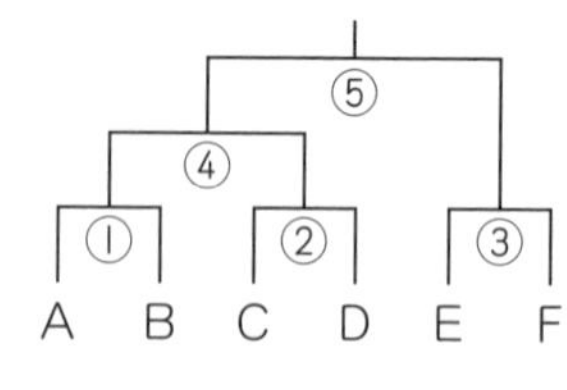

〔8チームの場合〕

右の図より、試合の数は全部で7試合です。

「試合数＝チーム数－1」の式にあてはめると 8－1＝7 で、たしかに7試合となっています。

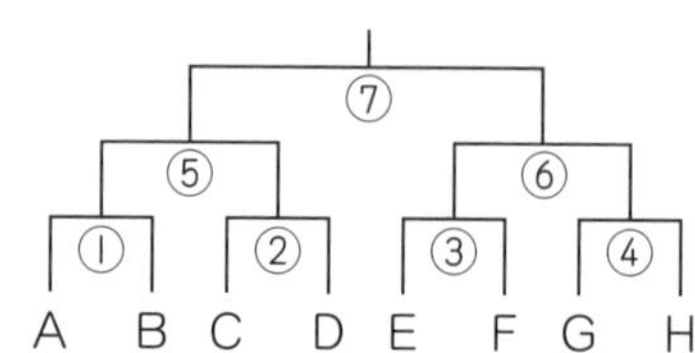

〔10チームの場合〕

右の図より、試合の数は全部で9試合です。

「試合数＝チーム数－1」の式にあてはめると 10－1＝9 で、たしかに9試合となっています。

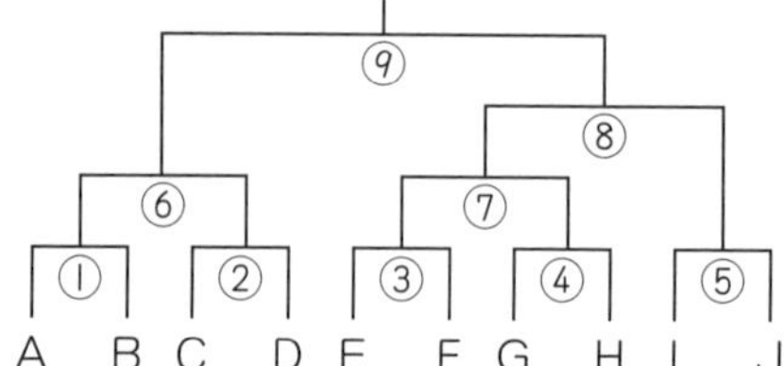

答え 〔6チームの場合〕 **5試合**

〔8チームの場合〕 **7試合**

〔10チームの場合〕 **9試合**

教科書203ページ

注文のしかたを考えよう！

考え方　ステーキをⓈ、ハンバーグをⓗ、からあげをⓚ、シーフードサラダをⓢ、ミックスサラダをⓜ、ヘルシーサラダをⓗ、ケーキをⓚ、アイスクリームをⓐ、プリンをⓟで表します。

1 樹形図をかいて調べましょう。

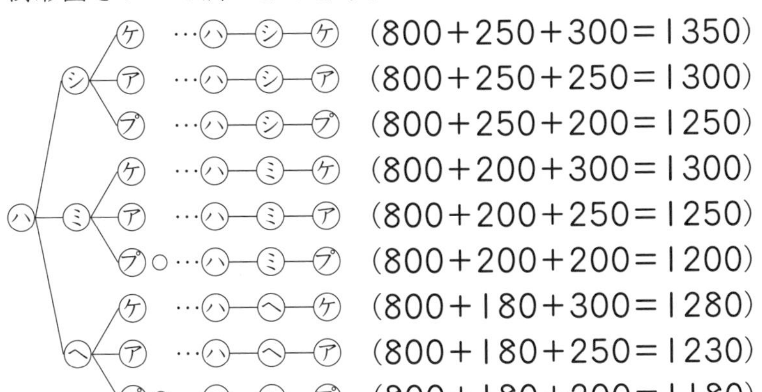

まずは樹形図で表してから、代金の計算をすればいいね。

2 樹形図を見ながら1200円以下になる選び方を探します。メインディッシュがステーキとからあげの場合も、**1**の樹形図と同じようにかきます。

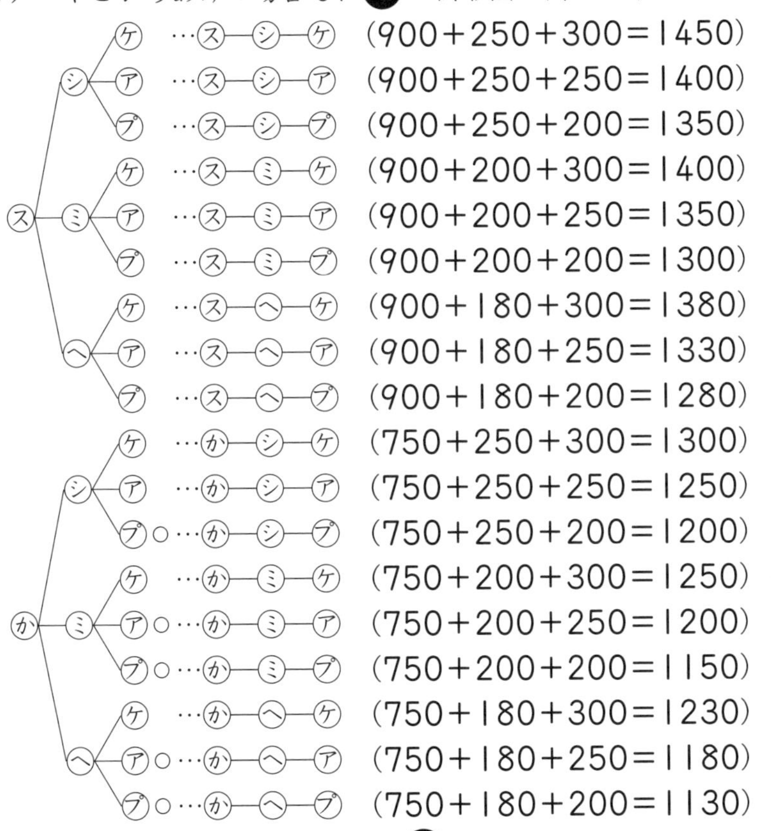

1200円以下になる選び方は、**1**と上の樹形図に○印をつけた7通りです。

答え　❶〔サラダとデザートの選び方〕

シーフードサラダとケーキ、シーフードサラダとアイスクリーム、
シーフードサラダとプリン、ミックスサラダとケーキ、
ミックスサラダとアイスクリーム、ミックスサラダとプリン、
ヘルシーサラダとケーキ、ヘルシーサラダとアイスクリーム、
ヘルシーサラダとプリン

❷ ハンバーグとミックスサラダとプリン
ハンバーグとヘルシーサラダとプリン
からあげとシーフードサラダとプリン
からあげとミックスサラダとアイスクリーム
からあげとミックスサラダとプリン
からあげとヘルシーサラダとアイスクリーム
からあげとヘルシーサラダとプリン

まとめ

教科書204ページ

1 あさみさん、かすみさん、さえこさんの3人でリレーの順番を決めます。
3人で走る順番の決め方をすべて書きましょう。全部で何通りあるでしょうか。

考え方 走る人の順番を、1番め、2番め、3番めと順序よく、樹形図をかいて調べていきます。あさみさんを㋐、かすみさんを㋕、さえこさんを㋚とします。

答え

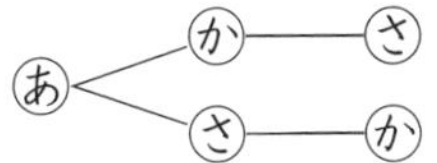

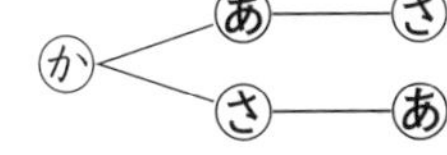

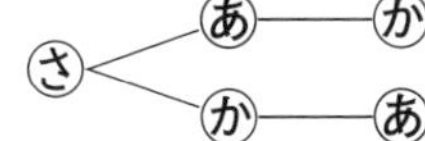

6通り

教科書204ページ

2 あきらさん、かずやさん、さとるさんの3人で、2人ずつじゃんけんをします。
全員と1回ずつじゃんけんをするとき、2人の組み合わせをすべて書きましょう。全部で何通りあるでしょうか。

考え方 2人ずつじゃんけんをするとき、何通りあるかを調べます。
3人全部のじゃんけん相手を調べて、同じ組み合わせは1組だけにします。
あきらさんを㋐、かずやさんを㋕、さとるさんを㋚とします。

答え ㋐の相手　㋐—㋕、㋐—㋚
㋕の相手　~~㋕—㋐~~、㋕—㋚
㋚の相手　~~㋚—㋐~~、~~㋚—㋕~~
3通り

教科書205ページ

1 右のように緑、黄、青のすべての色を1色ずつ使って旗をぬります。
旗のぬり方をすべて書きましょう。全部で何通りあるでしょうか。

考え方 まず左の色を決めます。その次にまん中、右の順に考えて書いていきます。

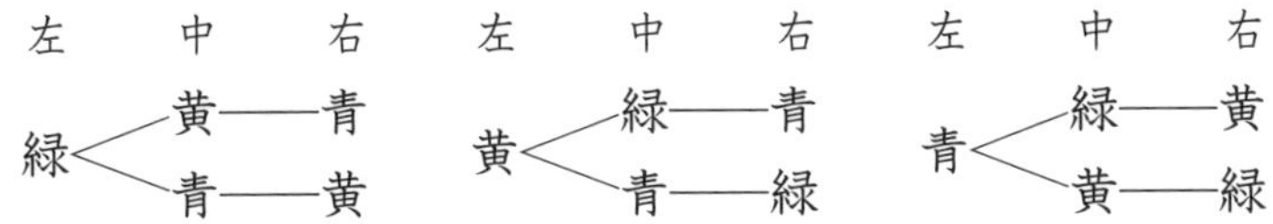

答え 〔旗のぬり方〕 **緑—黄—青、緑—青—黄、黄—緑—青、**
黄—青—緑、青—緑—黄、青—黄—緑

6通り

教科書205ページ

2 10円玉を投げて、表と裏(うら)の出方を調べます。

① 2回続けて投げるとき、表と裏の出方は全部で何通りあるでしょうか。

② 3回続けて投げるとき、表と裏の出方は全部で何通りあるでしょうか。

考え方 表の場合を○、裏の場合を×として、図や表に整理します。

① 1回め 2回め

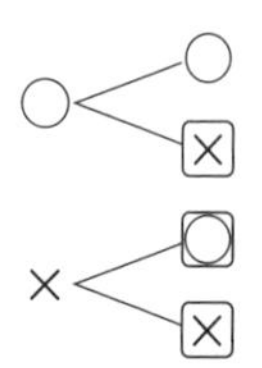

1回め	2回め
○	○
○	×
×	○
×	×

② 1回め 2回め 3回め

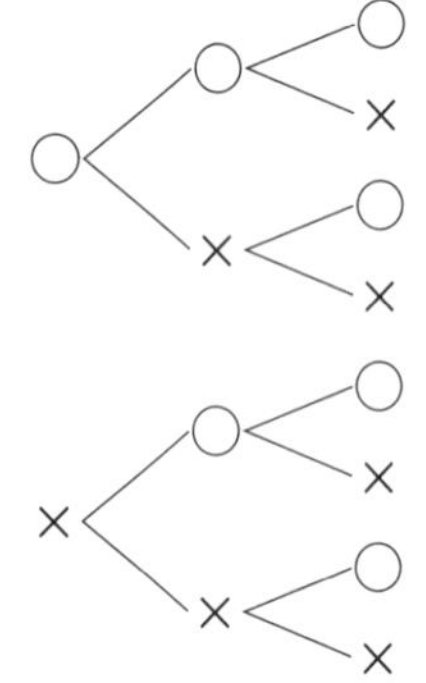

1回め	2回め	3回め
○	○	○
○	○	×
○	×	○
○	×	×
×	○	○
×	○	×
×	×	○
×	×	×

答え ① **4通り** ② **8通り**

〔考えるヒントの答え〕 **考え方** の**図と表**

教科書205ページ

3 [2]、[3]、[4]、[5]の4枚(まい)の数字カードがあります。

この数字カードから3枚を使って、3けたの整数をつくります。

できる3けたの整数を大きい順に並べるとき、10番めの数はいくつになるでしょうか。

考え方 できる3けたの整数を、大きい順に書いていきます。

543、542、534、532、524、523、453、452、435、432、……
となるので、10番めは432です。

答え 432

教科書205ページ

4 ベーコン、チーズ、シーフード、サラミ、コーンの5種類のトッピングから選んでピザを作ります。

① 2種類を選ぶときの組み合わせをすべて書きましょう。全部で何通りあるでしょうか。

② 4種類を選ぶときの組み合わせをすべて書きましょう。全部で何通りあるでしょうか。

考え方 ① 2種類選ぶときの組み合わせを、表を使って調べると、右のようになります。

② 4種類選ぶときの組み合わせは、残す1種類を選ぶことと同じです。

①

ベーコン	チーズ	シーフード	サラミ	コーン
○	○			
○		○		
○			○	
○				○
	○	○		
	○		○	
	○			○
		○	○	
		○		○
			○	○

②

ベーコン	チーズ	シーフード	サラミ	コーン
○	○	○	○	
○	○	○		○
○	○		○	○
○		○	○	○
	○	○	○	○

答え ① 〔組み合わせ〕

ベーコンとチーズ
ベーコンとシーフード
ベーコンとサラミ
ベーコンとコーン
チーズとシーフード
チーズとサラミ
チーズとコーン
シーフードとサラミ
シーフードとコーン
サラミとコーン
10通り

② 〔組み合わせ〕

ベーコンとチーズとシーフードとサラミ
ベーコンとチーズとシーフードとコーン
ベーコンとチーズとサラミとコーン
ベーコンとシーフードとサラミとコーン
チーズとシーフードとサラミとコーン
5通り

うわ〜。
おいしい食べ物
があるね。

教科書206～209ページ

算数を使って考えよう

考え方 1 1 2点が1人、3点が6人、4点が5人、……なので、平均値(ち)は、
(2×1+3×6+4×5+5×6+6×1+8×7+9×5+10×4)÷35
=217÷35=6.2

またドットプロットから、最ひん値は最も人数が多い8点、中央値は左から18番めの5点です。

学級目標の達成については、データをどう見るかで結論がちがってきます。自分の考えを答えましょう。

2 学級全体の中での位置を考えるには、中央値と比べるのがよいです。ゆきさんの点数6点は、中央値より大きいので、学級全体の中で高いほうだといえます。

3 8点が7人、9点が5人、10点が4人なので、8点以上の点数をつけた人数は、7+5+4=16

クラスの人数35人をもとにして、16人の割合(わりあい)を百分率(ひゃくぶんりつ)で表すと、

16÷35×100=45.7…（四捨五入して46）

より、約46%の人が8点以上をつけています。

4 2点以上4点以下は、1+6+5=12 より、その割合は

12÷35×100=34.2…

よって、約34%です。

円グラフで半径どうしの角度は、360×0.34=122.4 → 約122°

5点以上7点以下は、6+1=7 より、その割合は、

7÷35×100=20

よって、20%です。

円グラフで半径どうしの角度は、360×0.2=72 → 72°

2 1 半径が40cmなので、面積は、40×40×3.14=5024

2 50点部分の面積

10×10×3.14=100×3.14

10点部分の面積

30×30×3.14−20×20×3.14=(900−400)×3.14
=500×3.14

よって、

(500×3.14)÷(100×3.14)=500÷100=5

3 1人で作る場合の時間は、5×120=600 より、600分。

人数が2倍、3倍、4倍、……になると、かかる時間は$\frac{1}{2}$倍、$\frac{1}{3}$倍、$\frac{1}{4}$倍、

……になります。時間 y 分は、人数 x 人に反比例し、次の表のようになります。

人数　x(人)	1	2	3	4	5	6
時間　y(分)	600	300	200	150	120	100

x と y の関係は、$y=600\div x$ です。これは、$x\times y=600$ とも表せます。
y に 20 をあてはめて、x の値(あたい)を求めます。

$x\times 20=600$

$x=600\div 20=30$

よって、30 人で作ればよいです。

4 できたメダルの重さは、$872-200=672$
メダルは 5 個で 30g なので、1 個の重さは、$30\div 5=6$
よって、672g になる個数は、$672\div 6=112$ より、112 個。
または、メダルの個数と重さが比例することを使って次のように求められます。
重さが 30g から 672g に $(672\div 30)$ 倍になるので、個数も $(672\div 30)$ 倍になります。5 個の $(672\div 30)$ 倍だから、$5\times(672\div 30)=112$ より、112 個。

答え 1 1 〔平均値〕 6.2 点　〔最ひん値〕 8 点　〔中央値〕 5 点
〔達成できているか〕
（例 1） **1 点から 10 点までの点数のまん中は 5.5 点です。平均値も最ひん値も 5.5 点より高いので、達成できていると思います。**
（例 2） **点数のまん中 5.5 点より低い点数の人が合わせて 18 人いて、これは学級全体の半分以上の人数です。このことから、達成できていないと思います。**

2 〔ゆきさんの点数〕 高いほう
〔説明〕 考え方 の 1 の 2

3 考え方 の 1 の 3

4 〔2 点以上 4 点以下〕 約 34％
〔5 点以上 7 点以下〕 20％
〔8 点以上 10 点以下〕 約 46％
〔グラフ〕 右の図

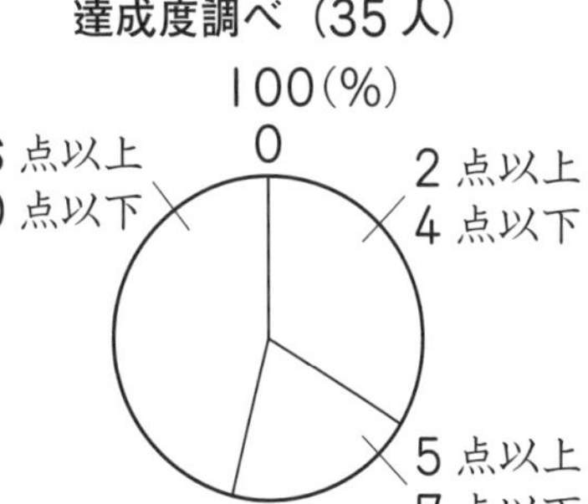

2 1 5024 cm^2

2 5 倍
〔説明〕 考え方 の 2 の 2

3 30 人

4 112 個　〔説明〕 考え方 の 2 の 4

6年のまとめ

教科書210〜211ページ

数と計算

考え方

❶ ① 正方形には辺が4つあり、周りの長さは1辺の長さの4倍です。

② 1冊(さつ)150円のノートが1冊のときの代金は150×1、2冊のとき150×2、3冊のとき150×3、……となるから、b冊のときは、150×bとなります。

③ 全体の重さは、箱の重さとその中に入れた荷物の重さの和です。

❷ ① $x+28=72$
$x=72-28$
$=44$

② $x-40=33$
$x=33+40$
$=73$

③ $7\times x=84$
$x=84\div7$
$=12$

④ $x\div3=12$
$x=12\times3$
$=36$

❸ ① $\dfrac{5}{18}\times9=\dfrac{5\times\overset{1}{\cancel{9}}}{\underset{2}{\cancel{18}}}=\dfrac{5}{2}\left(2\dfrac{1}{2}\right)$

② $\dfrac{3}{5}\times15=\dfrac{3\times\overset{3}{\cancel{15}}}{\underset{1}{\cancel{5}}}=9$

③ $\dfrac{9}{14}\div3=\dfrac{\overset{3}{\cancel{9}}}{14\times\underset{1}{\cancel{3}}}=\dfrac{3}{14}$

④ $\dfrac{5}{7}\div10=\dfrac{\overset{1}{\cancel{5}}}{7\times\underset{2}{\cancel{10}}}=\dfrac{1}{14}$

❹ ① $\dfrac{1}{3}\times\dfrac{2}{7}=\dfrac{1\times2}{3\times7}=\dfrac{2}{21}$

② $\dfrac{7}{12}\times\dfrac{3}{14}=\dfrac{\overset{1}{\cancel{7}}\times\overset{1}{\cancel{3}}}{\underset{4}{\cancel{12}}\times\underset{2}{\cancel{14}}}=\dfrac{1}{8}$

③ $\dfrac{13}{16}\times\dfrac{32}{13}=\dfrac{\overset{1}{\cancel{13}}\times\overset{2}{\cancel{32}}}{\underset{1}{\cancel{16}}\times\underset{1}{\cancel{13}}}=2$

④ $\dfrac{5}{9}\times3\dfrac{3}{4}=\dfrac{5}{9}\times\dfrac{15}{4}=\dfrac{5\times\overset{5}{\cancel{15}}}{\underset{3}{\cancel{9}}\times4}=\dfrac{25}{12}\left(2\dfrac{1}{12}\right)$

⑤ $27\times\dfrac{4}{9}=\dfrac{27}{1}\times\dfrac{4}{9}=\dfrac{\overset{3}{\cancel{27}}\times4}{1\times\underset{1}{\cancel{9}}}=12$

⑥ $0.3\times\dfrac{5}{6}=\dfrac{3}{10}\times\dfrac{5}{6}=\dfrac{\overset{1}{\cancel{3}}\times\overset{1}{\cancel{5}}}{\underset{2}{\cancel{10}}\times\underset{2}{\cancel{6}}}$
$=\dfrac{1}{4}$

異なるタイプの問題に
数多くあたり、
計算力をアップしよう。

5 ①　$\frac{7}{6}\div\frac{7}{5}=\frac{7}{6}\times\frac{5}{7}=\frac{\cancel{7}^{1}\times5}{6\times\cancel{7}_{1}}=\frac{5}{6}$

②　$\frac{5}{6}\div\frac{1}{2}=\frac{5}{6}\times\frac{2}{1}=\frac{5\times\cancel{2}^{1}}{\cancel{6}_{3}\times1}=\frac{5}{3}\left(1\frac{2}{3}\right)$

③　$\frac{2}{3}\div\frac{4}{9}=\frac{2}{3}\times\frac{9}{4}=\frac{\cancel{2}^{1}\times\cancel{9}^{3}}{\cancel{3}_{1}\times\cancel{4}_{2}}=\frac{3}{2}\left(1\frac{1}{2}\right)$

④　$\frac{1}{13}\div1\frac{1}{12}=\frac{1}{13}\div\frac{13}{12}=\frac{1}{13}\times\frac{12}{13}=\frac{1\times12}{13\times13}=\frac{12}{169}$

⑤　$4\div\frac{8}{5}=\frac{4}{1}\times\frac{5}{8}=\frac{\cancel{4}^{1}\times5}{1\times\cancel{8}_{2}}=\frac{5}{2}\left(2\frac{1}{2}\right)$

⑥　$0.7\div\frac{1}{4}=\frac{7}{10}\times\frac{4}{1}=\frac{7\times\cancel{4}^{2}}{\cancel{10}_{5}\times1}=\frac{14}{5}\left(2\frac{4}{5}\right)$

6 ①　$\frac{2}{5}\times\left(\frac{5}{3}+\frac{5}{6}\right)=\frac{2}{5}\times\left(\frac{10}{6}+\frac{5}{6}\right)=\frac{2}{5}\times\frac{15}{6}=\frac{\cancel{2}^{1}\times\cancel{15}^{\cancel{3}\,1}}{\cancel{5}_{1}\times\cancel{6}_{\cancel{3}\,1}}=1$

または、$\frac{2}{5}\times\left(\frac{5}{3}+\frac{5}{6}\right)=\frac{2}{5}\times\frac{5}{3}+\frac{2}{5}\times\frac{5}{6}=\frac{2\times\cancel{5}^{1}}{\cancel{5}_{1}\times3}+\frac{\cancel{2}^{1}\times\cancel{5}^{1}}{\cancel{5}_{1}\times\cancel{6}_{3}}=\frac{2}{3}+\frac{1}{3}=1$

②　$\frac{3}{4}\times\frac{1}{5}+\frac{3}{4}\times\frac{1}{7}=\frac{3}{4}\times\left(\frac{1}{5}+\frac{1}{7}\right)=\frac{3}{4}\times\left(\frac{7}{35}+\frac{5}{35}\right)$

$$=\frac{3}{4}\times\frac{12}{35}=\frac{3\times\cancel{12}^{3}}{\cancel{4}_{1}\times35}=\frac{9}{35}$$

③　$\frac{12}{25}\times\left(\frac{5}{4}-\frac{1}{6}\right)=\frac{12}{25}\times\left(\frac{15}{12}-\frac{2}{12}\right)=\frac{12}{25}\times\frac{13}{12}=\frac{\cancel{12}^{1}\times13}{25\times\cancel{12}_{1}}=\frac{13}{25}$

または、$\frac{12}{25}\times\left(\frac{5}{4}-\frac{1}{6}\right)$

$$=\frac{12}{25}\times\frac{5}{4}-\frac{12}{25}\times\frac{1}{6}=\frac{\cancel{12}^{3}\times\cancel{5}^{1}}{\cancel{25}_{5}\times\cancel{4}_{1}}-\frac{\cancel{12}^{2}\times1}{25\times\cancel{6}_{1}}$$

$$=\frac{3}{5}-\frac{2}{25}=\frac{15}{25}-\frac{2}{25}=\frac{13}{25}$$

④　$\frac{1}{22}\times\frac{3}{4}-\frac{1}{22}\times\frac{1}{5}=\frac{1}{22}\times\left(\frac{3}{4}-\frac{1}{5}\right)=\frac{1}{22}\times\left(\frac{15}{20}-\frac{4}{20}\right)$

$$=\frac{1}{22}\times\frac{11}{20}=\frac{1\times 11}{22\times 20}=\frac{1}{40}$$

7 ① $4.5\div 18\times\frac{6}{5}=\frac{45}{10}\times\frac{1}{18}\times\frac{6}{5}=\frac{45\times 1\times 6}{10\times 18\times 5}=\frac{3}{10}$

② $8\div 0.25\div 1.8=8\div\frac{25}{100}\div\frac{18}{10}=\frac{8}{1}\times\frac{100}{25}\times\frac{10}{18}$

$$=\frac{8\times 100\times 10}{1\times 25\times 18}=\frac{160}{9}\left(17\frac{7}{9}\right)$$

8 ① $\frac{6}{5}\div 12=\frac{6}{5\times 12}=\frac{1}{10}$

② 残りのテープの割合(わりあい)は、$1-\frac{7}{15}=\frac{8}{15}$ だから、

$$30\times\frac{8}{15}=\frac{30}{1}\times\frac{8}{15}=\frac{30\times 8}{1\times 15}=16$$

③ $2\frac{1}{3}\div\frac{1}{6}=\frac{7}{3}\div\frac{1}{6}=\frac{7}{3}\times\frac{6}{1}=\frac{7\times 6}{3\times 1}=14$

答え

1 ① $a\times 4$　② $150\times b$　③ $200+c$

2 ① 44　② 73　③ 12　④ 36

3 ① $\frac{5}{2}\left(2\frac{1}{2}\right)$　② 9　③ $\frac{3}{14}$　④ $\frac{1}{14}$

4 ① $\frac{2}{21}$　② $\frac{1}{8}$　③ 2

④ $\frac{25}{12}\left(2\frac{1}{12}\right)$　⑤ 12　⑥ $\frac{1}{4}$

5 ① $\frac{5}{6}$　② $\frac{5}{3}\left(1\frac{2}{3}\right)$　③ $\frac{3}{2}\left(1\frac{1}{2}\right)$

④ $\frac{12}{169}$　⑤ $\frac{5}{2}\left(2\frac{1}{2}\right)$　⑥ $\frac{14}{5}\left(2\frac{4}{5}\right)$

6 ① 1　② $\frac{9}{35}$　③ $\frac{13}{25}$　④ $\frac{1}{40}$

7 ① $\frac{3}{10}$　② $\frac{160}{9}\left(17\frac{7}{9}\right)$

❽ ① 〔式〕 $\frac{6}{5}\div12=\frac{1}{10}$ 〔答え〕 $\frac{1}{10}$cm

② 〔式〕 $30\times\left(1-\frac{7}{15}\right)=16$ 〔答え〕 16m

③ 〔式〕 $2\frac{1}{3}\div\frac{1}{6}=14$ 〔答え〕 14個

教科書211〜212ページ

図形

考え方 ❶〔線対称(せんたいしょう)な図形〕

対称の軸(じく)を折りめとして2つに折ったとき、折りめの両側の部分がぴったり重なるとき、線対称な図形といいます。

対応する2つの点を結ぶ直線は、対称の軸と垂直(すいちょく)に交わり、対称の軸と交わる点から対応する2つの点までの長さは等しくなっています。

〔点対称な図形〕

対称の中心を中心にして180°回転させたとき、もとの形とぴったり重なる図形を点対称な図形といいます。

対応する2つの点を結ぶ直線は、対称の中心を通り、対称の中心から、対応する2つの点までの長さは等しくなっています。

❷ 「円の面積＝半径×半径×円周率」の式にあてはめます。

① $20\div2=10$ $10\times10\times3.14=314$

② $360\div90=4$ だから、360°は90°の4個分です。この図形を4つ組み合わせると円になるから、この図形は、半径が5mの円の$\frac{1}{4}$にあたります。

$$5\times5\times3.14\times\frac{1}{4}=19.625$$

③ $360\div180=2$ だから、360°は180°の2個分です。この図形を2つ組み合わせると円になるから、この図形は、半径が3cmの円の$\frac{1}{2}$にあたります。

$$3\times3\times3.14\times\frac{1}{2}=14.13$$

❸ 「角柱、円柱の体積＝底面積(ていめんせき)×高さ」の式にあてはめます。

① 底面の形は台形です。
底面積は、$(5+7)\times3\div2=18$ より、18cm^2です。だから体積は、
$18\times4=72$ より、72cm^3

② 底面の形は直角三角形です。

底面積は、$12\times9\div2=54$ より、$54\,\mathrm{cm}^2$ です。だから体積は、$54\times6=324$ より、$324\,\mathrm{cm}^3$

③ 底面の形は円です。

底面積は、$3\times3\times3.14=28.26$ より、$28.26\,\mathrm{cm}^2$ です。

だから体積は、$28.26\times4=113.04$ より、$113.04\,\mathrm{cm}^3$

4 辺 AB に対応する辺の長さ　$4\times2=8$

辺 BC に対応する辺の長さ　$3.5\times2=7$

辺 CA に対応する辺の長さ　$2.5\times2=5$

三角形 ABC の 2 倍の拡大図(かくだいず)は、3 つの辺の長さが 8 cm、7 cm、5 cm の三角形です。

5 四角形 ABCD に対角線 AC をひき、三角形 ABC と三角形 ACD に分けて考えます。2 倍の拡大図をかくには、それぞれの辺を 2 倍の長さにのばして、対応する点をとり、それらを直線で結びます。$\frac{1}{2}$ の縮図(しゅくず)をかくには、それぞれの辺を $\frac{1}{2}$ にしたところに対応する点をとり、それらを直線で結びます。

答え

1 線対称な図形…あ、う、え

点対称な図形…い、う

〔あ〕 対称の軸…1 本

〔い〕 対称の中心…点 O

〔う〕 対称の軸…2 本、対称の中心…点 O

〔え〕 対称の軸…1 本

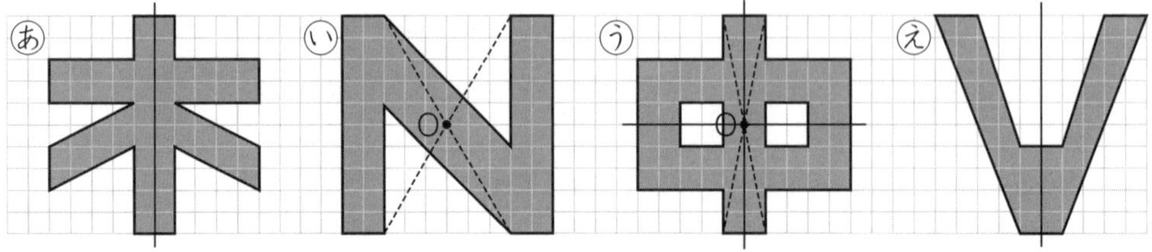

2 ① 〔式〕 $20\div2=10$　　$10\times10\times3.14=314$

〔答え〕 $314\,\mathrm{m}^2$

② 〔式〕 $5\times5\times3.14\times\frac{1}{4}=19.625$　〔答え〕 $19.625\,\mathrm{m}^2$

③ 〔式〕 $3\times3\times3.14\times\frac{1}{2}=14.13$　〔答え〕 $14.13\,\mathrm{cm}^2$

3 ① 〔式〕 $(5+7)\times3\div2=18$　$18\times4=72$　〔答え〕 $72\,\mathrm{cm}^3$

② 〔式〕 $12\times9\div2=54$　$54\times6=324$　〔答え〕 $324\,\mathrm{cm}^3$

③ 〔式〕 $3\times3\times3.14=28.26$　　$28.26\times4=113.04$

〔答え〕 $113.04\,\mathrm{cm}^3$

❹〔辺 AB に対応する辺 DE の長さ〕 8cm
〔辺 BC に対応する辺 EF の長さ〕 7cm
〔辺 CA に対応する辺 FD の長さ〕 5cm
〔2 倍の拡大図〕 **右の図**

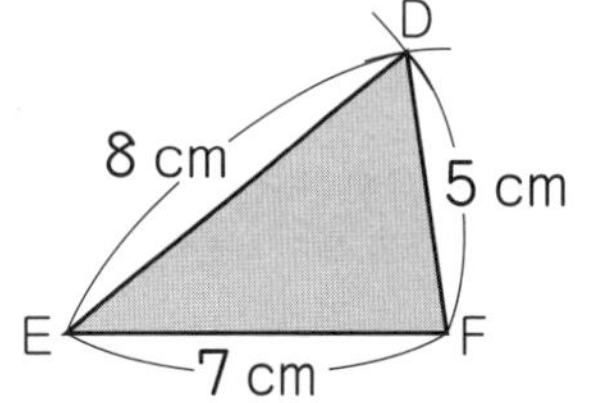

定規(じょうぎ)で、底辺 EF が 7cm となるようにとります。点 E からコンパスで 8cm の円をかき、点 F から 5cm の円をかきます。その交わる点を D とし、点 D と点 E、点 D と点 F を結び、三角形 DEF をつくります。

❺〔拡大図〕 **右の図の四角形 AEFG**
〔縮図〕 **右の図の四角形 AHIJ**

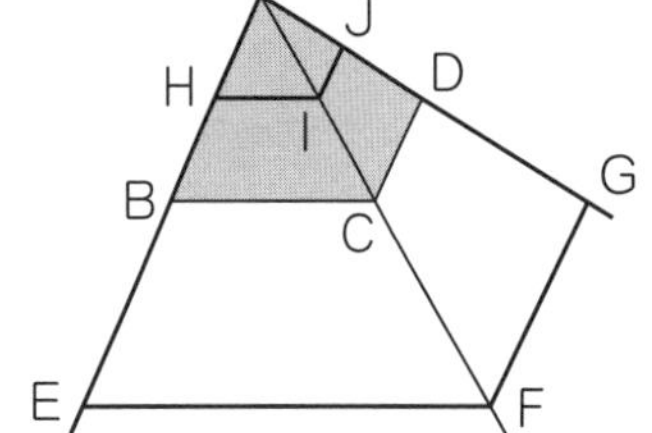

教科書212～213ページ

変化と関係

考え方 ❶ ㋐ 時間が 2 倍、3 倍、4 倍、……になると、進む道のりも 2 倍、3 倍、4 倍、……になっているので、道のりはかかった時間に比例しています。道のりは、いつも時間の 50 倍になっているので、式は、$y=50\times x$ です。

㋑ 縦の長さが 2 倍、3 倍、4 倍、……になると、横の長さが $\frac{1}{2}$ 倍、$\frac{1}{3}$ 倍、$\frac{1}{4}$ 倍、……になっているので、横の長さは縦の長さに反比例しています。縦の長さと横の長さの積はいつも 42 なので、式は、$y=42\div x$ です。

❷ ① 赤い金魚の数を x ひきとすると、次のような式になります。

$2:5=8:x$

$8\div2=4$ より、8 は 2 に 4 をかけた数なので、x は 5 に 4 をかけた数になります。

$x=5\times(8\div2)=20$

または、x は 8 の $\frac{5}{2}$ 倍だから、$8\times\frac{5}{2}=20$ と求めることもできます。

② 2 つに分けたジュースの体積を合わせると全部のジュースの体積になります。

体積 2 のジュース：全部のジュース $=2:(2+3)=2:5$

体積 2 のジュースが xmL とすると、全部のジュースが 2L=2000mL なので、$2:5=x:2000$

$2000\div5=400$ より、2000 は 5 に 400 をかけた数なので、x は 2 に 400 をかけた数になります。

$x=2\times(2000\div5)=800$

体積 3 のジュースは、$2000-800=1200$

または、体積 2 のジュースは、全部のジュースの $\frac{2}{5}$ 倍だから、

$2000\times\frac{2}{5}=800$

と求めることもできます。

答え ❶ ㋐ $y=50\times x$ ㋑ $y=42\div x$

❷ ① 〔式〕 $5\times(8\div2)=20$ または $8\times\frac{5}{2}=20$

〔答え〕 20 ぴき

② 〔式〕 $2+3=5$ $2\times(2000\div5)=800$

$2000-800=1200$

または

$2+3=5$ $2000\times\frac{2}{5}=800$ $2000-800=1200$

〔答え〕 800 mL と 1200 mL

教科書213ページ

データの活用

考え方 ❶ ① 60 点以上 70 点未満の階級(はん囲)には 7 人いるので、柱状グラフでは、高さ 7 の柱になります。他の階級の柱も同じようにかきます。

② 度数分布表から、いちばん人数が多い階級は、70 点以上 80 点未満で、9 人います。

③ 70 点以上の人は、70 点以上 80 点未満、80 点以上 90 点未満、90 点以上 100 点未満のそれぞれの階級の人数を合わせて、$9+6+6=21$(人)

これは、組全体の人数 35 人をもとにすると、

$21\div35\times100=60$ より、60%

❷ 樹形図(じゅけいず)をかいて調べます。先頭、2 番め、3 番め、4 番めの順です。

①

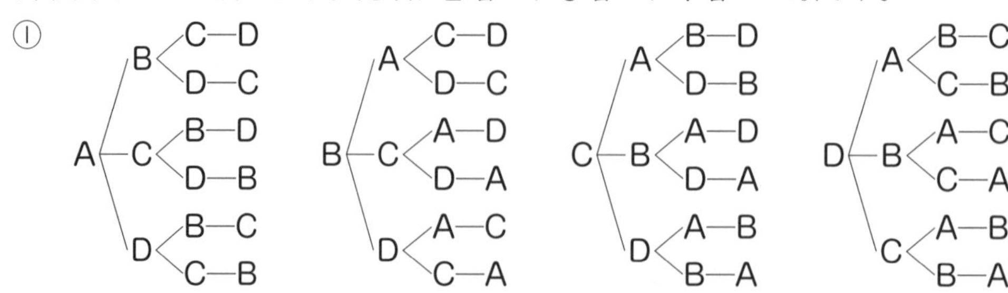

参考 Aが先頭に並んだときの並び方は6通りで、B、C、Dが先頭のときも同じように並び方は6通りずつになるので、6×4=24 より、24通りとしても求められます。

② 順番は関係ないので、同じ組み合わせを消します。

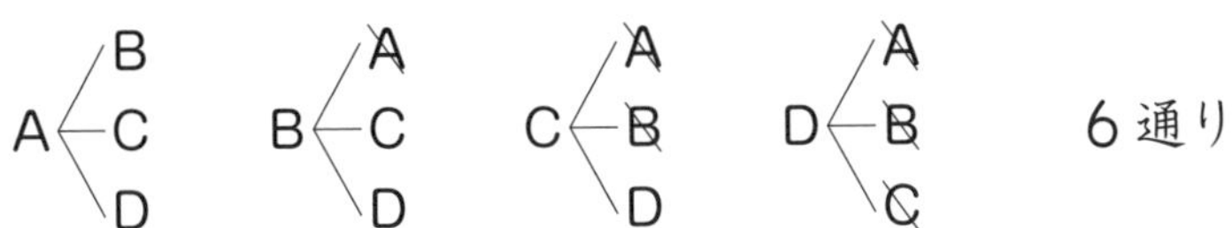

6通り

答え **1** ① 右の図

② 70点以上80点未満、9人

③ 60%

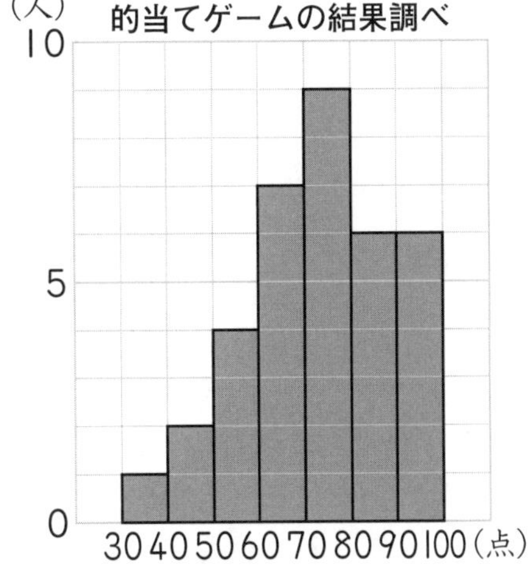

2 ① 〔並び方〕 A—B—C—D、A—B—D—C、A—C—B—D、
A—C—D—B、A—D—B—C、A—D—C—B、
B—A—C—D、B—A—D—C、B—C—A—D、
B—C—D—A、B—D—A—C、B—D—C—A、
C—A—B—D、C—A—D—B、C—B—A—D、
C—B—D—A、C—D—A—B、C—D—B—A、
D—A—B—C、D—A—C—B、D—B—A—C、
D—B—C—A、D—C—A—B、D—C—B—A

24通り

② 〔組み合わせ〕 AとB、AとC、AとD、
BとC、BとD、CとD

6通り

算数のまとめ

教科書216～217ページ

1　数のしくみ

考え方 ❶ それぞれの位の数がいくつあるかを考えます。

❷ 整数や小数を10倍、100倍、……すると、位が上がって、小数点は、それぞれ右へ1けた、2けた、……と移ります。

整数や小数を$\frac{1}{10}$、$\frac{1}{100}$、……にすると、位が下がって、小数点は、それぞれ左へ1けた、2けた、……と移ります。

❸ ・$\frac{1}{10}$は、1を10等分した1個分です。

・1.3は、1と0.3を合わせた数です。0.3は、1を10等分した3個分です。

・$2\frac{4}{5}$は、2と$\frac{4}{5}$を合わせた数です。$\frac{4}{5}$は、1を5等分した4個分です。

❹ ある位までの概数で表すときは、その位の1つ下の位の数を四捨五入します。

① 百の位までの概数 ⟶ 十の位で四捨五入します。

45837 ⟶ 45800

② 千の位までの概数 ⟶ 百の位で四捨五入します。

20632 ⟶ 21000

③ 一万の位までの概数 ⟶ 千の位で四捨五入します。

195000 ⟶ 200000

④ 十万の位までの概数 ⟶ 一万の位で四捨五入します。

3549301 ⟶ 3500000

❺ いくつかの整数に共通な倍数を、それらの整数の公倍数といい、公倍数のうち、いちばん小さい公倍数を最小公倍数といいます。

① 3の倍数　3、6、9、12、15、18、21、……

7の倍数　7、14、21、……

② 8の倍数　8、16、24、……

12の倍数　12、24、……

③ 6の倍数　6、12、18、24、30、36、……

12の倍数　12、24、36、……

18の倍数　18、36、……

❻ いくつかの整数に共通な約数を、それらの整数の公約数といい、公約数のうち、いちばん大きい公約数を最大公約数といいます。

① 12の約数　1、2、3、4、6、12

18の約数　1、2、3、6、9、18

② 20の約数　1、2、4、5、10、20

30の約数　1、2、3、5、6、10、15、30

③ 14の約数　1、2、7、14

35の約数　1、5、7、35

42の約数　1、2、3、6、7、14、21、42

7 ①②　十の位、一の位の順に、樹形図(じゅけいず)をかいて調べます。

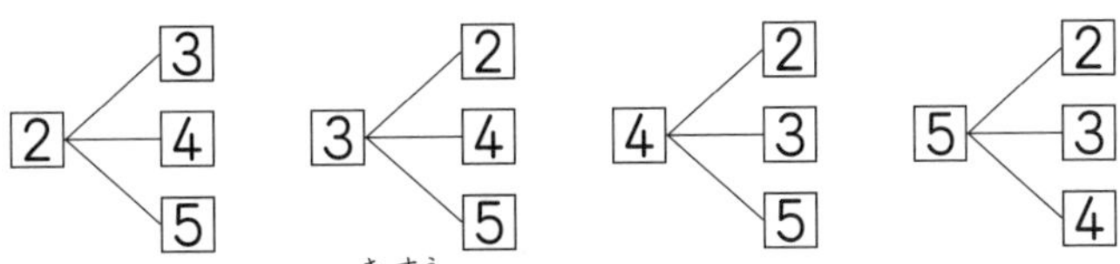

① 2けたの整数で、奇数(きすう)になるのは、一の位が3、5のときです。

② 2けたの整数で、偶数(ぐうすう)になるのは、一の位が2、4のときです。

③〔いちばん小さい偶数〕

4枚の数字カードを小さい順に並べると2、3、4、5だから、いちばん小さい整数は2345、その次に小さい整数は2354なので、いちばん小さい偶数は2354です。

〔いちばん大きい奇数〕

4枚の数字カードを大きい順に並べると5、4、3、2だから、いちばん大きい整数は5432、その次に大きい整数は5423なので、いちばん大きい奇数は5423です。

8 分数の分母と分子をそれらの公約数でそれぞれわって、分母の小さい分数にすることを、約分するといいます。約分するときは、ふつう、分母と分子をそれらの最大公約数でそれぞれわって、分母と分子をできるだけ小さい整数にします。

9 分母のちがう分数を、その大きさを変えないで共通な分母の分数にすることを、通分するといいます。通分したときの共通な分母は、もとのそれぞれの分母の最小公倍数になっています。

10 小数と分数の大小を比べるときは、どちらかにそろえて比べます。分数の大小を比べるときは、通分してから比べます。

① 通分すると、$\frac{5}{8}=\frac{25}{40}$、$\frac{3}{5}=\frac{24}{40}$　$\left(\frac{5}{8}、\frac{3}{5}\right) \rightarrow \left(\frac{25}{40}、\frac{24}{40}\right)$

② 分数にそろえるとき　$0.6=\frac{6}{10}=\frac{3}{5}$　$\left(\frac{3}{5}、\frac{5}{9}\right) \rightarrow \left(\frac{27}{45}、\frac{25}{45}\right)$

小数にそろえるとき　$\frac{5}{9}=5\div9=0.55$……

③ 分数にそろえるとき　$2.4=2\frac{4}{10}=2\frac{2}{5}$

$\left(2\frac{1}{3}、2\frac{2}{5}\right) \rightarrow \left(2\frac{5}{15}、2\frac{6}{15}\right)$

小数にそろえるとき　$2\frac{1}{3}=\frac{7}{3}=7\div3=2.33\cdots\cdots$

答え　❶　①　〔左から順に〕　2、4、8、5

②　〔左から順に〕　3、2、7、9

③　〔左から順に〕　0、0、8、4

❷　①　3億8000万　　②　700億

③　〔10倍〕 53.2　〔100倍〕 532　$\left(\frac{1}{10}\right)$ 0.532

④　〔10倍〕 0.3　〔100倍〕 3　$\left(\frac{1}{10}\right)$ 0.003

❸　数直線（0、$\frac{1}{10}$、1、1.3、2、$2\frac{4}{5}$、3）

❹　①　45800　②　21000　③　200000　④　3500000

❺　①　21　②　24　③　36

❻　①　6　②　10　③　7

❼　①　23、25、35、43、45、53

②　24、32、34、42、52、54

③　〔いちばん小さい偶数〕　2354

〔いちばん大きい奇数〕　5423

❽　①　$\frac{1}{3}$　②　$\frac{2}{3}$　③　$\frac{5}{2}$　④　$\frac{8}{3}$　⑤　$\frac{1}{3}$

❾　①　$\left(\frac{3}{9}、\frac{2}{9}\right)$　②　$\left(\frac{9}{12}、\frac{10}{12}\right)$　③　$\left(\frac{18}{24}、\frac{20}{24}、\frac{21}{24}\right)$

❿　①　>　②　>　③　<

教科書218～219ページ

2　計算

考え方　❶

①
```
   1
  270
+ 582
  852
```

②
```
  1 1
  508
+ 493
 1001
```

③
```
  1 1
  5435
+ 4871
 10306
```

④
```
  6 9
  700
- 365
  335
```

⑤
```
  8
  945
- 754
  191
```

⑥
```
     4
  8552
- 8443
   109
```

⑦
```
   765
×   92
  1530
 6885
 70380
```
⑧
```
    342
 ×  408
   2736
 1368
 139536
```
⑨
```
    560
 ×  320
  1120
 1680
 179200
```
⑩
```
    129
 4)516
   4
   11
    8
    36
    36
     0
```
⑪
```
       9
 81)729
    729
      0
```
⑫
```
      302
 30)9060
     90
       60
       60
        0
```

❷ たし算、ひき算は、位をそろえて計算します。

①
```
  2.4
+ 3.9
  6.3
```
②
```
  5.78
+ 9.03
 14.81
```
③
```
  4.982
+ 3.018
  8.000
```
④
```
  3.7
- 1.8
  1.9
```
⑤
```
  2
- 0.25
  1.75
```
⑥
```
  6.39
- 5.481
  0.909
```
⑦
```
  3.4
× 2.4
  136
 68
 8.16
```
⑧
```
  0.39
×  6.2
    78
  234
 2.418
```
⑨
```
   7.25
 × 1.28
   5800
  1450
  725
 9.2800
```
⑩
```
        3.6
 4.5)16.2
     135
      270
      270
        0
```
⑪
```
           15
 0.08)1.20
        8
        40
        40
         0
```
⑫
```
          10.2
 3.25)33.15
      325
        650
        650
          0
```

❸ 上から3けた目を四捨五入します。③では、上から3けたは、0でない数字から数えはじめて989です。上から3けた目は9となります。

①
```
         4
       1 3.7
0.6) 8.2.3
     6
     22
     18
      43
      42
       1
```

②
```
           2
        2.1 6
2.1) 4.5.5
     42
      35
      21
      140
      126
       14
```

③
```
              9
        0.9 8 9
3.8) 3.7.6
     342
      340
      304
       360
       342
        18
```

❹ 「何本」と問われているので、商は整数で求めます。小数のわり算では、あまりの小数点は、わられる数のもとの小数点の位置にそろえてうちます。

14.4÷4.6＝3 あまり 0.6

```
        3
4.6) 1 4.4
     1 3 8
      0.6  ←あまり
```

❺ $7\div5=\frac{7}{5}=1.4$

❻ 分母のちがう分数のたし算・ひき算は、通分してから計算します。通分するときは、分母を最小公倍数にそろえると数が小さいのでまちがいが少なくなります。

① $\frac{4}{5}+\frac{2}{7}=\frac{28}{35}+\frac{10}{35}=\frac{38}{35}\left(1\frac{3}{35}\right)$

② $\frac{5}{6}-\frac{4}{5}=\frac{25}{30}-\frac{24}{30}=\frac{1}{30}$

③ $4\frac{2}{3}-1\frac{2}{5}=4\frac{10}{15}-1\frac{6}{15}=3\frac{4}{15}$

④ $\frac{3}{4}-\frac{1}{2}+\frac{2}{3}=\frac{9}{12}-\frac{6}{12}+\frac{8}{12}=\frac{11}{12}$

⑤ $\frac{4}{7}\times\frac{2}{3}=\frac{4\times2}{7\times3}=\frac{8}{21}$

⑥ $\frac{2}{3}\times2\frac{1}{4}=\frac{2}{3}\times\frac{9}{4}=\frac{\overset{1}{\cancel{2}}\times\overset{3}{\cancel{9}}}{\underset{1}{\cancel{3}}\times\underset{2}{\cancel{4}}}=\frac{3}{2}\left(1\frac{1}{2}\right)$

⑦ $\frac{8}{7}\div\frac{2}{5}=\frac{8}{7}\times\frac{5}{2}=\frac{\overset{4}{\cancel{8}}\times5}{7\times\underset{1}{\cancel{2}}}=\frac{20}{7}\left(2\frac{6}{7}\right)$

⑧ $\frac{7}{12}\div\frac{1}{3}\times\frac{1}{14}=\frac{7}{12}\times\frac{3}{1}\times\frac{1}{14}=\frac{\overset{1}{\cancel{7}}\times\overset{1}{\cancel{3}}\times1}{\underset{4}{\cancel{12}}\times1\times\underset{2}{\cancel{14}}}=\frac{1}{8}$

❼ ① $\frac{1}{2}\times0.6=\frac{1}{2}\times\frac{6}{10}=\frac{1\times\overset{3}{\cancel{6}}}{\underset{1}{\cancel{2}}\times10}=\frac{3}{10}$

② $2.5\times\frac{4}{5}=\frac{25}{10}\times\frac{4}{5}=\frac{\overset{1}{\cancel{\overset{5}{\cancel{25}}}}\times\overset{2}{\cancel{4}}}{\underset{1}{\cancel{\underset{2}{\cancel{10}}}}\times\underset{1}{\cancel{5}}}=2$

③ $1.05\div\frac{7}{5}=\frac{105}{100}\div\frac{7}{5}=\frac{105}{100}\times\frac{5}{7}=\frac{\overset{3}{\cancel{\overset{15}{\cancel{105}}}}\times\overset{1}{\cancel{5}}}{\underset{4}{\cancel{\underset{20}{\cancel{100}}}}\times\underset{1}{\cancel{7}}}=\frac{3}{4}$

④ $\frac{7}{12}\div4.2\times0.6=\frac{7}{12}\div\frac{42}{10}\times\frac{6}{10}=\frac{7}{12}\times\frac{10}{42}\times\frac{6}{10}$

$$=\frac{\overset{1}{\cancel{7}}\times\overset{1}{\cancel{10}}\times\overset{1}{\cancel{6}}}{12\times\underset{1}{\cancel{\underset{7}{\cancel{42}}}}\times\underset{1}{\cancel{10}}}=\frac{1}{12}$$

❽ 1より小さい数をかけると、積はかけられる数よりも小さくなります。かける数が1より小さいのは、㋑の 0.9、㋒の 0.3、㋓の $\frac{2}{3}$、㋕の $\frac{5}{7}$ です。

❾ 1より小さい数でわると、商はわられる数よりも大きくなります。わる数が1より小さいのは、㋑の 0.69、㋒の 0.4、㋔の $\frac{1}{4}$ です。

❿ ① かけ算のときのように、約分をしてから計算しています。
② 分母どうし、分子どうしのひき算をしています。
③ 分母は、2つの分数を通分したときの分母にしています。分子は、通分した分数の分子どうしをかけています。
④ わる数を逆数にしてかける前に、約分をしています。

答え

❶
① 852　② 1001　③ 10306
④ 335　⑤ 191　⑥ 109
⑦ 70380　⑧ 139536　⑨ 179200
⑩ 129　⑪ 9　⑫ 302

❷
① 6.3　② 14.81　③ 8
④ 1.9　⑤ 1.75　⑥ 0.909
⑦ 8.16　⑧ 2.418　⑨ 9.28
⑩ 3.6　⑪ 15　⑫ 10.2

❸ ① 14　② 2.2　③ 0.99

❹ 〔式〕 14.4÷4.6＝3 あまり 0.6
〔答え〕 3本できて、0.6m あまる。

❺ 〔式〕 $7\div5=\frac{7}{5}=1.4$ 〔小数〕 1.4m 〔分数〕 $\frac{7}{5}$m$\left(1\frac{2}{5}\text{m}\right)$

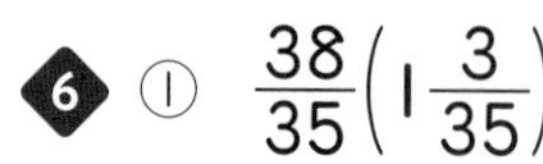

6 ① $\frac{38}{35}\left(1\frac{3}{35}\right)$　② $\frac{1}{30}$　③ $3\frac{4}{15}$　④ $\frac{11}{12}$

⑤ $\frac{8}{21}$　⑥ $\frac{3}{2}\left(1\frac{1}{2}\right)$　⑦ $\frac{20}{7}\left(2\frac{6}{7}\right)$　⑧ $\frac{1}{8}$

7 ① $\frac{3}{10}$　② 2　③ $\frac{3}{4}$　④ $\frac{1}{12}$

8 ㋑、㋒、㋓、㋕

9 ㋑、㋒、㋔

10 ① かけ算のときのように、約分をしてから計算しています。

正しく計算すると、$\frac{5}{6}+\frac{4}{3}=\frac{5}{6}+\frac{8}{6}=\frac{13}{6}\left(2\frac{1}{6}\right)$ です。

② 分母どうし、分子どうしのひき算をしています。

正しく計算すると、$\frac{4}{5}-\frac{1}{3}=\frac{12}{15}-\frac{5}{15}=\frac{7}{15}$ です。

③ 2つの分数を $\frac{9}{6}$、$\frac{10}{6}$ と通分し、分子どうしのかけ算をしています。

正しく計算すると、$\frac{3}{2}\times\frac{5}{3}=\frac{\overset{1}{\cancel{3}}\times5}{2\times\underset{1}{\cancel{3}}}=\frac{5}{2}\left(2\frac{1}{2}\right)$ です。

④ わる数を逆数にしてかける前に、約分をしています。

正しく計算すると、$\frac{5}{7}\div\frac{9}{10}=\frac{5}{7}\times\frac{10}{9}=\frac{5\times10}{7\times9}=\frac{50}{63}$ です。

教科書220ページ

3　計算のきまりと式

考え方 **1** a、b、c が整数でも、小数でも、分数でも、次の計算のきまりが成り立ちます。

① $a+b=b+a$

② $a\times b=b\times a$

③ $(a\times b)\times c=a\times(b\times c)$

④ $(a+b)\times c=a\times c+b\times c$

2 ① $92-(65-18)=92-47=45$

② $53-72\div24=53-3=50$　③ $15\times4-60\div4=60-15=45$

④ $18\times2+5-8\times5=36+5-40=41-40=1$

3 式と図を見比べて、どのように考えるとその式ができるのかを考えます。

㋐ 4個のかたまりを3つと数えていますが、2回数えているご石が3個あるから、それをひくと、$4\times3-3$ となります。

Ⓘ　それぞれの段のご石の数をたしていますが、3段めのまん中にはご石がないから、それをひきます。

ⓤ　3個のかたまりが3つあるので、3×3となります。

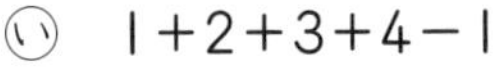

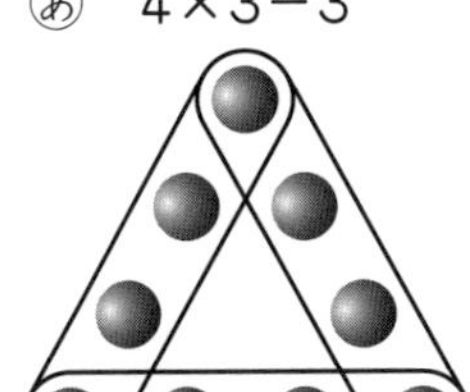

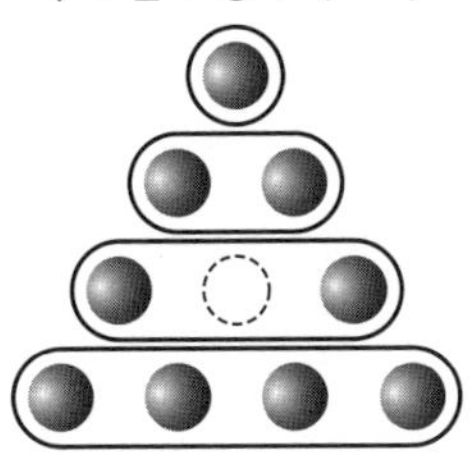

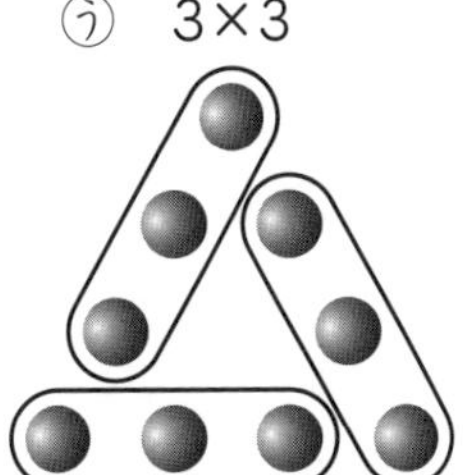

「1mの値段×長さ＝代金」の式にあてはめると、

$50 \times x = 125$

$x = 125 \div 50$

$= 2.5$

答え　❶　①　4.05　②　$\frac{5}{2}$　③　2.5

④〔左から順に〕6、6

❷　①　45　②　50　③　45　④　1

❸　①　ⓤ　②　Ⓘ

❹　2.5m（式は、**考え方**）

教科書221～222ページ

4　平面図形

考え方　❶　①　右の図のように、5cmの辺ABをかき、分度器の中心を頂点Aに合わせて60°の角をかき、辺ADが3cmとなるように頂点Dをとります。頂点Cの位置の決め方は、次の方法があります。

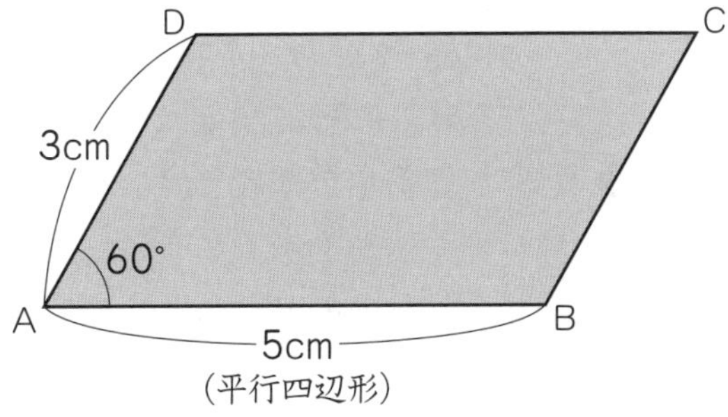

（平行四辺形）

〔平行四辺形の向かい合った2組の辺が平行になることを利用する方法〕

辺ABと平行で頂点Dを通る直線と、辺ADと平行で頂点Bを通る直線をひきます。この2つの直線が交わる点が、頂点Cです。

〔平行四辺形の向かい合った辺の長さが等しくなることを利用する方法〕

コンパスで5cmの長さをとり、頂点Dを中心に、円の一部をかきます。次にコンパスで3cmの長さをとり、頂点Bを中心に、円の一部をかきます。コンパスの線が交わったところが、頂点Cです。

② 右の図のように、3cm の辺 AB をかき、分度器の中心を頂点 A に合わせて 110° の角をかき、辺 AD が 3cm となるように頂点 D をとります。ひし形も、向かい合った 2 組の辺が平行で、向かい合った辺の長さが等しくなっているので、頂点 C の位置は平行四辺形と同じ 2 つの方法で決めることができます。

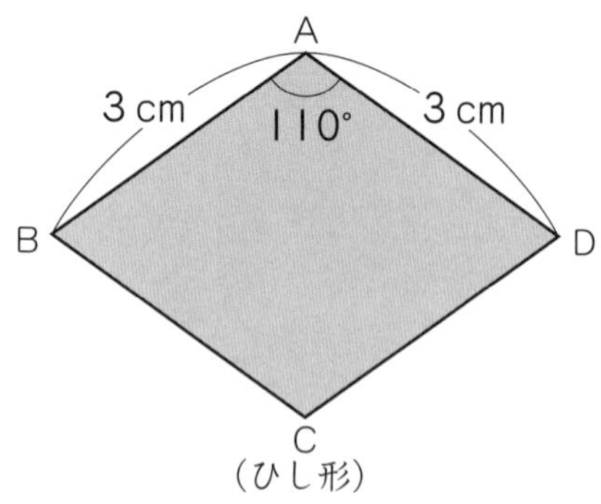

(ひし形)

2 合同な三角形は、三角形の 3 つの辺の長さと 3 つの角の大きさのうち、次の(1)、(2)、(3)のどれかがわかればかくことができます。

(1) 3 つの辺の長さ

(2) 2 つの辺の長さとその間の角の大きさ

(3) 1 つの辺の長さとその両はしの角の大きさ

3 三角形の 3 つの角の大きさの和は 180°、四角形の 4 つの角の大きさの和は 360° です。正六角形は、合同な 6 個の正三角形に分けられます。

㋐ 180−60−50=70

㋑ 360−75−60−75=150

㋒ 180÷3=60

㋓ 180÷3=60

㋔ 60×2=120

4 ① 「円周=直径×円周率」の式にあてはめます。4×2×3.14=25.12

② 直径 12cm の円周の長さの半分と、直径の長さ 12cm を合わせた長さです。
12×3.14÷2+12=18.84+12=30.84

③ 5cm の辺が 2 つと、直径が 3cm の円周の長さの半分が 2 つ分(1 つの円の円周)を合わせた長さです。
5×2+3×3.14=10+9.42=19.42

5 対称(たいしょう)な図形をかくときは、対応する 2 つの点をまず決めます。

線対称な図形をかくときは、対応する 2 つの点を結ぶ直線が対称の軸(じく)と垂直に交わり、対称の軸と交わる点から、対応する 2 つの点までの長さが等しいことを利用します。

点対称な図形をかくときは、対応する 2 つの点を結ぶ直線が対称の中心を通り、対称の中心から、対応する 2 つの点までの長さが等しいことを利用します。

6 ① 縮図(しゅくず)の AD の長さは 5cm なので、
実際の長さは、5×200=1000 より、1000cm → 10m

② しき地の形は台形です。
縮図の BC の長さは 6cm なので、
実際の長さは、6×200=1200 より、1200cm → 12m

縮図のCDの長さは4cmなので、
実際の長さは、4×200＝800 より、800cm → 8m
面積は、(10＋12)×8÷2＝88 より、88m^2

答え ❶ ①、② 考え方の❶

❷〔図〕 **省略** (辺ABは3.2cm、辺BCは3.6cm、辺CAは2.3cm、角Aは80°、角Bは40°、角Cは60°)

〔3つの辺の長さを調べる場合〕
辺ABと辺BCと辺CA

〔2つの辺の長さとその間の角の大きさを調べる場合〕
辺ABと辺BCと角B、辺BCと辺CAと角C、
辺CAと辺ABと角A

〔1つの辺の長さとその両はしの角の大きさを調べる場合〕
辺ABと角Aと角B、辺BCと角Bと角C、辺CAと角Cと角A

❸ Ⓐ 70° Ⓘ 150° Ⓤ 60° Ⓔ 60° Ⓞ 120°

❹ ① 25.12cm ② 30.84cm ③ 19.42cm

❺

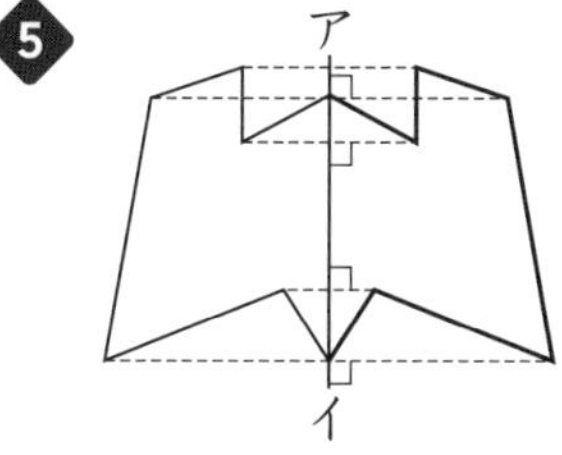

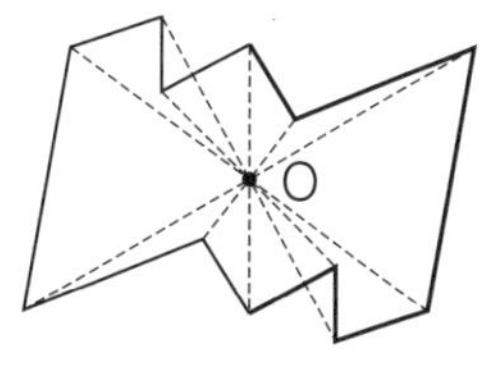

❻ ① 10m ② 88m^2 (式は、考え方)

教科書223ページ
5 立体図形

考え方 ❶ ①、② 直方体の向かい合った面どうしは平行で、となり合った面どうしは垂直(すいちょく)です。

③ BFを辺とする長方形で考えます。長方形BFEAでは、辺BAと辺FEです。また、長方形BFGCでは、辺BCと辺FGです。

④ BCを辺とする長方形で考えます。長方形ABCD、長方形BFGCのほかに長方形BEHCもあります。

❷ ① 組み立てたとき面Ⓤととなり合った面になるものを選びます。

② 頂点イと頂点エが重なるので、辺イウと重なるのは辺エウです。

③ 頂点ケは頂点スと重なり、さらに頂点アも頂点スと重なります。

❸ 展開図(てんかいず)は、直径5cmの円2つと、縦(たて)の長さが円周の長さ 5×3.14＝15.7 より、15.7cmで、横の長さが8cmの長方形を組み合わせたものになります。

答え ❶ ① 面㋒
② 面㋑、面㋓、面㋔、面㋕
③ 辺BA、辺FE、辺BC、辺FG
④ 辺AD、辺EH、辺FG

❷ ① 面㋐、面㋑、面㋓、面㋔
② 辺エウ
③ 頂点ア、頂点ス

❸
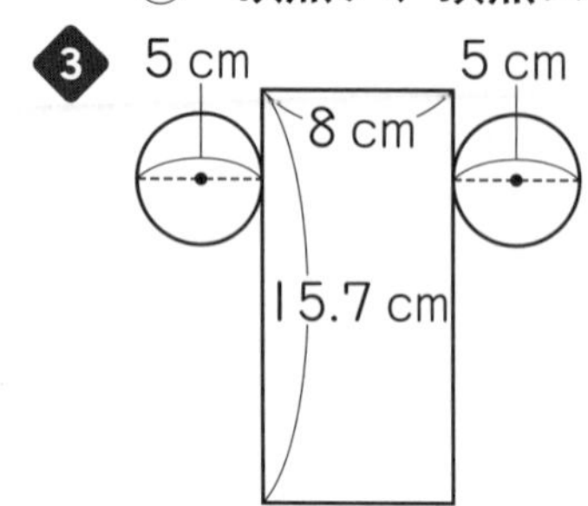

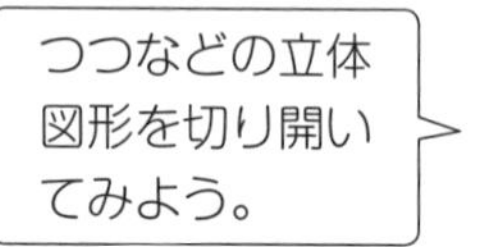

つつなどの立体
図形を切り開い
てみよう。

教科書224～225ページ

6 面積、体積

考え方 ❶ ① 「三角形の面積＝底辺×高さ÷2」より、12×6÷2＝36

② 「平行四辺形の面積＝底辺×高さ」より、8×7＝56

③ 「ひし形の面積＝一方の対角線×もう一方の対角線÷2」より、
12×(4＋4)÷2＝48

④ 「台形の面積＝(上底＋下底)×高さ÷2」より、(8＋6)×6÷2＝42

⑤ 「円の面積＝半径×半径×3.14」より、
(18÷2)×(18÷2)×3.14＝9×9×3.14＝254.34

⑥ (20÷2)×(20÷2)×3.14÷2＝10×10×3.14÷2＝157

❷ ① 大きい三角形の面積から、色がついていない三角形の面積をひきます。
14×(3＋6)÷2－14×3÷2＝63－21＝42
計算のきまり $a\times b-a\times c=a\times(b-c)$ を使うと、
14×(3＋6)÷2－14×3÷2＝14×(9÷2－3÷2)＝14×3＝42
また、次のように計算することもできます。
14×(3＋6)÷2－14×3÷2
＝14×3÷2＋14×6÷2－14×3÷2
＝14×6÷2＝42

② 正方形の面積から、色がついていない三角形3個の面積をひいて求めます。
10×10－5×10÷2－10×6÷2－(10－5)×(10－6)÷2
＝100－25－30－10＝35

③　大きい円の $\frac{1}{2}$ の面積から、色がついていない円の $\frac{1}{2}$ の2つ分の面積をひいて求めます。

$(4+6)\div2=5\quad 4\div2=2\quad 6\div2=3$

$5\times5\times3.14\times\frac{1}{2}-2\times2\times3.14\times\frac{1}{2}-3\times3\times3.14\times\frac{1}{2}$

$=39.25-6.28-14.13=18.84$

参考　計算のきまり $a\times c-b\times c=(a-b)\times c$ を使うと、

$(25-4-9)\times3.14\times\frac{1}{2}=12\times3.14\times\frac{1}{2}=18.84$

3　①　縦(たて)の長さを x m として式をたてます。

$x\times24=216$

$x=216\div24$

$=9$

②　$30\times50\times40=60000\quad 60000\text{cm}^3=60\text{L}$

4　「角柱、円柱の体積＝底面積(ていめんせき)×高さ」の式にあてはめます。

①　$8\times8\div2\times8=256$

②　底面は台形です。

$(30+15)\times10\div2\times20=4500$

③　$10\times10\times3.14\times15=4710$

5　展開図を見て、どのような立体ができて長さはどうなのかよみとります。

あ　縦2cm、横3cm、高さ4cmの直方体です。底面が長方形の四角柱と考えることもできます。

$2\times3\times4=24$

い　底面の円の半径が1cm、高さが4cmの円柱です。

$1\times1\times3.14\times4=12.56$

答え

1　①　36cm^2　②　56cm^2　③　48cm^2
　④　42cm^2　⑤　254.34cm^2　⑥　157cm^2

2　①　42m^2　②　35m^2　③　18.84m^2

3　①　9m　②　60L

4　①　256cm^3　②　4500cm^3　③　4710cm^3

5　あ　24cm^3　い　12.56cm^3

（式は、**考え方**）

面積や体積の
計算は、完全に
解けるよね。

教科書226ページ

7　量と単位

考え方 ❶ ①　1 m＝100 cm、1 cm＝10 mm より、
1 m＝(100×10)mm＝1000 mm
② k(キロ)は 1000 倍を表します。1 km＝1000 m
③ 1 m^2 は、1 辺が 1 m の正方形の面積です。1 m＝100 cm より、
1 m^2＝(100×100)cm^2＝10000 cm^2
④ 1 a は、1 辺が 10 m の正方形の面積です。
1 a＝(10×10)m^2＝100 m^2
⑤ 1 ha は、1 辺が 100 m の正方形の面積です。
1 ha＝(100×100)m^2＝10000 m^2
⑥ 1 km^2 は、1 辺が 1 km の正方形の面積です。1 km＝1000 m より、
1 km^2＝(1000×1000)m^2＝1000000 m^2
⑦ 1 m^3 は、1 辺が 1 m の立方体の体積です。1 m＝100 cm より、
1 m^3＝(100×100×100)cm^3＝1000000 cm^3
⑧ 1 L は、1 辺が 10 cm の立方体の体積です。
1 L＝(10×10×10)cm^3＝1000 cm^3
⑨ k(キロ)は 1000 倍を表します。1 kg＝1000 g
⑩ 1 t＝1000 kg
⑪⑫　1 直角は 90° です。
2 直角＝(90×2)°＝180°　　4 直角＝(90×4)°＝360°

❷ 書かれている数にふさわしい単位を考えます。
① 黒板の横の長さは、5 m
② 机(つくえ)の横の長さは、600 mm
③ 山の高さは、2500 m
④ 飛行機が飛ぶ高さは、10000 m
⑤ 1 円玉 1 枚(まい)の重さは、1 g
⑥ アフリカゾウの重さは、6 t
⑦ 切手 1 枚分の面積は、4 cm^2
⑧ 校庭の面積は、8000 m^2

答え ❶ ①　100、1000　　②　1000
③　10000　　④　100
⑤　10000　　⑥　1000000
⑦　1000000　　⑧　1000
⑨　1000　　⑩　1000
⑪　180　　⑫　360

❷ ① m　② mm　③ m　④ m
⑤ g　⑥ t　⑦ cm^2　⑧ m^2

教科書227ページ

8　比例と反比例

考え方　❶ 1分間あたりに歩く道のりは、いつでも一定になると考えます。5分で300m歩いたので、1分では、300÷5＝60　つまり、分速60mです。
表では、道のりが時間の60倍の数になるようにします。

❷ ㋐ 直径が2倍、3倍、4倍、……になると、円周も2倍、3倍、4倍、……になっているので、円周は直径に比例しています。円周は、いつも直径の3.14倍になっているので、式は、$y=x\times3.14$ です。$y=3.14\times x$ とも表せます。

㋑ 底辺が2倍、3倍、4倍、……になると、高さが $\frac{1}{2}$ 倍、$\frac{1}{3}$ 倍、$\frac{1}{4}$ 倍、……になっているので、高さは底辺に反比例しています。底辺と高さの積はいつも72なので、$x\times y=72$ より、式は、$y=72\div x$ です。

❸ ㋐ 「代金＝1本の値段×本数」の式にあてはめると、
$y=40\times x$
これは、比例の式です。

㋑ 「長方形の面積＝縦×横」の式にあてはめると、
$50=x\times y$　つまり　$y=50\div x$
これは、反比例の式です。

㋒ 「全体の量＝1本の量×本数」の式にあてはめると、
$y=0.5\times x$
これは、比例の式です。

㋓ 正六角形の周りの長さは、1辺の長さの6倍なので、
$y=x\times6$　つまり　$y=6\times x$
これは、比例の式です。

答え　❶

時間　(分)	1	2	3	4	5
道のり　(m)	60	120	180	240	300

❷ ㋐ $y=3.14\times x$　㋑ $y=72\div x$

❸ 〔比例するもの〕
㋐ 〔式〕 $y=40\times x$
㋒ 〔式〕 $y=0.5\times x$
㋓ 〔式〕 $y=6\times x$

〔反比例するもの〕

ⓘ 〔式〕 $y=50\div x$

教科書228〜229ページ

9 数量の変化と関係

考え方 ❶ 5回のテストの合計点から、1回め、2回め、4回め、5回めの点数をひいて求めます。

5回のテストの合計点は、92×5=460 より460点だから、3回めの点数は、460−92−91−89−95=93 より93点です。

❷ 「人口密度(じんこうみつど)=人口÷面積」の式にあてはめます。

北山市 71500÷85=841.1…… → 約841人

南川市 87600÷102=858.8…… → 約859人

❸ それぞれの自動車の分速を求めて比べます。

「速さ=道のり÷時間」より、

7kmの道のりを10分間で走る自動車 7÷10=0.7 → 分速0.7km

9kmの道のりを15分間で走る自動車 9÷15=0.6 → 分速0.6km

となるので、速いのは、7kmの道のりを10分間で走る自動車です。

❹ ① 時速は1時間に進む道のりで表した速さ、分速は1分間に進む道のりで表した速さです。1時間は60分なので、分速を求めるときは時速を60でわります。18km=18000m　18000÷60=300

② 「道のり=速さ×時間」の式にあてはめます。

分速300mだから、300×45=13500

❺ ① 割合を表す0.01は、百分率で表すと1%です。

② $\frac{1}{8}$=1÷8=0.125 → 12.5%

❻ ① 「割合=比かく量÷基準量」より、3÷12=0.25 → 25%

② 750×0.7=525

③ 500÷0.25=2000　2000mL=2L

❼ 2400円の25%引きということは、売り値は2400円の75%になります。

2400×0.75=1800

または、2400円の25%を求めて、2400円からひきます。

2400×0.25=600　2400−600=1800

❽ ① 18:36=(18÷18):(36÷18)=1:2

② 2.1:4.9=(2.1×10):(4.9×10)=21:49

=(21÷7):(49÷7)=3:7

③ $4:3.2=(4\times10):(3.2\times10)=40:32$
$=(40\div8):(32\div8)=5:4$

④ $2:\frac{1}{3}=(2\times3):\left(\frac{1}{3}\times3\right)=6:1$

9 ① $x:5=56:35$
$x=56\times(5\div35)$
$=8$

$x:5=56:35$ （$\times\frac{1}{7}$）

② $48:36=x:3$
$x=48\times(3\div36)$
$=4$

$48:36=x:3$ （$\times\frac{1}{12}$）

③ $14:35=2:x$
$x=35\times(2\div14)$
$=5$

$14:35=2:x$ （$\times\frac{1}{7}$）

10 長いほうのリボンの長さを x cm とします。長いほうのリボンの長さ x cm とリボン全体の長さ 1m20cm＝120cm の比を、$4:(4+1)=4:5$ にするから、

$4:5=x:120$
$x=4\times(120\div5)$
$=96$

$4:5=x:120$ （$\times24$）

答え

1 93点
2 〔北山市〕 約841人　〔南川市〕 約859人
〔混んでいるほう〕 南川市
3 7kmの道のりを10分間で走る自動車
4 ① 分速300m　② 13500m
5 ① 90%　② 12.5%　③ 0.05　④ 1.03
6 ① 25　② 525　③ 2
7 〔式〕 $2400\times(1-0.25)=1800$
または $2400-2400\times0.25=1800$
〔答え〕 1800円
8 ① 1:2　② 3:7　③ 5:4　④ 6:1
9 ① 8　② 4　③ 5
10 96cm

教科書230～231ページ

10　表とグラフ

考え方　❶ グラフの特ちょうを考えます。

・棒(ぼう)グラフは数量の大小を比べるとき
・折れ線グラフは数量が時間とともに変化する様子を見るとき
・帯グラフと円グラフは数量の全体に対する割合を比べたり、部分どうしの割合を比べたりするとき
・柱状グラフは数量の散らばり方を見るとき

に使います。

❷ ①　2つの帯グラフのそれぞれで割合を見ます。平成元年は30％、令和元年は35％です。

②　令和元年の4つの小学校の児童数の合計は1600人です。北小学校は、そのうちの20％ですから、

1600×0.2＝320 より、320人です。

③　平成元年から令和元年にかけて、4つの小学校の児童数の合計が変わっています。このようなときは、①のように割合だけを見て判断することはできません。東小学校の児童数を求めます。

平成元年　　2000×0.3＝600
令和元年　　1600×0.35＝560

となるので、児童数は減りました。

❸ ドットプロットに表した結果を見ると、最ひん値(ち)や中央値がわかります。

①　回数ごとに、本数を表すめもりの上にかき入れます。

②　平均値は、

(9＋8＋0＋10＋7＋8＋5＋8＋7＋6)÷10＝6.8 より、6.8本です。

最ひん値は、ドットプロットで3つ重なる8本です。

中央値は、記録を順に並べたとき、まん中にくる値(あたい)です。全部の回数10回が偶数なので、左から5番めと6番めの平均値を求めます。左から5番めの記録は7本、6番めの記録は8本なので、(7＋8)÷2＝7.5

❹ ①　今日遊んでいない・昨日遊んだ人数は、44－36＝8
今日遊んだ・昨日遊んでいない人数は、20－7＝13
今日遊んだ人数の合計は、36＋13＝49
今日遊んでいない人数の合計は、8＋7＝15

表の右下は、あかねさんの学校の6年生の人数です。

44＋20＝64、49＋15＝64　どちらからでも求められます。

②　㋐は、昨日も今日も昼休みに校庭で遊んだ人数、㋑は、昨日は昼休みに校庭で遊んでないが今日は遊んだ人数を表しています。

❺ 表をかいて調べます。表より10通りとわかります。

青	赤	黄	白	緑
○	○			
○		○		
○			○	
○				○
	○	○		
	○		○	
	○			○
		○	○	
		○		○
			○	○

表を使うとわかりやすいでしょう。

〈注〉 五角形の頂点を結ぶ線が組み合わせを表しています。

10通り

答え

❶ ㋐ **折れ線グラフ**　㋑ **棒グラフ**
㋒ **帯グラフ、円グラフ**　㋓ **柱状グラフ**

❷ ① **30%から35%に変わりました。(割合は増えました。)**
② 〔式〕 **1600×0.2＝320**　〔答え〕 **320人**
③ **増えたとはいえません。**
〔理由〕 **児童数を求めると、平成元年は600人、令和元年は560人なので、減っています。**

❸ ①②

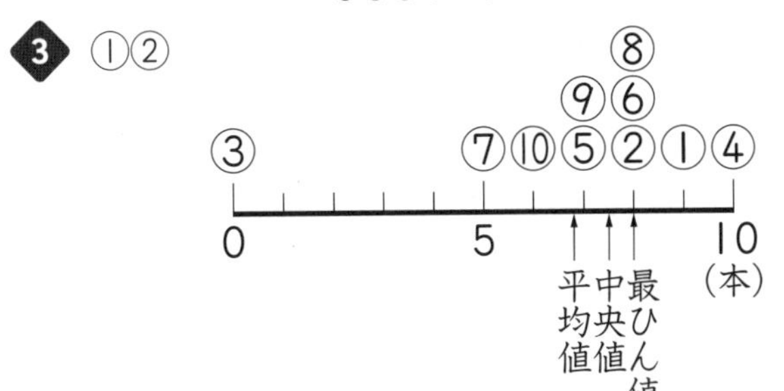

〔平均値〕 **6.8本**
〔最ひん値〕 **8本**
〔中央値〕 **7.5本**

❹ ①

昼休みに校庭で遊んだ人調べ　(人)

		今日 遊んだ	今日 遊んでいない	合計
昨日	遊んだ	㋐36	8	44
昨日	遊んでいない	㋑13	7	20
合　計		49	15	64

② ㋐ **昨日も今日も昼休みに校庭で遊んだ人の人数**
㋑ **昨日は昼休みに校庭で遊んでいないが、今日は遊んだ人の人数**

❺ 〔組み合わせ〕 **青と赤、青と黄、青と白、青と緑、赤と黄、赤と白、赤と緑、黄と白、黄と緑、白と緑**

10通り

Let's Try

教科書232ページ
0より小さい数

考え方 **1** 気温などは0℃より低い温度になることもあります。温度計は0℃より6℃低い温度を表していて、この温度を−6℃(マイナス6℃)といいます。

2 電たくで3−5を計算すると、−2と表示されます。0より2小さい数です。0より1小さい数を−1、0より2小さい数を−2、0より3小さい数を−3、……のようにしてマイナスのついた数(負(ふ)の数)を考え、数のはん囲を広げることによって、いろいろなことが統一的にあつかえるようになります。

3 教科書232ページのように、0より小さい数も数直線に表せます。数直線では、いつも右にある数のほうが大きくなります。

① −1と1では、1のほうが右にあるので、大きいのは1です。

② 2と−4では、2のほうが右にあるので、大きいのは2です。

③ −2と−3では、−2のほうが右にあるので、大きいのは−2です。

答え **1** 0℃より6℃低い温度(−6℃)

2 −2

3 ① 1　② 2　③ −2

教科書233ページ
方眼にかいた正方形

考え方 **1** ① 周りの4つの直角三角形はどれも合同なので、色のついた四角形の4つの辺の長さはすべて等しいです。

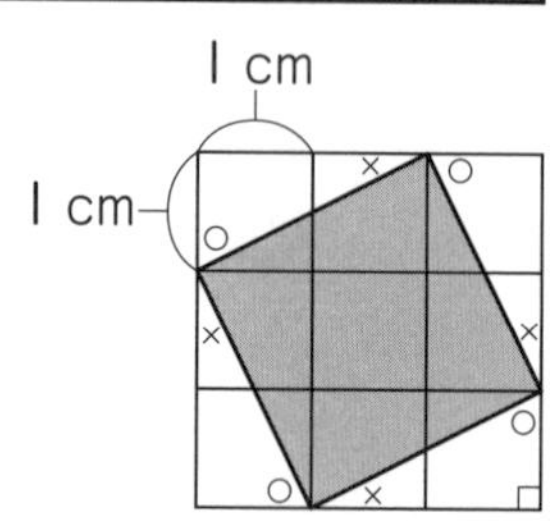

次に、右の図のように直角三角形の等しい角に、○と×の印をつけて、大きさを考えます。

三角形の3つの角の大きさの和は180°だから、

○と×の角の和は、180−90=90 より 90°

色のついた四角形の1つの角の大きさは、180−90=90 より 90°

だから、この四角形は4つの辺の長さが等しく、4つの角の大きさが直角で等しいので、正方形になります。

② 正方形の面積は、1辺の長さがわからないから、みなとさんのように、全体から4つの直角三角形の面積をひいて求めます。(かえでさんの方法でもよいです。)

$3\times3-2\times1\div2\times4=9-4=5$

③ 正方形の1辺の長さを2.2cmとすると、面積は、2.2×2.2=4.84 より、4.84 cm^2

これは5 cm^2 に少したりません。

そこで１辺の長さを2.3cmとすると、面積は、2.3×2.3＝5.29 より、5.29cm²

こんどは5cm²をこえてしまいます。

正方形の１辺の長さは、2.2cmと2.3cmの間の長さだとわかります。

④ ③の結果をもとに、１辺の長さが2.21cm、2.22cm、2.23cm、2.24cm、……のときの面積を電たくを使って計算してみます。

2.21×2.21＝4.8841、2.22×2.22＝4.9284、
2.23×2.23＝4.9729、2.24×2.24＝5.0176、……

ここから、１辺の長さは、2.23cmと2.24cmの間の長さだとわかります。

つづけて１辺の長さが2.231cm、2.232cm、2.233cm、……のときを調べていくことで、どんどん長さのはん囲をせばめていくことができます。

ただし、計算の手間はどんどん増えていきます。

面積が5cm²の正方形の１辺の長さは、別の方法でくわしく調べることができ、

2.2360679774……cm

という数で表されることが知られています。この数は、数字が不規則にどこまでも並ぶ小数で、分数では表せないことがわかっています。

電たくに[√]というキーがついている場合、5の次にこのキーを押してみると、上の小数と同じような数が表示されます。上の小数は$\sqrt{5}$（ルート5）という数です。

答え **1** **① 周りの直角三角形はすべて合同なので、四角形の４つの辺の長さはすべて等しいです。**

また、直角三角形の直角以外の２つの角の和は90°なので、四角形の１つの角の大きさは、180−90＝90 より、90°です。

このことから、この四角形は４つの辺の長さがすべて等しく、４つの角がすべて直角なので、正方形です。

② 5cm²

③ 2.2cmと2.3cmの間の長さ

④ 2.2360679774……

教科書234ページ

直角三角形のひみつ

考え方 **1** ① 正方形㋐は１辺が3cmなので、面積は、3×3＝9 より、9cm²

正方形㋑は１辺が4cmなので、面積は、4×4＝16 より、16cm²

正方形㋒は１辺が5cmなので、面積は、5×5＝25 より、25cm²

（9＋16＝25 となっています。）

② 5×5＝25、12×12＝144、13×13＝169

25＋144＝169

なので、5cm、12cm、13cm の直角三角形でも同じことがいえます。

3 つの辺の長さが整数cm で表される直角三角形のほかの例は、

・8cm、15cm、17cm（8×8＋15×15＝17×17）

・7cm、24cm、25cm（7×7＋24×24＝25×25）

などがあります。

答え **1** ① ㋐ 9cm² ㋑ 16cm² ㋒ 25cm²

② 同じことがいえます。

教科書235ページ

平方と立方

考え方 **1** 正方形の面積は、5×5＝25 より、25cm²

立方体の体積は、5×5×5＝125 より、125cm³

① ① 2×2×2 は、2 を 3 個かけているので、2^3 です。

② 3×3 は、3 を 2 個かけているので、3^2 です。

③ 5×5×5×5 は、5 を 4 個かけているので、5^4 です。

④ 1000＝10×10×10＝10^3

⑤ 1 は何個かけても 1 のままです。1^{100}＝1

⑥ 4^3＝4×4×4＝64

② 〔平方した数〕 九九の表は、1 から 9 までの数のかけ算の積が書かれているので、1 から 9 までの同じ数を 2 個かけた数があります。1×1＝1、2×2＝4、3×3＝9、4×4＝16、5×5＝25、6×6＝36、7×7＝49、8×8＝64、9×9＝81

〔立方した数〕 1 から 9 の中に、ある数を平方した数があれば、さらにそこに同じ数をかけるとその数を立方した数になります。1×1×1＝1、2×2×2＝8、3×3×3＝27

また、64 は 4×4×4＝64 より、4 を立方した数で、8×8 の答えとして九九の表の中にあります。

答え **1** 〔正方形の面積〕 25cm² 〔立方体の体積〕 125cm³

① ① 3 ② 2 ③ 4

④ 3 ⑤ 1 ⑥ 64

② 〔平方した数〕 1、4、9、16、25、36、49、64、81

〔立方した数〕 1、8、27、64

教科書236ページ

さいころの目の出やすさ

考え方 **1** ① 立方体の6つの面のうち、かかれているマークは、♥が3面、♠が2面、♦が1面なので、出やすいと考えられるマークは♥です。

② 次の③のように表にまとめると、どの組み合わせがよく出るか調べられます。

③ 組み合わせの記号は、

♥♥が○、♥♠が△、♥♦が□、♠♠が◎、♠♦が×、♦♦が■

です。表のらんは、全部で 6×6＝36 より、36通りあります。

このうち、

○は9通り、△は12通り、□は6通り、◎は4通り、×は4通り、■は1通りです。

△となる12通りが最も多いので、♥♠の組み合わせがいちばんよく出ると考えられます。

答え **1** ① ♥

② (③のように調べて)♥♠

③

	♥	♥	♥	♠	♠	♦
♥	○	○	○	△	△	□
♥	○	○	○	△	△	□
♥	○	○	○	△	△	□
♠	△	△	△	◎	◎	×
♠	△	△	△	◎	◎	×
♦	□	□	□	×	×	■

表し方

♥♥	○	9通り
♥♠	△	12通り
♥♦	□	6通り
♠♠	◎	4通り
♠♦	×	4通り
♦♦	■	1通り

教科書237ページ

一筆がき

考え方 **1** ㋓以外の5つについては、次の例のように一筆がきでかくことができます。一方㋓の図形では、それぞれの点に集まる線の数が3、3、3、3、4となり奇数（きすう）の点が4つあるので、一筆がきでかけません。

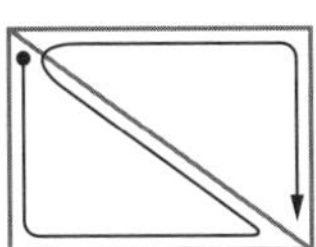

㋑

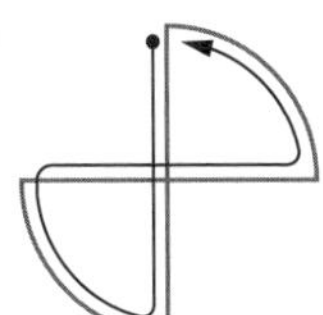

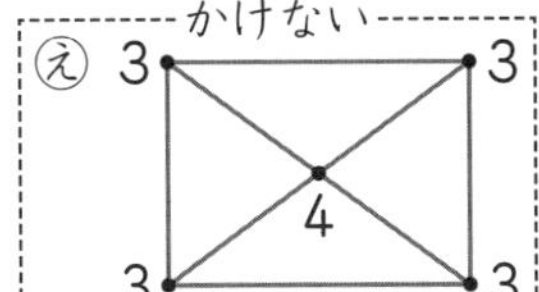

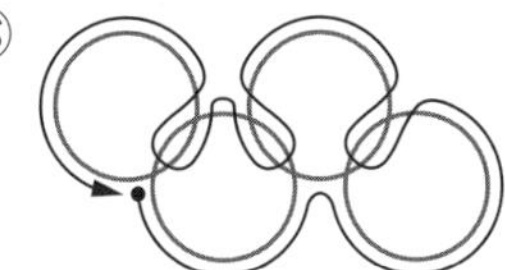

2 ケーニヒスベルクの町を図に表し、それぞれの点に集まる線の数がいくつになるかを調べます。

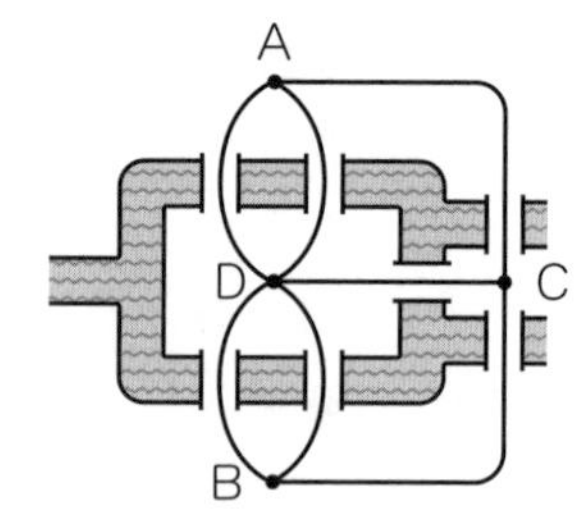

ケーニヒスベルクの町を右の図のように表します。川で分けられている4つの土地をそれぞれA、B、C、Dで表し、それらの2点を7つの橋のどれか1つを通る線で結んであります。

A〜Dの各点に集まる線の数を調べると、A〜Cはそれぞれ3本、Dは5本になっています。

ですから、この図形には奇数の点が4つあり、一筆ではかけません。

答え **1** ㋓

2 **同じ橋を1回しか通らずに、すべての橋を通る方法はありません。**

教科書238ページ

にせものコインを探せ！

考え方 **1** ① 取り出したコインの枚数は全部で、

1+2+3+4=10 より、10枚です。

また、1番から4番のふくろのコインが本物のとき、この10枚はどれも1枚の重さが50gです。取り出したコインの重さは、

50×10=500 より、500g

また、1番から4番のどれかがにせもののときは、次のようになります。

〔1番がにせもののとき〕

上のように取り出した10枚のうち、1番の1枚だけ49gで、ほかの9枚は50gです。取り出したコインの重さは、

49+50×9=499 より、499g

この重さは、次のように求めると簡単です。

にせものの枚数は1枚で、にせものは本物より1g軽いので、10枚全部が本物のときと比べて1gだけ軽くなります。

500−1=499 より、499g

〔2番がにせもののとき〕

10枚のうち、2枚がにせものです。取り出したコインの重さは、にせもの1枚につき1g軽くなるので

500−1×2=498 より、498g

〔3番がにせもののとき〕

にせものが3枚なので、取り出したコインの重さは、

500−1×3=497 より、497g

〔4番がにせもののとき〕

にせものが4枚なので、取り出したコインの重さは、

500－1×4＝496 より、496g

② ①で調べたことから、取り出したコインの重さについて、次のようにまとめられます。

・5番がにせもののときは500gになる。

・1番から4番までのどれかがにせもののときは、500－(ふくろの番号)で表される重さになる。

ですから、497gのときは、

500－497＝3

より、3番のふくろがにせものだとわかります。

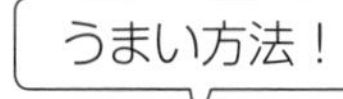

① 〔コインの枚数〕 10枚

〔コインの重さ〕 500g

② 3番

教科書239ページ

積み木の数は？

考え方 **1** ① 縦、横、高さのそれぞれに3個ずつ並(なら)ぶので、全部で

3×3×3＝27

② 〔3面ぬられている積み木〕

立方体の頂点の場所にあり、8個です。

〔2面ぬられている積み木〕

立方体の辺(頂点をのぞく)の場所にあります。1つの辺に1個あり、辺の数は12なので、1×12＝12

〔1面ぬられている積み木〕

立方体の面(辺をのぞく)の場所にあります。1つの面に1個あり、面の数は6なので、1×6＝6

〔色がぬられている積み木〕

以上3種類の合計で、8＋12＋6＝26より、26個

③ ①から積み木は全部で27個、②からそのうち26個に色がぬられています。どの面にも色がぬられていない積み木は、27－26＝1より、1個

2 ・全部の積み木は、4×4×4=64

・3 面ぬられている積み木は、8 個

・2 面ぬられている積み木は、2×12=24

・1 面ぬられている積み木は、(2×2)×6=24

となるので、どの面にも色がぬられていない積み木は、

64−(8+24+24)=8 より、8 個

答え **1** ① 27 個　② 26 個　③ 1 個

2 8 個　〔ぐりちゃん〕 4

教科書240ページ

ハノイのとう

考え方 **1** いちばん左の棒をA、 まん中の棒をB、いちばん右の棒をCとし、最初Aにはまった円板(えんばん)をBかCに移しかえることを考えます。

図は横から見たときのようすです。

①、② 教科書 240 ページの図より、①は 3 回、②は 7 回とわかります。

〔4 枚のとき〕

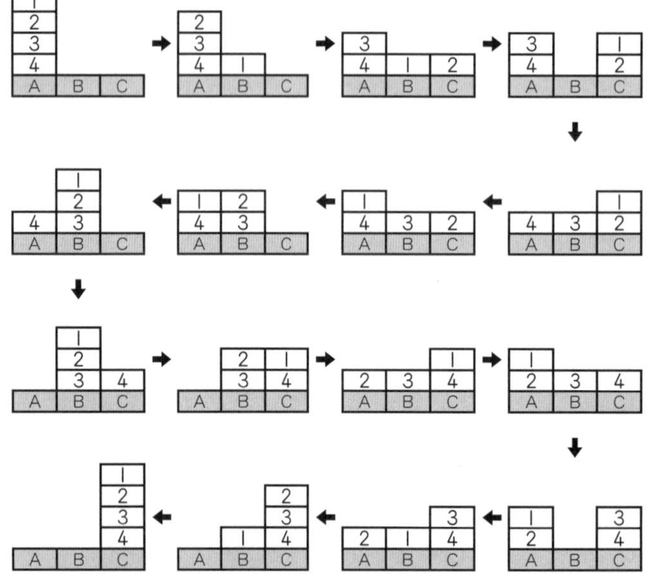

15 回で移動が終わることがわかります。

(7 回で上の 3 枚を B に移し、次の 1 回で 4 枚目を C に移し、さらに 7 回で上の 3 枚を C に移しています。7+1+7=15)

〔5枚のとき〕

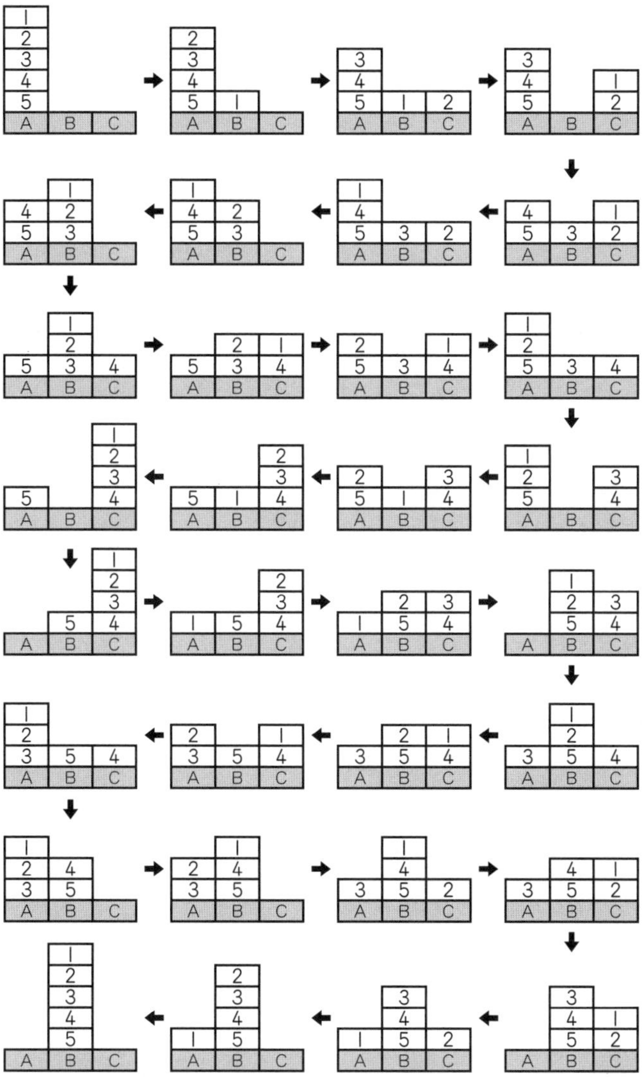

5枚だと、円板を移しかえる回数が多くなるね！

15＋1＋15＝31
だよ。

31回で移動が終わることがわかります。

ハノイのとうのできる回数を書いていくと下の表のようになります。

円板の数	できる回数
1枚	1回
2枚	3回
3枚	7回
4枚	15回
5枚	31回

同じように 31＋1＋31＝63、……
と計算してもいいけど、
別のきまりも見つかるよ。

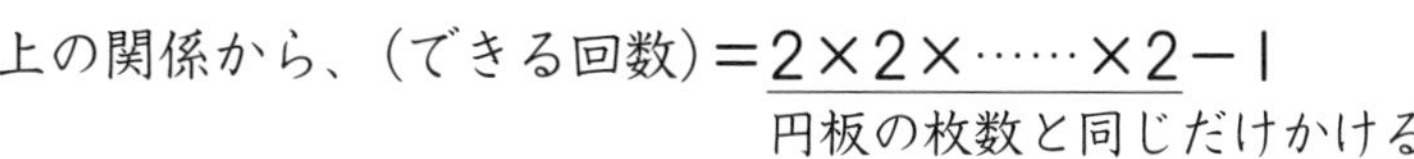

上の関係から、（できる回数）＝2×2×……×2－1
円板の枚数と同じだけかける

ということがわかります。円板の数が10枚のときは、

2×2×2×2×2×2×2×2×2×2－1＝1024－1＝1023

1023回動かすと、移動できます。

答え 1 ① 3回　② 7回

〔4枚のとき〕15回　〔5枚のとき〕31回

教科書241ページ

小町算

考え方 1 ① 計算できるところを計算することで見通しがたてられます。また、まず100に近い数をつくり、残りの部分で調節すると考えやすいです。

① 1+2+3+4+5+6+7+8□9=100

下線部分を計算すると28です。そこで、残りの部分を72にします。

1+2+3+4+5+6+7+8☒9=100

② 123□45−67□89=100

123+89=212、45+67=112なので、この2つの差が100になります。そこで次のようにします。

123⊟45−67⊞89=100

③ 1+2□3−4+56□7□89=100

100に近い89に着目し、残りの部分で11をつくることを考えます。

56⊡7=8であることを使って、次のようにします。

1+2☒3−4+56⊡7⊞89=100

④ (1×2□3×4)□5+6+7+8+9=100

下線部分を計算すると30です。そこで、残りの部分を70にします。

(1×2□3×4)□5=70

5の前の□が×だと考えると、

1×2⊞3×4=14となるので、(1×2⊞3×4)☒5+6+7+8+9=100

⑤ (123□45)□6+78+9=100

下線部分を計算すると87です。そこで、残りの部分を13にします。

(123□45)□6=13

6の前の□が÷だと考えると、

123⊟45=78となるので、(123⊟45)⊡6+78+9=100

② ここでも①と同じように考えます。

① 98+7+6+5□4−32□1=100

下線部分を計算すると111です。ここから11をひくことを考えて、次のようにします。

98+7+6+5☒4−32⊞1=100

② 9+8□7+6×5+4□3□2−1=100

9＋8 ☒ 7＋6×5 を計算すると 95 となるので、残りの部分で 5 をつくることを考えます。

9＋8 ☒ 7＋6×5＋4 ☒ 3 ⊡ 2－1＝100

答え **1** ① ① × ② －、＋ ③ ×、÷、＋ ④ ＋、×
⑤ －、÷
② ① ×、＋ ② ×、×、÷

教科書242ページ

俵杉算

考え方 **1** ①〔1 段(だん)〕 1 俵(ぴょう)
〔2 段〕 1＋2＝3 より、3 俵
〔3 段〕 1＋2＋3＝6 より、6 俵
〔4 段〕 1＋2＋3＋4＝10 より、10 俵
〔5 段〕 1＋2＋3＋4＋5＝15 より、15 俵

② 1 から 13 までの整数の合計をくふうして求めます。
〔れおさんの考え〕 次のように両はしから 2 個ずつ和をつくります。

1＋2＋3＋4＋5＋6＋7＋8＋9＋10＋11＋12＋13

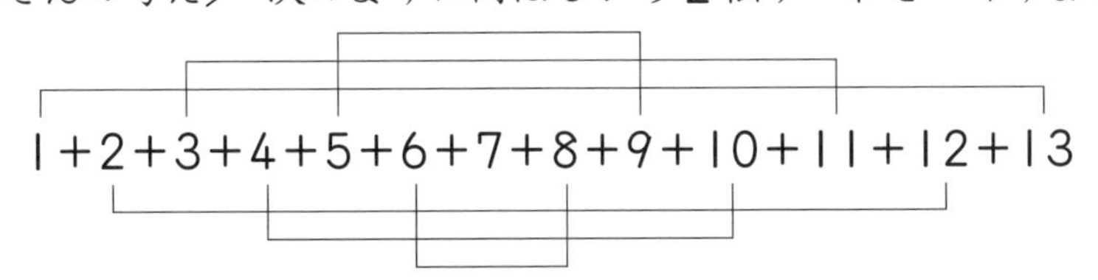

2 個ずつの和はどれも 14 で、6 組でき、まん中に 7 が残ります。
13 個の数の合計は、14×6＋7＝91

答え **1** ①〔左から順に〕 1、3、6、10、15
②〔求め方〕 **考え方** の **1** ②
〔答え〕 91 俵

教科書243ページ

国でちがう数の表し方

考え方 **1** ① 今の年令が12才の場合と11才の場合、次のようになります。

・今の年令が12才の場合

今の年令の数は、twelve

1年後の年令の数は、thirteen

2年後の年令の数は、fourteen

・今の年令が11才の場合

今の年令の数は、eleven

1年後の年令の数は、twelve

2年後の年令の数は、thirteen

② 10から19の表し方は、10、11、12がそれぞれ固有の表し方で、13から19は次のように3から9と関連がある表し方です。

3(three)−13(thirteen)
4(four)−14(fourteen)
5(five)−15(fifteen)
……
9(nine)−19(nineteen)

一方、20から29の表し方は、20をもとにした表し方になっています。21から29は、それぞれ20のあとに1から9をつけて表します。

20(twenty)
1(one)−21(twenty-one)
2(two)−22(twenty-two)
……
9(nine)−29(twenty-nine)

このあと99までは、20から29と同じように、30、40、…、90をもとにした表し方をします。さらに101から199は、100のあとに数を加えて表します。

(例) 30(thirty)をもとにして、31(thirty-one)
40(forty)をもとにして、45(forty-five)
……
90(ninety)をもとにして、99(ninety-nine)
100(one hundred)に1を加えて、101(one hundred and one)
100(one hundred)に37を加えて、137(one hundred and thirty-seven)
……

答え **1** ① (今の年令が12才の場合の例)

〔今の年令の数〕 twelve

〔1 年後の年令の数〕 thirteen

〔2 年後の年令の数〕 fourteen

② 考え方 の②

教科書244～245ページ

点字のしくみ

考え方 **1** ① 教科書 244 ページのそれぞれの文字の点字を、教科書 245 ページの同じ文字のところにかき写します。

②〔か行〕「あいうえお」のそれぞれの点字に対して、⑥の位置の点を加えます。

〔さ行〕「あ」と「さ」の点字を比べると、「あ行」のそれぞれに対して⑤と⑥の位置の点を加えるとよいことがわかります。

(「い」と「し」を比べてもわかります。)

ほかの文字についても同じように考えます。

①	④
②	⑤
③	⑥

また、これらの文字以外に「が」や「ぱ」などを表すためのくふうもあります。

さらに、点字を使って数字を表すには数符（すうふ）という記号をおき、次に数字を表す点字を使います。(「1」と「あ」、「2」と「い」などを区別するためです。)

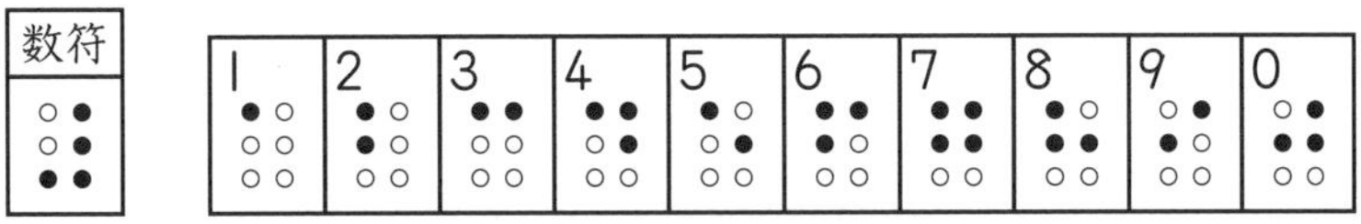

数符
○● ○● ●●

1	2	3	4	5	6	7	8	9	0
●○ ○○ ○○	●○ ●○ ○○	●● ○○ ○○	●● ○● ○○	●○ ○● ○○	●● ●○ ○○	●● ●● ○○	●○ ●● ○○	○● ●○ ○○	○● ●● ○○

答え **1** ①

点字の五十音表（一部をかきこんだもの）

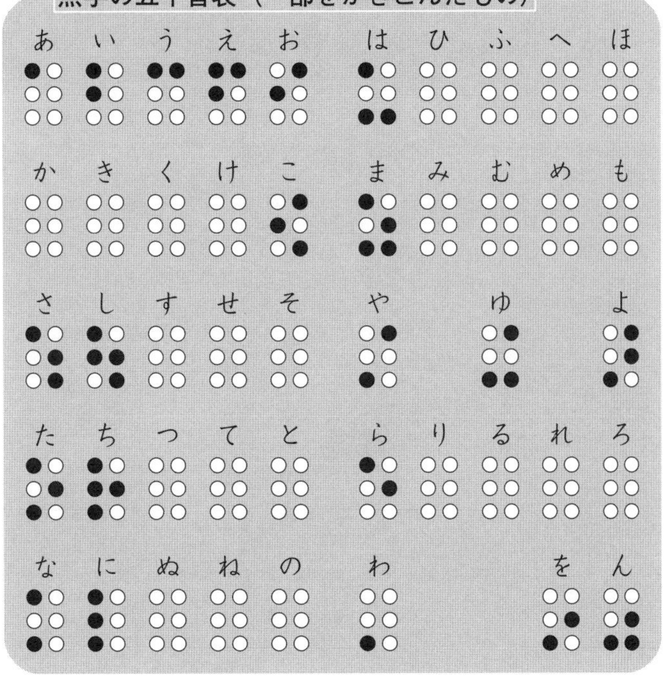

あ	い	う	え	お	は	ひ	ふ	へ	ほ
●○ ○○ ○○	●○ ●○ ○○	●● ○○ ○○	●● ●○ ○○	○● ●○ ○○	●○ ○○ ●●	○○ ○○ ○○	○○ ○○ ○○	○○ ○○ ○○	○○ ○○ ○○
か	**き**	**く**	**け**	**こ**	**ま**	**み**	**む**	**め**	**も**
○○ ○○ ○○	○○ ○○ ○○	○○ ○○ ○○	○○ ○○ ○○	○● ●○ ○●	●○ ○● ●●	○○ ○○ ○○	○○ ○○ ○○	○○ ○○ ○○	○○ ○○ ○○
さ	**し**	**す**	**せ**	**そ**	**や**		**ゆ**		**よ**
●○ ○● ○●	●○ ●● ○●	○○ ○○ ○○	○○ ○○ ○○	○○ ○○ ○○	○● ○○ ●○		○● ○○ ●●		○● ○● ●○
た	**ち**	**つ**	**て**	**と**	**ら**	**り**	**る**	**れ**	**ろ**
●○ ○● ●○	●○ ●● ●○	○○ ○○ ○○	○○ ○○ ○○	○○ ○○ ○○	●○ ○● ○○	○○ ○○ ○○	○○ ○○ ○○	○○ ○○ ○○	○○ ○○ ○○
な	**に**	**ぬ**	**ね**	**の**	**わ**			**を**	**ん**
●○ ○○ ●○	●○ ●○ ●○	○○ ○○ ○○	○○ ○○ ○○	○○ ○○ ○○	○○ ○○ ●○			○○ ○● ●○	○○ ○● ●●

②

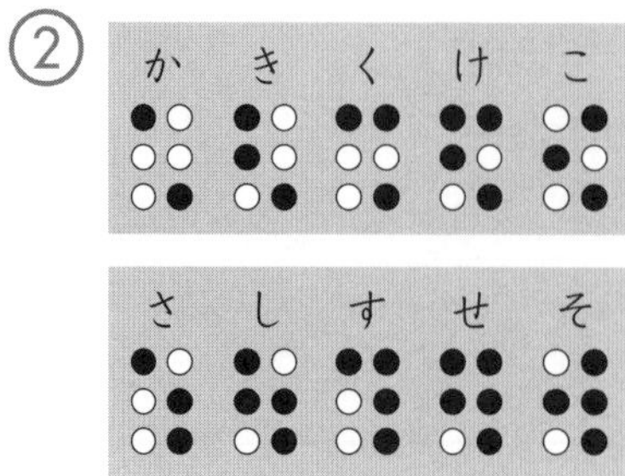
かきくけこ
さしすせそ

③

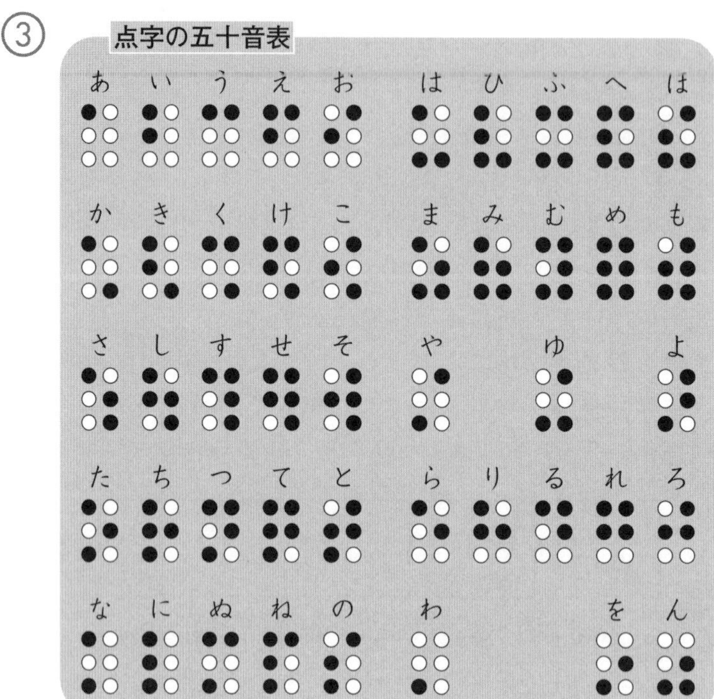
点字の五十音表
あいうえお　はひふへほ
かきくけこ　まみむめも
さしすせそ　や　ゆ　よ
たちつてと　らりるれろ
なにぬねの　わ　を　ん

いろいろな
くふうが
されているね。

ステップアップ算数

教科書247～248ページ

1　文字を使った式

考え方 **1** 使った折り紙の枚数(まいすう)を x 枚とすると、はじめにあった折り紙は 300 枚だから、

$$300-x=35$$
$$x=300-35$$
$$=265$$

2 1個の値段(ねだん)×個数＝合計の代金、速さ×時間＝道のり など、かけ算の関係になっているものを見つけましょう。

$$x\times8=240$$
$$x=240\div8$$
$$=30$$

3 ① 長方形の縦の長さと横の長さの和は、周りの長さの半分です。

$$a+b=14\div2=7$$

横の長さが 5cm のとき、$a+b=7$ の b に 5 をあてはめて、

$$a+5=7$$
$$a=7-5$$
$$=2$$

② 「直方体の体積＝縦×横×高さ」の式にあてはめます。

$$3\times5\times x=y$$

体積が 90cm^3 のとき、y に 90 をあてはめて、

$$3\times5\times x=90$$
$$15\times x=90$$
$$x=90\div15$$
$$=6$$

4 a、b、c に整数、小数、分数をあてはめて確かめてみましょう。

5 ① 正方形は、4 つの辺の長さが等しい図形です。また、正方形の面積は、「1辺×1辺」で求められます。

② 平行四辺形の面積は、「底辺×高さ」で求められます。平行四辺形は、向かい合った辺の長さが等しいです。

③ ひし形の面積は、「一方の対角線×もう一方の対角線÷2」で求められます。ひし形は、4 つの辺の長さが等しいです。

答え **1** 〔式〕 $300-x=35$　〔答え〕 265 枚

2 〔文章題〕 (例)えんぴつを 8 本買ったら、代金は 240 円でした。え

んぴつ１本の値段は何円でしょうか。えんぴつ１本の値段を x 円として答えを求めましょう。〔答え〕 30円

3 ① 〔式〕 $a+b=7$

〔横の長さが 5cm のときの縦の長さ〕 2cm

② 〔式〕 $3\times5\times x=y$

〔体積が 90cm^3 のときの高さ〕 6cm

4 （例）

㋐ $a=1$ のとき、$1\times8=8$　$1\times7+1=8$

$a=2$ のとき、$2\times8=16$　$2\times7+2=16$

$a=3$ のとき、$3\times8=24$　$3\times7+3=24$

$a=1.5$ のとき、$1.5\times8=12$　$1.5\times7+1.5=12$

$a=\frac{3}{4}$ のとき、$\frac{3}{4}\times8=6$　$\frac{3}{4}\times7+\frac{3}{4}=6$

㋑ $b=1$ のとき、$1\times4=4$　$1\times5-1=4$

$b=2$ のとき、$2\times4=8$　$2\times5-2=8$

$b=3$ のとき、$3\times4=12$　$3\times5-3=12$

$b=1.5$ のとき、$1.5\times4=6$　$1.5\times5-1.5=6$

$b=\frac{3}{4}$ のとき、$\frac{3}{4}\times4=3$　$\frac{3}{4}\times5-\frac{3}{4}=3$

㋒ $c=1$ のとき、$3\times1+7\times1=10$　$(3+7)\times1=10$

$c=2$ のとき、$3\times2+7\times2=20$　$(3+7)\times2=20$

$c=3$ のとき、$3\times3+7\times3=30$　$(3+7)\times3=30$

$c=1.5$ のとき、$3\times1.5+7\times1.5=15$　$(3+7)\times1.5=15$

$c=\frac{3}{4}$ のとき、$3\times\frac{3}{4}+7\times\frac{3}{4}=\frac{15}{2}$　$(3+7)\times\frac{3}{4}=\frac{15}{2}$

5 ① 〔㋐〕 周りの長さ　〔㋑〕 面積

② 〔㋐〕 面積　〔㋑〕 周りの長さ

③ 〔㋐〕 面積　〔㋑〕 周りの長さ

教科書248〜249ページ

2 分数と整数のかけ算、わり算

考え方 **1** ① $\frac{3}{8}\times9=\frac{3\times9}{8}=\frac{27}{8}\left(3\frac{3}{8}\right)$　② $\frac{2}{7}\times4=\frac{2\times4}{7}=\frac{8}{7}\left(1\frac{1}{7}\right)$

③ $\frac{4}{13}\times5=\frac{4\times5}{13}=\frac{20}{13}\left(1\frac{7}{13}\right)$　④ $\frac{15}{7}\times2=\frac{15\times2}{7}=\frac{30}{7}\left(4\frac{2}{7}\right)$

2 積が１より大きくなるので、かけられる数の分子には３があてはまります。

$\frac{\boxed{3}}{10}\times5=\frac{3}{2}=1\frac{\boxed{1}}{\boxed{2}}$

3 ① $\frac{5}{6}\times2=\frac{5\times\overset{1}{\cancel{2}}}{\underset{3}{\cancel{6}}}=\frac{5}{3}\left(1\frac{2}{3}\right)$　② $\frac{12}{25}\times5=\frac{12\times\overset{1}{\cancel{5}}}{\underset{5}{\cancel{25}}}=\frac{12}{5}\left(2\frac{2}{5}\right)$

③ $1\frac{3}{5}\times15=\frac{8}{5}\times15=\frac{8\times\overset{3}{\cancel{15}}}{\underset{1}{\cancel{5}}}=24$

④ $1\frac{3}{20}\times4=\frac{23}{20}\times4=\frac{23\times\overset{1}{\cancel{4}}}{\underset{5}{\cancel{20}}}=\frac{23}{5}\left(4\frac{3}{5}\right)$

4 $4\div5\times9=\frac{4}{5}\times9=\frac{4\times9}{5}=\frac{36}{5}$

と計算できます。正しい計算は㋑です。

5 $\frac{28}{3}$cm のテープを４等分するので、$\frac{28}{3}\div4=\frac{\overset{7}{\cancel{28}}}{3\times\underset{1}{\cancel{4}}}=\frac{7}{3}\left(2\frac{1}{3}\right)$

6 ① $\frac{3}{8}\div2=\frac{3}{8\times2}=\frac{3}{16}$　② $\frac{5}{6}\div3=\frac{5}{6\times3}=\frac{5}{18}$

③ $\frac{1}{10}\div10=\frac{1}{10\times10}=\frac{1}{100}$　④ $\frac{11}{7}\div8=\frac{11}{7\times8}=\frac{11}{56}$

⑤ $\frac{3}{4}\div9=\frac{\overset{1}{\cancel{3}}}{4\times\underset{3}{\cancel{9}}}=\frac{1}{12}$　⑥ $\frac{15}{16}\div5=\frac{\overset{3}{\cancel{15}}}{16\times\underset{1}{\cancel{5}}}=\frac{3}{16}$

⑦ $\frac{8}{5}\div4=\frac{\overset{2}{\cancel{8}}}{5\times\underset{1}{\cancel{4}}}=\frac{2}{5}$　⑧ $2\frac{2}{3}\div6=\frac{8}{3}\div6=\frac{\overset{4}{\cancel{8}}}{3\times\underset{3}{\cancel{6}}}=\frac{4}{9}$

7 $5\div8\div4=\frac{5}{8}\div4=\frac{5}{8\times4}=\frac{5}{32}$

と計算できます。正しい計算は㋑です。

答え

1 ① $\frac{27}{8}\left(3\frac{3}{8}\right)$　② $\frac{8}{7}\left(1\frac{1}{7}\right)$　③ $\frac{20}{13}\left(1\frac{7}{13}\right)$　④ $\frac{30}{7}\left(4\frac{2}{7}\right)$

2 〔左から順に〕 3、$\frac{1}{2}$

3 ① $\frac{5}{3}\left(1\frac{2}{3}\right)$　② $\frac{12}{5}\left(2\frac{2}{5}\right)$　③ 24　④ $\frac{23}{5}\left(4\frac{3}{5}\right)$

4 ㋑

5 〔式〕 $\frac{28}{3}\div4=\frac{7}{3}\left(2\frac{1}{3}\right)$　〔答え〕 $\frac{7}{3}$cm$\left(2\frac{1}{3}\text{cm}\right)$

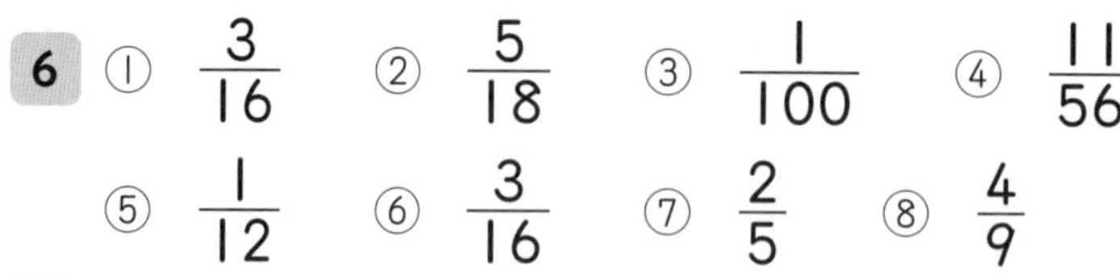

7 ⓘ

3　対称な図形

考え方　**1**　線対称（せんたいしょう）な図形は、１本の直線を折りめとして２つに折ったとき、折りめの両側の部分がぴったりと重なる図形です。折りめの直線を対称の軸（じく）といいます。

点対称な図形は、１つの点を中心にして180°回転させたとき、もとの形とぴったり重なる図形です。中心にした点を対称の中心といいます。

それぞれの図形について、対称の軸アイ、対称の中心Oをかくと、次のようになります。

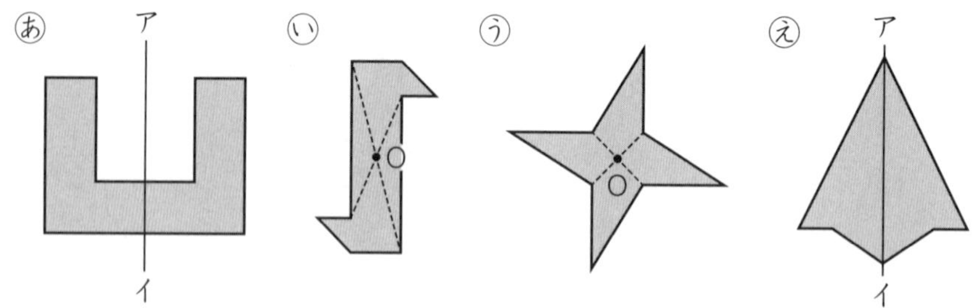

2　ⓐ　縦方向のまん中の線を折りめとして２つに折ったとき、折りめの両側の部分がぴったり重なるので、線対称な図形です。

１つの点を中心にして180°回転させたとき、もとの形とぴったり重なることはないので、点対称な図形ではありません。

ⓘ　１本の直線を折りめとして２つに折ったとき、折りめの両側の部分がぴったり重なるので、線対称な図形です。円の中心を中心にして180°回転させたとき、もとの形とぴったり重なるので、点対称な図形でもあります。

ⓤ　１本の直線を折りめとして２つに折ったとき、折りめの両側の部分がぴったり重なることはないので、線対称な図形ではありません。１つの点を中心にして180°回転させたとき、もとの形とぴったり重なることはないので、点対称な図形でもありません。

ⓔ　１本の直線を折りめとして２つに折ったとき、折りめの両側の部分がぴったり重なることはないので、線対称な図形ではありません。円の中心を中心にして180°回転させたとき、もとの形とぴったり重なるので、点対称な図形です。

3 線対称な図形では、対応する2つの点を結ぶ直線は、対称の軸と垂直に交わります。この交わる点から、対応する2つの点までの長さは等しくなっています。

点対称な図形では、対応する2つの点を結ぶ直線は対称の中心を通ります。対称の中心から対応する2つの点までの長さは等しくなっています。

4 線対称な図形をかくときは、対応する点を結ぶ直線が対称の軸と垂直に交わり、対称の軸と交わる点から、対応する2つの点までの長さが等しいことを利用します。

5 点対称な図形をかくときは、対応する2つの点を結ぶ直線が対称の中心を通り、対称の中心から、対応する2つの点までの長さが等しいことを利用します。

6 かかれている図形について、縦(たて)の線を軸として対称な図形をかき、さらに横の線を軸として対称な図形をかきます。

答え

1 〔線対称な図形〕 ㋐、㋓

〔点対称な図形〕 ㋑、㋒

2 ① ㋐、㋑　② ㋑、㋓

3 ① ㋐ 頂点(ちょうてん)I　㋑ 辺GF　㋒ 角B

② ㋕ 頂点B　㋖ 辺FG　㋗ 角E

4 右の図1

5 右の図2

図1

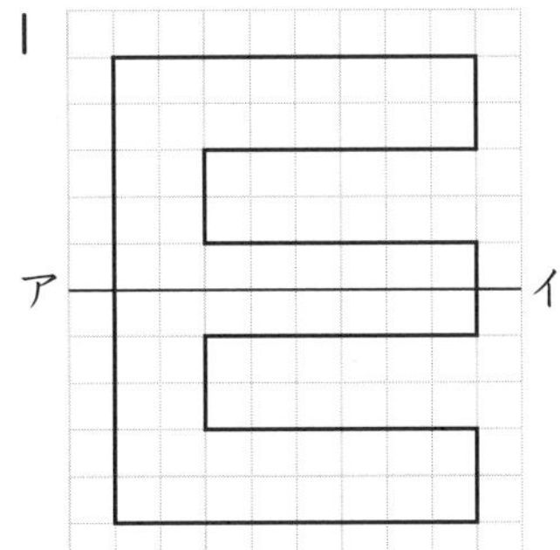

図2

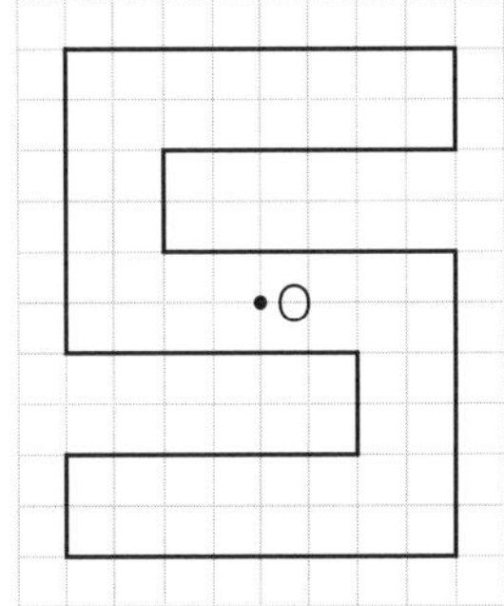

6

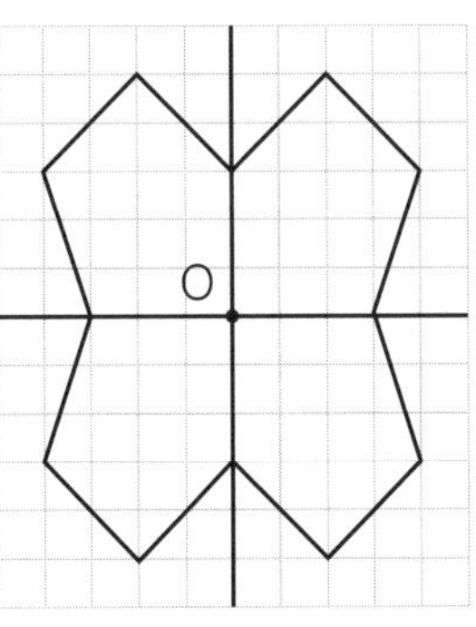

教科書250〜251ページ

4　分数のかけ算

考え方　**1**　「ペンキ 1dL でぬれる面積×ペンキの量＝ぬれる面積」より、

$$\frac{7}{8}\times\frac{1}{4}=\frac{7\times1}{8\times4}=\frac{7}{32}$$

2　①　$\frac{2}{3}\times\frac{2}{3}=\frac{2\times2}{3\times3}=\frac{4}{9}$　②　$\frac{6}{7}\times\frac{3}{5}=\frac{6\times3}{7\times5}=\frac{18}{35}$

③　$\frac{7}{9}\times\frac{8}{5}=\frac{7\times8}{9\times5}=\frac{56}{45}\left(1\frac{11}{45}\right)$

3　①　$\frac{3}{4}\times\frac{5}{3}=\frac{\overset{1}{\cancel{3}}\times5}{4\times\underset{1}{\cancel{3}}}=\frac{5}{4}\left(1\frac{1}{4}\right)$　②　$\frac{16}{25}\times\frac{5}{8}=\frac{\overset{2}{\cancel{16}}\times\overset{1}{\cancel{5}}}{\underset{5}{\cancel{25}}\times\underset{1}{\cancel{8}}}=\frac{2}{5}$

③　$3\times\frac{6}{5}=\frac{3}{1}\times\frac{6}{5}=\frac{3\times6}{1\times5}=\frac{18}{5}\left(3\frac{3}{5}\right)$

④　$8\times\frac{7}{12}=\frac{8}{1}\times\frac{7}{12}=\frac{\overset{2}{\cancel{8}}\times7}{1\times\underset{3}{\cancel{12}}}=\frac{14}{3}\left(4\frac{2}{3}\right)$

4　同じカードが使えないので、答えの分子 1 は、最初から 1×1 ではなく約分した数です。答えの分母 36 を、8×9 を 2 で約分した数と考えてみましょう。次の例が見つかります。(3 以上の数で約分して 36 になることはありません)

$$\frac{1}{8}\times\frac{2}{9}=\frac{1\times\overset{1}{\cancel{2}}}{\underset{4}{\cancel{8}}\times9}=\frac{1}{36}$$

5　①　$0.3\times\frac{3}{5}=\frac{3}{10}\times\frac{3}{5}=\frac{3\times3}{10\times5}=\frac{9}{50}$

②　$\frac{5}{2}\times0.8=\frac{5}{2}\times\frac{8}{10}=\frac{\overset{1}{\cancel{5}}\times\overset{\overset{2}{\cancel{4}}}{\cancel{8}}}{\underset{1}{\cancel{2}}\times\underset{\underset{1}{\cancel{2}}}{\cancel{10}}}=2$

いろいろなタイプの分数を
計算して力をつけよう。

③ 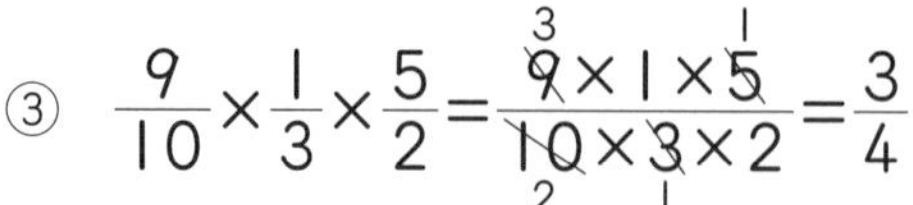

$\frac{9}{10}\times\frac{1}{3}\times\frac{5}{2}=\frac{\overset{3}{\cancel{9}}\times1\times\overset{1}{\cancel{5}}}{\underset{2}{\cancel{10}}\times\underset{1}{\cancel{3}}\times2}=\frac{3}{4}$

④　$\frac{5}{6}\times\frac{2}{9}\times\frac{3}{5}=\frac{\overset{1}{\cancel{5}}\times\overset{1}{\cancel{2}}\times\overset{1}{\cancel{3}}}{\underset{\underset{1}{\cancel{3}}}{\cancel{6}}\times9\times\underset{1}{\cancel{5}}}=\frac{1}{9}$

6　「直方体の体積＝縦×横×高さ」にあてはめます。帯分数は仮分数になおしてから計算します。

$$\frac{3}{5}\times2\frac{1}{3}\times\frac{5}{7}=\frac{3}{5}\times\frac{7}{3}\times\frac{5}{7}=\frac{\overset{1}{\cancel{3}}\times\overset{1}{\cancel{7}}\times\overset{1}{\cancel{5}}}{\underset{1}{\cancel{5}}\times\underset{1}{\cancel{3}}\times\underset{1}{\cancel{7}}}=1$$

7 $4\frac{1}{3}\times3\frac{3}{4}-2\times\frac{3}{2}=\frac{13}{3}\times\frac{15}{4}-\frac{2}{1}\times\frac{3}{2}=\frac{13\times\overset{5}{\cancel{15}}}{\underset{1}{\cancel{3}}\times4}-\frac{\overset{1}{\cancel{2}}\times3}{1\times\underset{1}{\cancel{2}}}=\frac{65}{4}-3$

$$=\frac{65}{4}-\frac{12}{4}=\frac{53}{4}\left(13\frac{1}{4}\right)$$

※2つの長方形に分けて、たし算で求めることもできます。

8 ① $\left(\frac{7}{6}+\frac{9}{4}\right)\times\frac{12}{11}=\frac{7}{6}\times\frac{12}{11}+\frac{9}{4}\times\frac{12}{11}=\frac{7\times\overset{2}{\cancel{12}}}{\underset{1}{\cancel{6}}\times11}+\frac{9\times\overset{3}{\cancel{12}}}{\underset{1}{\cancel{4}}\times11}$

$$=\frac{14}{11}+\frac{27}{11}=\frac{41}{11}\left(3\frac{8}{11}\right)$$

② $\frac{7}{8}\times\frac{17}{15}-\frac{7}{8}\times\frac{13}{15}=\frac{7}{8}\times\left(\frac{17}{15}-\frac{13}{15}\right)=\frac{7}{8}\times\frac{4}{15}=\frac{7\times\overset{1}{\cancel{4}}}{\underset{2}{\cancel{8}}\times15}=\frac{7}{30}$

9 ㋐ 積 $\frac{1}{2}\times\frac{1}{3}=\frac{1}{6}$　差 $\frac{1}{2}-\frac{1}{3}=\frac{3}{6}-\frac{2}{6}=\frac{1}{6}$

㋑ 積 $\frac{1}{5}\times\frac{1}{7}=\frac{1}{35}$　差 $\frac{1}{5}-\frac{1}{7}=\frac{7}{35}-\frac{5}{35}=\frac{2}{35}$

㋒ 積 $\frac{3}{4}\times\frac{5}{8}=\frac{15}{32}$　差 $\frac{3}{4}-\frac{5}{8}=\frac{6}{8}-\frac{5}{8}=\frac{1}{8}$

㋓ 積 $\frac{2}{3}\times\frac{2}{5}=\frac{4}{15}$　差 $\frac{2}{3}-\frac{2}{5}=\frac{10}{15}-\frac{6}{15}=\frac{4}{15}$

答え

1 〔式〕 $\frac{7}{8}\times\frac{1}{4}=\frac{7}{32}$　〔答え〕 $\frac{7}{32}\,m^2$

2 ① $\frac{4}{9}$　② $\frac{18}{35}$　③ $\frac{56}{45}\left(1\frac{11}{45}\right)$

3 ① $\frac{5}{4}\left(1\frac{1}{4}\right)$　② $\frac{2}{5}$　③ $\frac{18}{5}\left(3\frac{3}{5}\right)$　④ $\frac{14}{3}\left(4\frac{2}{3}\right)$

4 (例) 左から順に $\frac{1}{8}$、$\frac{2}{9}$

5 ① $\frac{9}{50}$　② 2　③ $\frac{3}{4}$　④ $\frac{1}{9}$

6 〔式〕 $\frac{3}{5}\times2\frac{1}{3}\times\frac{5}{7}=1$　〔答え〕 $1\,m^3$

7 〔式〕 $4\frac{1}{3}\times3\frac{3}{4}-2\times\frac{3}{2}=\frac{53}{4}\left(13\frac{1}{4}\right)$

〔答え〕 $\frac{53}{4}\,cm^2\left(13\frac{1}{4}\,cm^2\right)$

8 〔計算のくふう〕 考え方 の **8**

〔答え〕 ① $\frac{41}{11}\left(3\frac{8}{11}\right)$ ② $\frac{7}{30}$

9 あ、え

教科書251～252ページ

5 分数のわり算

考え方 **1** 「速さ＝道のり÷時間」の式にあてはめます。

$$\frac{8}{7}\div\frac{1}{3}=\frac{8}{7}\times\frac{3}{1}=\frac{8\times3}{7\times1}=\frac{24}{7}\left(3\frac{3}{7}\right)$$

2 ① $\frac{3}{4}\div\frac{2}{7}=\frac{3}{4}\times\frac{7}{2}=\frac{3\times7}{4\times2}=\frac{21}{8}\left(2\frac{5}{8}\right)$

② $\frac{5}{7}\div\frac{3}{5}=\frac{5}{7}\times\frac{5}{3}=\frac{5\times5}{7\times3}=\frac{25}{21}\left(1\frac{4}{21}\right)$

③ $\frac{9}{10}\div\frac{4}{3}=\frac{9}{10}\times\frac{3}{4}=\frac{9\times3}{10\times4}=\frac{27}{40}$

3 ① $\frac{4}{3}\div\frac{8}{9}=\frac{4}{3}\times\frac{9}{8}=\frac{\overset{1}{\cancel{4}}\times\overset{3}{\cancel{9}}}{\underset{1}{\cancel{3}}\times\underset{2}{\cancel{8}}}=\frac{3}{2}\left(1\frac{1}{2}\right)$

② $\frac{15}{4}\div\frac{5}{16}=\frac{15}{4}\times\frac{16}{5}=\frac{\overset{3}{\cancel{15}}\times\overset{4}{\cancel{16}}}{\underset{1}{\cancel{4}}\times\underset{1}{\cancel{5}}}=12$

③ $12\div\frac{3}{5}=\frac{12}{1}\div\frac{3}{5}=\frac{12}{1}\times\frac{5}{3}=\frac{\overset{4}{\cancel{12}}\times5}{1\times\underset{1}{\cancel{3}}}=20$

④ $7\div1\frac{5}{9}=\frac{7}{1}\div\frac{14}{9}=\frac{7}{1}\times\frac{9}{14}=\frac{\overset{1}{\cancel{7}}\times9}{1\times\underset{2}{\cancel{14}}}=\frac{9}{2}\left(4\frac{1}{2}\right)$

4 わる数の逆数をかけるかけ算にします。答えが $\frac{5}{8}$ になる例は、

・約分なしは、$\frac{1}{4}\times\frac{5}{2}$、$\frac{1}{2}\times\frac{5}{4}$ など　・約分ありは、$\frac{3}{4}\times\frac{5}{6}$ など

それぞれから、次のように分数どうしのわり算をつくることができます。

$\frac{1}{4}\div\frac{2}{5}$、$\frac{1}{2}\div\frac{4}{5}$、$\frac{3}{4}\div\frac{6}{5}$、$\frac{5}{6}\div\frac{4}{3}$

5 ① $2.1\div\frac{7}{6}=\frac{21}{10}\div\frac{7}{6}=\frac{21}{10}\times\frac{6}{7}=\frac{\overset{3}{\cancel{21}}\times\overset{3}{\cancel{6}}}{\underset{5}{\cancel{10}}\times\underset{1}{\cancel{7}}}=\frac{9}{5}\left(1\frac{4}{5}\right)$

② $\frac{8}{3}\div\frac{9}{10}\times\frac{5}{12}=\frac{8}{3}\times\frac{10}{9}\times\frac{5}{12}=\frac{8\times10\times5}{3\times9\times12}=\frac{100}{81}\left(1\frac{19}{81}\right)$

③ $\frac{5}{6}\div\frac{10}{3}\div\frac{5}{2}=\frac{5}{6}\times\frac{3}{10}\times\frac{2}{5}=\frac{5\times3\times2}{6\times10\times5}=\frac{1}{10}$

6 ① $7\times\frac{3}{4}\div1.4=\frac{7}{1}\times\frac{3}{4}\div\frac{14}{10}=\frac{7}{1}\times\frac{3}{4}\times\frac{10}{14}=\frac{7\times3\times10}{1\times4\times14}=\frac{15}{4}\left(3\frac{3}{4}\right)$

② $0.8\div0.75\times\frac{5}{8}=\frac{8}{10}\div\frac{75}{100}\times\frac{5}{8}=\frac{8}{10}\times\frac{100}{75}\times\frac{5}{8}$

$=\frac{8\times100\times5}{10\times75\times8}=\frac{2}{3}$

なれてくれば分数の
わり算もむずかしく
ないでしょ。

③ $\frac{4}{5}\div\frac{2}{3}\div6=\frac{4}{5}\div\frac{2}{3}\div\frac{6}{1}=\frac{4}{5}\times\frac{3}{2}\times\frac{1}{6}=\frac{4\times3\times1}{5\times2\times6}=\frac{1}{5}$

7 $\frac{2}{3}\div\frac{6}{5}=\frac{2}{3}\times\frac{5}{6}=\frac{2\times5}{3\times6}=\frac{5}{9}$

8 みかさんが読んだページ数は、160−64=96 より、96 ページです。

全体に対する読んだページ数の割合(わりあい)は、$96\div160=\frac{96}{160}=\frac{3}{5}$

9 $2\frac{2}{3}\times\frac{1}{4}=\frac{8}{3}\times\frac{1}{4}=\frac{8\times1}{3\times4}=\frac{2}{3}$

10 180 円の $\frac{1}{9}$ だけ値上がりするということは、180 円の $\left(1+\frac{1}{9}\right)$ になるから、

$180\times\left(1+\frac{1}{9}\right)=180\times\frac{10}{9}=\frac{180}{1}\times\frac{10}{9}=\frac{180\times10}{1\times9}=200$

11 $\frac{10}{9}\div\frac{5}{6}=\frac{10}{9}\times\frac{6}{5}=\frac{10\times6}{9\times5}=\frac{4}{3}\left(1\frac{1}{3}\right)$

12 $16\frac{1}{10}\div\frac{7}{10}=\frac{161}{10}\div\frac{7}{10}=\frac{161}{10}\times\frac{10}{7}=\frac{161\times10}{10\times7}=23$

答え

1 〔式〕 $\frac{8}{7}\div\frac{1}{3}=\frac{24}{7}\left(3\frac{3}{7}\right)$

〔答え〕 時速 $\frac{24}{7}$ km $\left(時速\ 3\frac{3}{7}\,km\right)$

2 ① $\frac{21}{8}\left(2\frac{5}{8}\right)$ ② $\frac{25}{21}\left(1\frac{4}{21}\right)$ ③ $\frac{27}{40}$

3 ① $\frac{3}{2}\left(1\frac{1}{2}\right)$ ② 12 ③ 20 ④ $\frac{9}{2}\left(4\frac{1}{2}\right)$

4 (例)左から順に $\frac{1}{4}$、$\frac{2}{5}$

5 ① $\frac{9}{5}\left(1\frac{4}{5}\right)$ ② $\frac{100}{81}\left(1\frac{19}{81}\right)$ ③ $\frac{1}{10}$

6 ① $\frac{15}{4}\left(3\frac{3}{4}\right)$ ② $\frac{2}{3}$ ③ $\frac{1}{5}$

7 〔式〕 $\frac{2}{3}\div\frac{6}{5}=\frac{5}{9}$ 〔答え〕 $\frac{5}{9}$倍

8 〔式〕 $(160-64)\div160=\frac{3}{5}$ 〔答え〕 $\frac{3}{5}$

9 〔式〕 $2\frac{2}{3}\times\frac{1}{4}=\frac{2}{3}$ 〔答え〕 $\frac{2}{3}$ m

10 〔式〕 $180\times\left(1+\frac{1}{9}\right)=200$ 〔答え〕 200円

11 〔式〕 $\frac{10}{9}\div\frac{5}{6}=\frac{4}{3}\left(1\frac{1}{3}\right)$ 〔答え〕 $\frac{4}{3}\,m^2\left(1\frac{1}{3}\,m^2\right)$

12 〔式〕 $16\frac{1}{10}\div\frac{7}{10}=23$ 〔答え〕 $23\,m^2$

教科書253〜254ページ

6 データの見方

考え方 **1** ① もれがないようにかきこみましょう。かいた後で個数を確かめるとよいです。

② 〔1組の平均値〕

(9.3＋9.0＋9.5＋9.1＋9.0＋9.0＋8.8＋9.3＋8.5＋9.1＋8.6＋8.8)÷12＝108.0÷12＝9.0

〔2組の平均値〕

(9.1＋9.2＋8.9＋9.3＋9.2＋9.0＋8.9＋8.9＋9.6＋8.7＋9.3)÷11＝100.1÷11＝9.1

〔1組の中央値〕

人数12人が偶数なので、ドットプロットの左から6番めと7番めの記録の平均値を求めます。

(9.0＋9.0)÷2＝9.0

〔2組の中央値〕

人数11人が奇数なので、まん中はドットプロットの左から6番めの記録です。9.1秒となります。

〔1組、2組の最ひん値〕

それぞれのドットプロットで、最も多く出ている記録です。

③ 以上と未満に注意して整理しましょう。例えば、8.5秒以上8.8秒未満の階級(はん囲)には、8.8秒は入りません。

2 ① いちばん人数が多い階級は、帯グラフの割合がいちばん大きいはん囲です。

② 200cm以上250cm未満のはん囲の割合は30％です。

「もとにする量＝比べられる量÷割合」より、6÷0.3＝20

③ 「比べられる量＝もとにする量×割合」の式を使って、それぞれのはん囲の人数を求めます。

150cm以上200cm未満の割合は15％なので、人数は

20×0.15＝3 より、3人

250cm以上300cm未満の割合は40％なので、人数は

20×0.4＝8 より、8人

300cm以上350cm未満の割合は10％なので、人数は

20×0.1＝2 より、2人

350cm以上400cm未満の割合は5％なので、人数は

20×0.05＝1 より、1人

答え **1** ① 1組

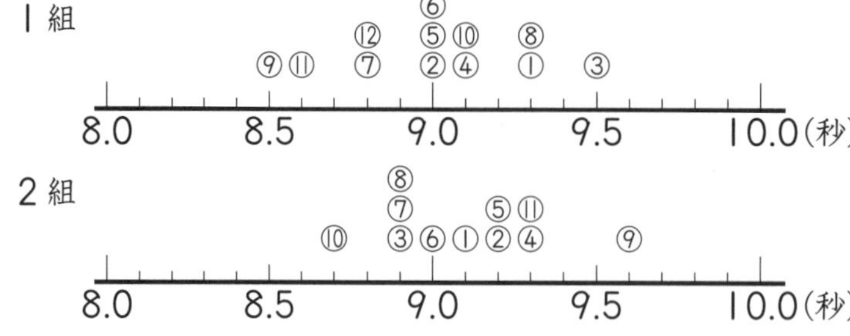

② 1組 〔平均値〕 **9.0秒** 〔中央値〕 **9.0秒**

〔最ひん値〕 **9.0秒**

2組 〔平均値〕 **9.1秒** 〔中央値〕 **9.1秒**

〔最ひん値〕 **8.9秒**

③

50m走の記録(1組)

時間 (秒)	人数 (人)
8.5以上～ 8.8未満	2
8.8 ～ 9.1	5
9.1 ～ 9.4	4
9.4 ～ 9.7	1
合 計	12

50m走の記録(2組)

時間 (秒)	人数 (人)
8.5以上～ 8.8未満	1
8.8 ～ 9.1	4
9.1 ～ 9.4	5
9.4 ～ 9.7	1
合 計	11

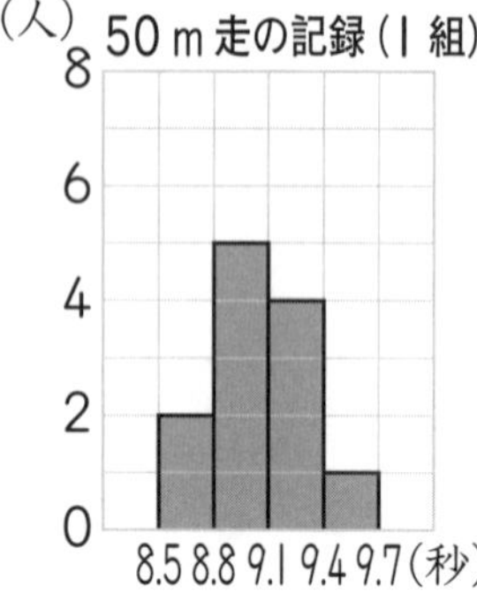

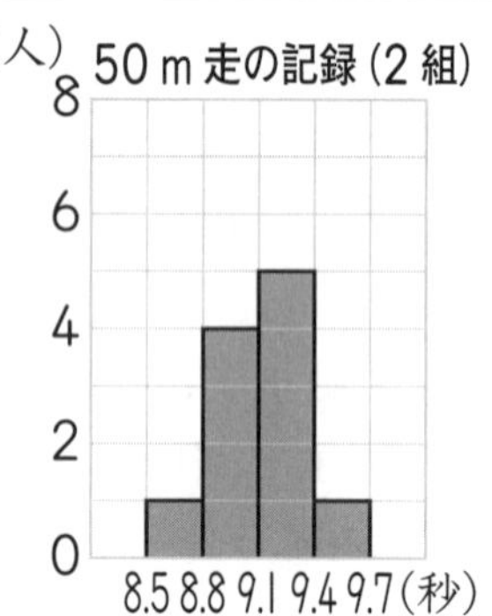

2 ① 250cm以上300cm未満

② 20人

③ 右のグラフ

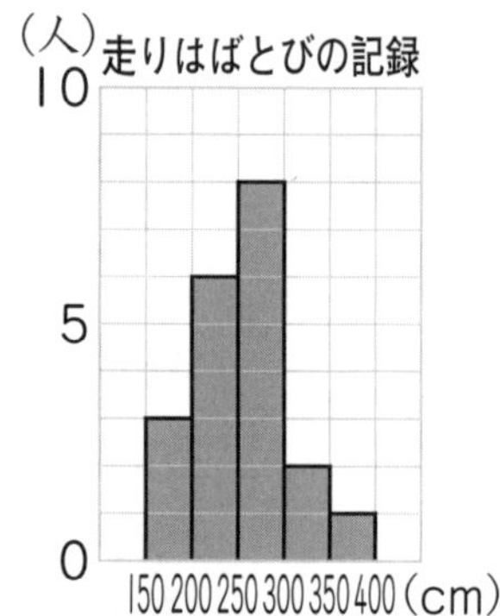

7 円の面積

考え方 **1** 「円の面積＝半径×半径×円周率」の公式にあてはめます。

① $7\times7\times3.14=153.86$

② 半径は $18\div2=9$ より、9cm です。

$9\times9\times3.14=254.34$

③ 半径は $9\div2=4.5$ より、4.5m です。

$4.5\times4.5\times3.14=63.585$

2 この円の直径を $x$cm とします。「円周＝直径×円周率」の式にあてはめると、

$x\times3.14=94.2$

$x=94.2\div3.14$

$=30$

直径が 30cm だから、半径は $30\div2=15$ より 15cm です。

また、この円の面積は、$15\times15\times3.14=706.5$ より 706.5cm^2 です。

3 ① この図形は、半径が 4cm の円を $\frac{1}{4}$ にしたものだから、

$4\times4\times3.14\times\frac{1}{4}=12.56$

② この図形は、半径が $16\div2=8$ より、8m の円を $\frac{1}{2}$ にしたものだから、

$8\times8\times3.14\times\frac{1}{2}=100.48$

③ $(360-90)\div360=\frac{3}{4}$ より、この図形は、半径が 6cm の円を $\frac{3}{4}$ にしたものだから、

$6\times6\times3.14\times\frac{3}{4}=84.78$

4 ① 半径が $4+3=7$ より、7cm の円の面積から、半径が 3cm の円の面積をひけば求められます。

$7\times7\times3.14-3\times3\times3.14=153.86-28.26=125.6$

計算のくふうは、$49\times3.14-9\times3.14=(49-9)\times3.14=40\times3.14$

② 半径が 6cm の円の面積から、半径が $6\div2=3$ より、3cm の円の $\frac{1}{2}$ の面積の 2 つ分の面積をひけば求められます。

$6\times6\times3.14-3\times3\times3.14\times\frac{1}{2}\times2$

$=113.04-28.26=84.78$

計算のくふうは、$36\times3.14-9\times3.14=(36-9)\times3.14=27\times3.14$

5 ① 1辺が8cmの正方形の面積から、半径が $8\div2=4$ より、4cmの円の$\frac{1}{4}$の面積の4つ分の面積をひけば求められます。

$$8\times8-4\times4\times3.14\times\frac{1}{4}\times4=64-50.24=13.76$$

② 半径が6cmの円の$\frac{1}{4}$の面積の2つ分の面積から、1辺が6cmの正方形の面積をひけば求められます。

$$6\times6\times3.14\times\frac{1}{4}\times2-6\times6=56.52-36=20.52$$

答え
1 ① 153.86cm^2 ② 254.34cm^2 ③ 63.585m^2
2 〔半径〕 15cm 〔面積〕 706.5cm^2
3 ① 12.56cm^2 ② 100.48m^2 ③ 84.78cm^2
4 ① 125.6cm^2 ② 84.78cm^2
5 ① 13.76cm^2 ② 20.52cm^2
（式は、考え方）

教科書255～256ページ

8 比例と反比例

考え方 **1** 同じ種類の厚紙では、面積は重さに比例しています。重さが2倍、3倍、4倍、……になると、面積も2倍、3倍、4倍、……になります。

2 高さと面積は比例しています。

① 面積は、いつも高さの10倍になっています。
だから、式は、$y=10\times x$ です。

② 高さが10cmのとき、$y=10\times x$ の x に10をあてはめて、
$y=10\times10=100$

③ 面積が75cm^2のとき、$y=10\times x$ の y に75をあてはめて、
$75=10\times x$
$x=75\div10$
$=7.5$

3 ① 時間が2倍、3倍、4倍、……になると、進んだ道のりも2倍、3倍、4倍、……になります。$400\div5=80$ だから、道のりを表す数は、いつも時間を表す数の80倍になっています。

② x と y の関係を式に表すと、$y=80\times x$ です。

4 グラフは、横軸は針金(はりがね)の長さを、縦軸は針金の代金を表しています。

① 横軸の10cmを表すめもりを縦にたどり、グラフと交わった点の横のめもりをよみとります。アは100円、イは50円です。

② 縦軸の200円を表すめもりを横にたどり、グラフと交わった点の下のめもりをよみとります。アは20cm、イは40cmだから、200円で買える長さのちがいは、40－20＝20 より、20cmです。

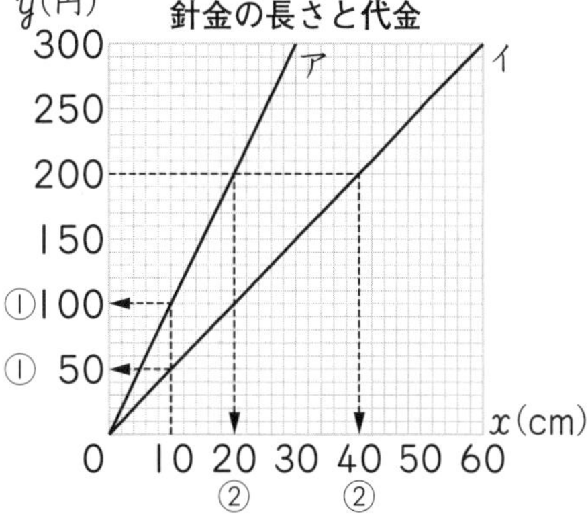

5 グラフは、横軸は針金の長さを、縦軸は針金の代金を表します。針金の長さが8cmのとき針金の代金は30円だから、横軸の8cmを表すめもりの線と、縦軸の30円を表すめもりの線の交わったところに点をとります。次に、横軸の16cmを表すめもりの線と、縦軸の60円を表すめもりの線の交わったところに点をとります。同じように、ほかの5点もとってつなぐと、0の点を通る直線になります。

6 縦の長さが2倍、3倍、4倍、……になると、横の長さは$\frac{1}{2}$倍、$\frac{1}{3}$倍、$\frac{1}{4}$倍、……になっているので、反比例しています。

7 ① 底辺の長さが2倍、3倍、4倍、……になると、高さは$\frac{1}{2}$倍、$\frac{1}{3}$倍、$\frac{1}{4}$倍、……になっているので、高さは底辺の長さに反比例しています。底辺の長さと高さの積はいつも72なので、式は、$y=72\div x$ です。

② 底辺の長さが12cmのとき、$y=72\div x$ の x に12をあてはめて、

$y=72\div12=6$

③ $y=72\div x$ の式は、$x\times y=72$ とも表せるので、高さが4.5cmのとき、$x\times y=72$ の y に4.5をあてはめて、

$x\times4.5=72$

$x=72\div4.5$

$=16$

答え **1** ① 〔面積の求め方〕（例） **同じ種類の厚紙では、面積は重さに比例していることを使います。**

② 32÷8＝4 より、32 は 8 の 4 倍なので、

㋐の面積は 10×10＝100 の 4 倍になります。

〔式〕 32÷8＝4　100×4＝400　〔面積〕 400cm^2

2 ① $y=10\times x$　② 100cm^2　③ 7.5cm

3 ①

時間 x（分）	1	2	3	4	5
道のり y（m）	80	160	240	320	400

② $y=80\times x$

4 ① 〔針金ア〕 100円　〔針金イ〕 50円

② 20cm

5

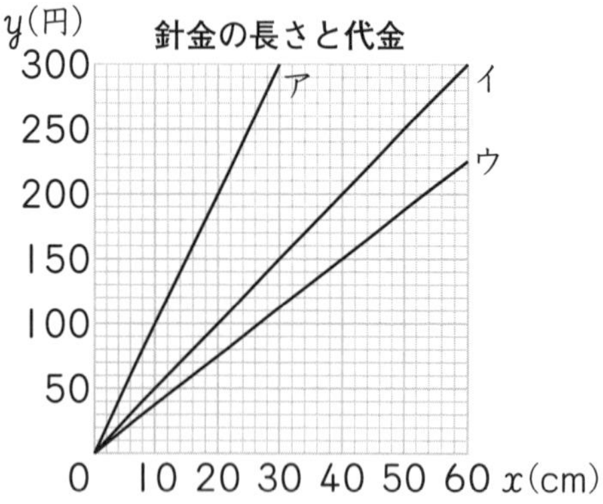

6 反比例しています。

7 ① $y=72\div x$　② 6cm　③ 16cm

教科書257ページ

9 角柱と円柱の体積

考え方 **1** 「角柱の体積＝底面積×高さ」の式にあてはめます。

① 4×6÷2×8＝96

② 8×5÷2×7＝140

③ 底面積は、11×4÷2＋11×6÷2＝22＋33＝55 より、55cm^2 です。

だから体積は、55×10＝550 より、550cm^3 です。

2 直方体から三角柱をひいた形と考えると、

5×12×9－(12－6)×(5－2)÷2×9＝540－81＝459

また、図の上の面を角柱の底面と考えると、次のような計算になります。

底面積は、5×12－(12－6)×(5－2)÷2＝51

だから体積は、51×9＝459

3 「円柱の体積＝底面積×高さ」の式にあてはめます。

① $5\times5\times3.14\times10=785$

② $7\times7\times3.14\times5=769.3$

③ $4\div2=2$

$2\times2\times3.14\times6=75.36$

4 ① 底面の半径が4cm、高さ8cmの円柱の$\frac{1}{4}$の形と考えると、

$$4\times4\times3.14\times8\times\frac{1}{4}=100.48$$

また、図の上の面を底面と考えると、次のような計算になります。

底面積は、$4\times4\times3.14\times\frac{1}{4}=12.56$

だから体積は、$12.56\times8=100.48$

② 底面の半径が $2+2=4$ より4cm、高さが6cmの円柱から、底面の半径が2cm、高さが6cmの円柱をひいた形と考えると、

$$4\times4\times3.14\times6-2\times2\times3.14\times6=301.44-75.36=226.08$$

また、図の上の面を底面と考えると、次のような計算になります。

底面積は、$4\times4\times3.14-2\times2\times3.14=37.68$

だから体積は、$37.68\times6=226.08$

どちらの考え方も1つの式に表すと、計算のきまりから同じ式です。

そして計算のくふうができます。

$$(16\times3.14-4\times3.14)\times6=(16-4)\times3.14\times6=72\times3.14$$

答え

1 ① 96cm^3　② 140cm^3　③ 550cm^3

2 459cm^3

3 ① 785cm^3　② 769.3cm^3　③ 75.36cm^3

4 ① 100.48cm^3　② 226.08cm^3　（式は、**考え方**）

教科書257～258ページ

10 比

考え方 **1** 2つの比が等しいとき、比の値（あたい）も等しくなります。あ～えの比の値は、

あ $4\div8=\frac{4}{8}=\frac{1}{2}$　い $6\div15=\frac{6}{15}=\frac{2}{5}$

う $10\div30=\frac{10}{30}=\frac{1}{3}$　え $10\div25=\frac{10}{25}=\frac{2}{5}$

2：5の比の値は $2\div5=\frac{2}{5}$ だから、2：5と等しい比になっているのは、いとえです。

2 $a:b$ の a と b に同じ数をかけたり、同じ数でわったりすれば、等しい比をつくることができます。

① $6:8=(6\div2):(8\div2)=3:4$
$6:8=(6\times2):(8\times2)=12:16$
$6:8=(6\times3):(8\times3)=18:24$

② $15:10=(15\div5):(10\div5)=3:2$
$15:10=(15\times2):(10\times2)=30:20$
$15:10=(15\times3):(10\times3)=45:30$

③ $12:4=(12\div4):(4\div4)=3:1$
$12:4=(12\times2):(4\times2)=24:8$
$12:4=(12\times3):(4\times3)=36:12$

3 $3\times\square=2$ だから、

$$\square=2\div3=\frac{2}{3}$$

となります。

$6\times\square=4$ で考えても、同じ数が入ることがわかります。

$$\square=4\div6=\frac{4}{6}=\frac{2}{3}$$

4 ① $15:24=(15\div3):(24\div3)=5:8$
② $32:4=(32\div4):(4\div4)=8:1$
③ $21:28=(21\div7):(28\div7)=3:4$
④ $75:125=(75\div25):(125\div25)=3:5$

5 ① $0.8:6.4=(0.8\times10):(6.4\times10)=8:64$
$=(8\div8):(64\div8)=1:8$
② $0.5:0.3=(0.5\times10):(0.3\times10)=5:3$
③ $\frac{2}{3}:\frac{4}{5}=\left(\frac{2}{3}\times15\right):\left(\frac{4}{5}\times15\right)=10:12=(10\div2):(12\div2)=5:6$
④ $\frac{1}{8}:\frac{3}{4}=\left(\frac{1}{8}\times8\right):\left(\frac{3}{4}\times8\right)=1:6$

6 比を簡単(かんたん)にして $2:5$ になるものを選びます。

㋐ $34:85=2:5$
㋑ $\frac{5}{2}:\frac{2}{5}=25:4$
㋒ $4.2:10.5=42:105=2:5$

7 青いビーズの個数を x 個とすると、青と白の個数の比が $7:4$ だから、

$7:4=x:140$
$x=7\times(140\div4)$
$=245$

または、青の個数は白の個数の $\frac{7}{4}$ 倍だから、$140\times\frac{7}{4}=245$ と求めることもできます。

8 たいきさんの枚(まい)数と折り紙全部の枚数の比は $2:(2+3)=2:5$ となります。たいきさんの折り紙の枚数を x 枚とすると、

$$2:5=x:60$$
$$x=2\times(60\div5)$$
$$=24$$

または、たいきさんの枚数は折り紙全部の枚数の $\frac{2}{5}$ だから、$60\times\frac{2}{5}=24$ と求めることもできます。

9 比を簡単にすると、$0.4:1.6:3=4:16:30=2:8:15$
このとき全部の比は、$2+8+15=25$
1 等のくじを x 枚とすると、1 等のくじの枚数と全部のくじの枚数の比が $2:25$ だから、

$$2:25=x:50$$
$$x=2\times(50\div25)$$
$$=4$$

または、1 等のくじの数は全部のくじの数の $\frac{2}{25}$ 倍だから、$50\times\frac{2}{25}=4$ と求めることもできます。

答え

1 ㋑、㋓

2 ① (例) 3:4、12:16、18:24
② (例) 3:2、30:20、45:30
③ (例) 3:1、24:8、36:12

3 $\frac{2}{3}$

4 ① 5:8 ② 8:1 ③ 3:4 ④ 3:5

5 ① 1:8 ② 5:3 ③ 5:6 ④ 1:6

6 ㋐、㋒

7 〔式〕 $7\times(140\div4)=245$ または $140\times\frac{7}{4}=245$
〔答え〕 245 個

8 〔式〕 $2+3=5$ $2\times(60\div5)=24$
または $2+3=5$ $60\times\frac{2}{5}=24$
〔答え〕 24 枚

9 4 枚

教科書258～259ページ

11　拡大図と縮図

考え方　**1** 対応する辺の長さの比は、すべて 4：1 になっています。

辺 AB に対応する辺の長さは、$18\times\frac{1}{4}=4.5$ より、4.5 cm

辺 AD に対応する辺の長さは、$24\times\frac{1}{4}=6$ より、6 cm

対応する角の大きさはそれぞれ等しくなっています。

2 ①　対応する辺の長さを、マスがいくつ分あるかで比べます。

右の図より、ⓐの辺 AB とⓘの辺 HG(FE) が対応しています。辺 AB はマス 4 つ分の長さ、辺 HG はマス 2 つ分の長さなので、$2\div4=\frac{1}{2}$ より、ⓘはⓐの $\frac{1}{2}$ の縮図（しゅくず）です。

右の図より、ⓐの辺 AB とⓤの辺 IL(KJ) が対応しています。辺 AB はマス 4 つ分の長さ、辺 IL はマス 8 つ分の長さなので、$8\div4=2$ より、ⓤはⓐの 2 倍の拡大図（かくだいず）です。

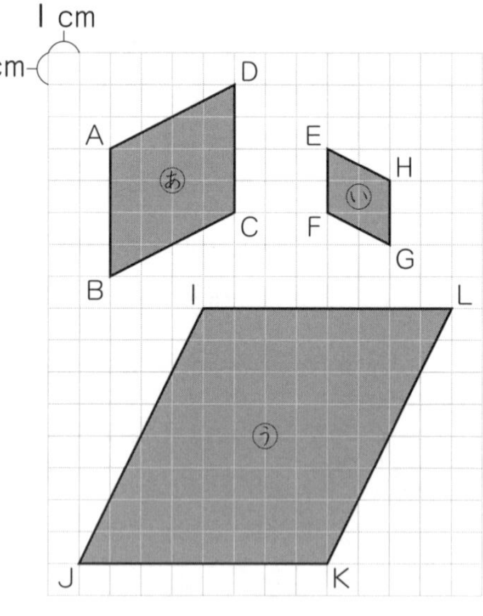

②　ⓘの辺 EF とⓤの辺 JK(LI) が対応しています。辺 EF はマス 2 つ分の長さ、辺 JK はマス 8 つ分の長さなので、$2\div8=\frac{1}{4}$ より、ⓘはⓤの $\frac{1}{4}$ の縮図です。

$8\div2=4$ より、ⓤはⓘの 4 倍の拡大図です。

③　ⓤはⓘの 4 倍の拡大図なので、対応する辺の長さは、すべてⓤがⓘの 4 倍になります。したがって、周りの長さもⓤがⓘの 4 倍です。

$IJ=HE\times4$、$JK=EF\times4$、$KL=FG\times4$、$LI=GH\times4$

なので、

$$\begin{aligned}IJ+JK+KL+LI&=HE\times4+EF\times4+FG\times4+GH\times4\\&=(HE+EF+FG+GH)\times4\end{aligned}$$

となるわけです。

3 例えば、頂点イを中心にして$\frac{1}{2}$にした縮図をかくことができます。

対角線イエをひき、頂点カを辺イアの$\frac{1}{2}$の長さのところ、頂点キを辺イウの$\frac{1}{2}$の長さのところ、頂点クを対角線イエの$\frac{1}{2}$の長さのところにとります。頂点カと頂点ク、頂点キと頂点クを直線で結ぶと、四角形カイキクが四角形アイウエの$\frac{1}{2}$の縮図になります。

4 実際の長さを$\frac{1}{2000}$に縮めた図なので、縮図の長さを2000倍すると実際の長さが求められます。

ABの長さは3cmなので、実際の長さは、
$3\times2000=6000$ より、6000cm → 60m
CDの長さは3.5cmなので、実際の長さは、
$3.5\times2000=7000$ より、7000cm → 70m
DAの長さは6cmなので、実際の長さは、
$6\times2000=12000$ より、12000cm → 120m

5 実際の長さを$\frac{1}{2000}$にすると、縮図での長さが求められます。

縦の長さ　20m＝2000cm だから、$2000\times\frac{1}{2000}=1$ より、1cm

横の長さ　40m＝4000cm だから、$4000\times\frac{1}{2000}=2$ より、2cm

答え

1 〔辺ABに対応する辺の長さ〕 4.5cm
〔辺ADに対応する辺の長さ〕 6cm
〔角Aに対応する角の大きさ〕 120°
〔角Bに対応する角の大きさ〕 60°

2 ① **Ⓘは、Ⓐの$\frac{1}{2}$の縮図、Ⓤは、Ⓐの2倍の拡大図**

② **Ⓘは、Ⓤの$\frac{1}{4}$の縮図、Ⓤは、Ⓘの4倍の拡大図**

③ **4倍**

3 （例） **右の四角形カイキク**

4 〔ABの実際の長さ〕

60m

〔CDの実際の長さ〕

70m

〔DAの実際の長さ〕

120m

5 〔縦の長さ〕 1cm

〔横の長さ〕 2cm

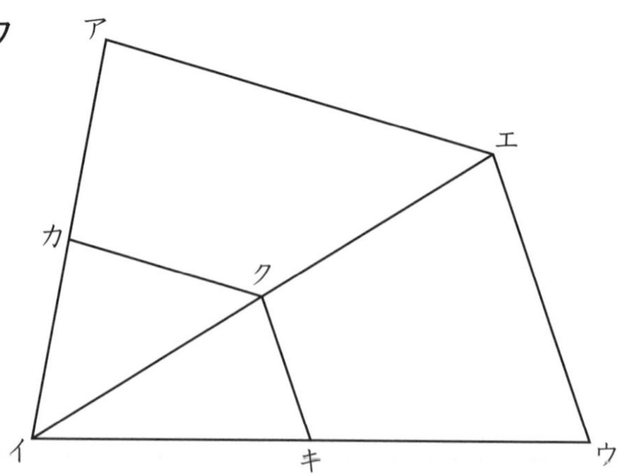

教科書260ページ

12 並べ方と組み合わせ

考え方 **1** 白色を白、水色を水、黄色を黄と表して、左中右の順につめ方を書いていきます。樹形図に表してもかまいません。

白水黄、白黄水、水白黄、水黄白、黄白水、黄水白

2 千の位に0は使えません。このことに注意して、4けたの整数を小さい順に書いていきます。樹形図に表してもかまいません。

1089、1098、1809、1890、1908、1980、
8019、8091、8109、8190、8901、8910、
9018、9081、9108、……

となるので、小さいほうから15番めは9108です。

3 ゆいさんを㋴、けんじさんを㋘、たくまさんを㋟、かんなさんを㋕、こうたさんを㋙として、樹形図に表します。

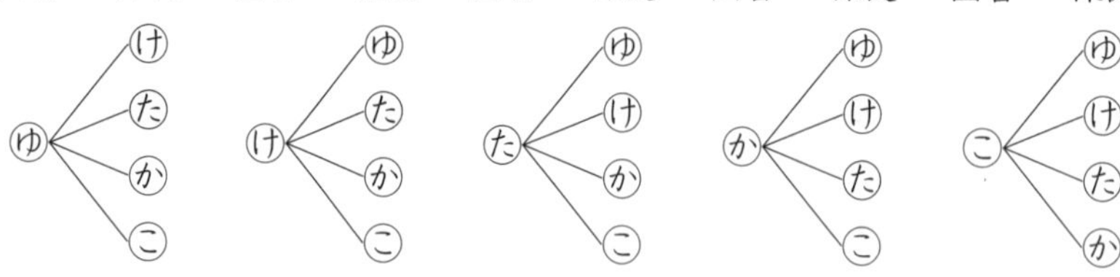

図書係㋴保健係㋘と
図書係㋘保健係㋴は
別の決め方だよ。

4 表にまとめます。

A	B	C	D	E
○	○			
○		○		
○			○	
○				○
	○	○		
	○		○	
	○			○
		○	○	
		○		○
			○	○

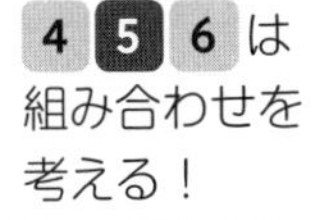

5 樹形図で合計17cm以下のものに○をつけます。

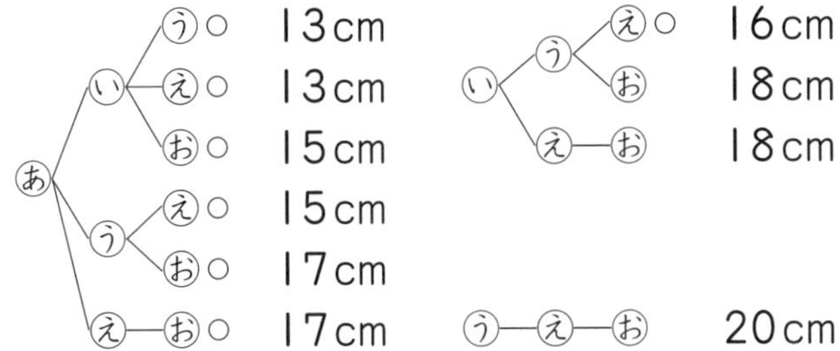

6 表にまとめると右のようになります。

4人の中から3人を選ぶということは、残す1人を選ぶことと同じだから、全部で4通りあると考えることもできます。

ゆ	さ	た	ま
○	○	○	
○	○		○
○		○	○
	○	○	○

答え

1 **白水黄、白黄水、水白黄、水黄白、黄白水、黄水白**
6通り

2 **9108**

3 **20通り**

4 **A—B、A—C、A—D、A—E、B—C、B—D、B—E、C—D、C—E、D—E**

5 **あ—い—う、あ—い—え、あ—い—お、あ—う—え、あ—う—お、あ—え—お、い—う—え**

6 **ゆ—さ—た、ゆ—さ—ま、ゆ—た—ま、さ—た—ま**
4通り

広がる算数

教科書266ページ

長針と短針が重なる時刻は？（1時何分に長針と短針は重なるかな？）

考え方　1分間に長針が短針に近づく角度を求めます。

長針は1時間で1周まわります。1時間は60分、1周の角度は360°なので、長針が1分間に進む角度は、360÷60＝6 より、6°です。

短針は12時間で1周まわります。12時間は、12×60＝720 より、720分なので、短針が1分間に進む角度は、360÷720＝0.5 より、0.5°です。

だから、1分間に長針が短針に近づく角度は、6−0.5＝5.5 より、5.5°です。

1時のときの長針と短針の間の角度は30°です。長針は30°後ろから短針を1分間に5.5°ずつ縮めるように追いかけます。よって、長針が短針に追いつくまでの時間は、

$$30 \div 5.5 = 30 \div \frac{11}{2} = \frac{30}{1} \times \frac{2}{11} = \frac{60}{11} = 5\frac{5}{11}$$ より、$5\frac{5}{11}$分

よって、長針と短針が重なるのは、1時$5\frac{5}{11}$分です。

次に、1時$5\frac{5}{11}$分の次に長針と短針が重なる時刻を求めます。

今、長針と短針が重なっているので、次に重なるまでに、長針は360°後ろから短針を追いかけます。

よって、追いつくまでの時間は、

$$360 \div 5.5 = 360 \div \frac{11}{2} = \frac{360}{1} \times \frac{2}{11} = \frac{720}{11} = 65\frac{5}{11}$$ より、$65\frac{5}{11}$分

これは、1時間$5\frac{5}{11}$分です。次に重なる時刻は、

1時$5\frac{5}{11}$分＋1時間$5\frac{5}{11}$分＝2時$10\frac{10}{11}$分

または、2時から考えることもできます。

2時に長針と短針のつくる角度は60°ですから、

$$60 \div 5.5 = 60 \div \frac{11}{2} = \frac{60}{1} \times \frac{2}{11} = \frac{120}{11} = 10\frac{10}{11}$$ より、

$10\frac{10}{11}$分

より、2時$10\frac{10}{11}$分に重なります。

答え　1時$5\frac{5}{11}$分

〔上から順に〕5、6、0.5、6、0.5、5.5、5.5、$\frac{11}{2}$、$5\frac{5}{11}$

〔1時$5\frac{5}{11}$分のあとに重なる時刻〕 2時$10\frac{10}{11}$分

教科書267ページ

正確な割合で分けるには？(円筒分水はどうやって水を分けるの？)

考え方 円筒分水の円周を3：3：4に区切っているので、3つの村に流れこむ水量の割合は西村が3、南村が3、東村が4、3つの村に流れこむ水量の合計は、3+3+4=10です。

この割合で、各村に流れる水量を求めると、

〔西村〕 西村に流れこむ水量は、3つの村に流れこむ水量の合計の$\frac{3}{10}$倍だから、

$500\times\frac{3}{10}=150$ より、150L

〔南村〕 南村に流れこむ水量は、3つの村に流れこむ水量の合計の$\frac{3}{10}$倍だから、

$500\times\frac{3}{10}=150$ より、150L

〔東村〕 東村に流れこむ水量は、3つの村に流れこむ水量の合計の$\frac{4}{10}$倍だから、

$500\times\frac{4}{10}=200$ より、200L

となります。

〔参考〕 割合の表し方をここでまとめておきましょう。小数で表すときは、全体を1とします。分数で表すときも全体を1とし、百分率で表すときは全体を100%、歩合で表すときは、全体を10割とします。

	小数	分数	百分率	歩合
西村	0.3	$\frac{3}{10}$	30%	3割
南村	0.3	$\frac{3}{10}$	30%	3割
東村	0.4	$\frac{4}{10}$	40%	4割

左の表で、数の表し方がわかったわ。

答え 西村 〔式〕 $500\times\frac{3}{10}=150$ 〔答え〕 150L

南村 〔式〕 $500\times\frac{3}{10}=150$ 〔答え〕 150L

東村 〔式〕 $500\times\frac{4}{10}=200$ 〔答え〕 200L

教科書268ページ

拡大教科書を調べよう！（拡大教科書の文字は何倍の大きさかな？）

考え方 〔ゆきさん〕

紙の教科書とⓐの教科書とⓘの教科書の「右」という文字をぴったり入る長方形で囲んで、その大きさを比べます。紙の教科書は１辺約４mm、ⓐは１辺約７mm、ⓘは１辺約８mm の正方形となります。拡大教科書の文字ⓐの大きさは紙の教科書の文字の大きさの約 $\frac{7}{4}$ 倍となります。拡大教科書の文字ⓘの大きさは紙の教科書の文字の大きさの約２倍になります。

〔れおさん〕

同じ文字の同じ２つの点をとって、その長さを比べます。紙の教科書の文字は２つの点のきょりは約４mm、ⓐは２つの点のきょりは約７mm、ⓘは２つの点のきょりは約８mm となります。拡大教科書の文字ⓐの大きさは紙の教科書の文字の大きさの約 $\frac{7}{4}$ 倍となります。拡大教科書の文字ⓘの大きさは紙の教科書の文字の大きさの約２倍になります。

答え ⓐ　約 $\frac{7}{4}$ 倍

ⓘ　約２倍

教科書269ページ

安全なパスワードを考えよう！（４文字パスワードをつくろう！）

考え方 ３つの数字とアルファベット１文字を使った４文字でできるパスワードが何通りできるか考えてみます。

アルファベットを使う場所を[a]で表します。

□□□[a]となる場合は、教科書 269 ページに出ているように

1000×26＝26000 より、26000 通り

アルファベットをどこに使うかを考えると、ほかに

[a]□□□、□[a]□□、□□[a]□

の場合があります。

このそれぞれについて、上と同じように 26000 通りずつパスワードが考えられるので、全部で 26000 通りの４倍あります。

26000×4＝104000 より、104000 通り

参考のため、４文字パスワードでほかの種類についても数を書いておきます。

・アルファベットを使わないのは、10000 通り

・アルファベットを２文字使うのは、405600 通り

・アルファベットを３文字使うのは、703040通り

・アルファベットを４文字使うのは、456976通り

最初の104000通りにこれらを加えた数が４文字パスワードの全部の数になり

1679616通り

です。これは、36×36×36×36でも求められます。36は10と26の和です。

答え〔３つの数字とアルファベット１文字の場合〕 **104000通り**

教科書270ページ

表計算ソフトに挑戦(ちょうせん)　いろいろなグラフをつくろう！

考え方 ㋐のグラフは、横軸が大会名なので、大会ごとのメダルの数をあらわしています。縦軸の数は、北京2008が25なので、表から合計のメダルの数であることがわかります。よって、選んだデータはE3、E4、E5、E6です。

㋑のグラフも横軸が大会名です。グラフタイトルが「金メダルの数の推移(すいい)」とあるので、金メダルの数が書かれたB3、B4、B5、B6を選んだグラフです。

㋒のグラフは、金銀銅のメダルの種類ごとの割合(わりあい)を表した円グラフです。どの大会のデータを使ったのか、各大会の金メダルの割合を求めて調べると、

〔北京2008〕 9÷25＝0.36 → 36%

〔ロンドン2012〕 7÷38＝0.184……＝0.18 → 18%

〔リオ2016〕 12÷41＝0.292……＝0.29 → 29%

〔東京2020〕 27÷58＝0.465……＝0.47 → 47%

グラフの金メダルの割合は50%より少し小さいくらいなので、東京2020の47%に近いことがわかります。よって、このグラフは、東京2020の金銀銅のメダルの種類ごとの割合を表したグラフだとわかります。よって、選んだデータはB6、C6、D6です。

また、B3、B4、B5、B6、C3、C4、C5、C6、D3、D4、D5、D6のデータを使って積み上げ、棒(ぼう)グラフをつくると、４大会のメダルの種類と、合計の数の両方がよみ取れるグラフになります。

答え ㋐ **E3、E4、E5、E6**

㋑ **B3、B4、B5、B6**

㋒ **B6、C6、D6**

3 2 1 0 9 8 7 6 5 4
* * D C B A